屈曲约束支撑抗震韧性设计

白久林　陈辉明　著

中国建筑工业出版社

图书在版编目（CIP）数据

屈曲约束支撑抗震韧性设计/白久林，陈辉明著
. —北京：中国建筑工业出版社，2022.11
ISBN 978-7-112-28173-2

Ⅰ.①屈…　Ⅱ.①白…②陈…　Ⅲ.①屈曲－支撑－
建筑结构－防震设计　Ⅳ.①TU323.204

中国版本图书馆 CIP 数据核字（2022）第 219529 号

　　本书是作者团队近 10 年的研究成果总结。全书系统地总结和阐述了屈曲约束支撑（简称 BRB）抗震韧性设计的主要研究成果。

　　全书共有 7 章。包括绪论，BRB 构件，BRB 框架韧性连接节点，BRB 框架抗震设计，BRB 框架韧性抗震设计，BRB 最优抗震韧性设计参数，BRB 性能评估试验加载制度。

　　本书适合建筑结构专业的研究人员、教师、学生阅读。

　　责任编辑：张伯熙　曹丹丹
　　责任校对：芦欣甜

屈曲约束支撑抗震韧性设计

白久林　陈辉明　著

＊

中国建筑工业出版社出版、发行（北京海淀三里河路 9 号）
各地新华书店、建筑书店经销
北京龙达新润科技有限公司制版
北京中科印刷有限公司印刷

＊

开本：787 毫米×960 毫米　1/16　印张：16¼　字数：328 千字
2023 年 2 月第一版　　2023 年 2 月第一次印刷
定价：**90.00** 元
ISBN 978-7-112-28173-2
（40635）

前言

地震是土木工程结构所遭受的严重自然灾害之一，提高结构的抗震能力与震后恢复韧性已成为当前结构抗震的重要方向。屈曲约束支撑（本书简称为 BRB）作为一种高性能承载-消能构件，可实现在拉、压作用下近似相等的性能，解决普通支撑受压屈曲导致耗散地震能量较弱的技术瓶颈。在工程结构系统中布置BRB，可显著提高结构强度、刚度和整体稳定性，降低结构的动力响应，提升结构的震后可恢复能力。

本书是作者团队近 10 年的研究成果。特别要感谢哈尔滨工业大学欧进萍院士一直以来的指导和支持。本书是在国家自然科学基金"基于失效模式可控的防屈曲支撑-RC 框架可更换连接节点及结构抗震设计理论"、重庆市自然科学基金"防屈曲支撑-RC 框架结构基于能量机制的地震失效模式可控设计研究"等项目的持续资助下完成的。全书由白久林和陈辉明撰写、修改、定稿，团队研究生程峰、刘明辉、段练、李盈开、冯明富、阎勋章等的研究工作为本书作出了重要贡献，在此表示感谢。华南理工大学赵俊贤教授、西南交通大学潘毅教授、中国地震局工程力学研究所杜轲研究员、重庆交通大学金双双教授为本书的出版作出了重要贡献，在此深表感谢。

由于 BRB 研究内容十分丰富以及作者水平有限，书中难免有疏漏和不足之处，衷心希望有关专家、学者和读者批评指正。

目录

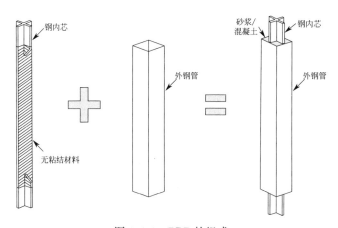

第1章

绪论

1.1 概述

我国是世界上地震多发和地震灾害最严重的国家之一，建筑结构的破坏和倒塌是造成人员伤亡和经济损失最主要的原因[1,2]。传统的抗震方法是通过提高结构本身的强度和刚度来抵御地震作用，在结构中布置钢支撑是较为常用的手段，但在强震作用下，传统钢支撑易受压，支撑的承载力和耗能能力会显著下降。为了避免钢支撑在强震作用下发生屈曲，一些学者研发了一种受压时不发生屈曲的构件[3]，称为屈曲约束支撑（以下简称 BRB），如图 1.1-1 所示，典型的 BRB 由钢支撑内芯、外约束单元（内填砂浆或混凝土的钢套管）以及两者之间的无粘结材料层组成。

钢内芯

无粘结材料

外钢管

砂浆/混凝土

钢内芯

外钢管

图 1.1-1 BRB 的组成

与传统钢支撑不同，如图 1.1-2 所示（图中 P 是荷载，δ 是变形），在压力作用下，BRB 内芯单元只承受轴力和发生轴向变形，而约束单元则通过其抗弯刚度和抗弯承载力限制了钢支撑受压侧向屈曲，因此 BRB 内芯只发生高阶多波屈曲而不失稳破坏，使得 BRB 在拉、压方向均可实现全截面屈服；在往复荷载下，BRB 耗能能力稳定，能表现出饱满的滞回曲线。将 BRB 应用于建筑结构，形成双重抗侧力体系，BRB 作为建筑结构的"保险丝"，在强震作用下先于主体结构屈服并耗散大量的地震能量，使得主体结构构件损伤最小化。BRB 能显著提高结构的抗震韧性，具有可观的经济效益，目前已成为最具吸引力的耗能装置之一，在美国、日本、新西兰和中国等地震频发国家得到了广泛的应用[4-6]。

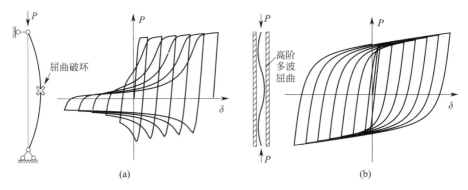

图 1.1-2　传统钢支撑与 BRB 滞回性能对比
（a）传统钢支撑；（b）BRB

1.2　BRB 抗震韧性研究进展

1. BRB 的起源与发展

1971 年，Yoshino 等[7] 在钢骨混凝土剪力墙中的支撑与混凝土墙板[8] 之间设置间隙，试验结果表明，由于消除了支撑与混凝土板之间的粘结力，两者可相对自由变形，支撑承担轴力并屈服耗散能量，混凝土墙板限制了支撑的受压屈曲，剪力墙的延性和耗能能力显著提升，滞回曲线没有出现明显的强化和刚度退化现象。随后，Wakabayashi 等[9] 对支撑和混凝土墙板之间的无粘结材料进行了更详细的研究。但当时的研究仍然将这种墙板约束的支撑看作剪力墙构件，重点聚焦于剪力墙的性能提升。直至 1976 年，Kimura 等[10] 将这种剪力墙的概念正式运用于普通支撑，从支撑的角度提出把钢支撑放置于内填砂浆的钢管内部，并隔离两者之间的粘结力，避免支撑在压力作用下发生大幅屈曲，使得支撑在拉压两个方向获得近似相等的受力性能。在此基础上，Wada、Fujimoto 等[11,12] 与日本新日铁公司对此类支撑进行深入研究并改进，于 1988 年研发出了具有代表性意义的屈曲约束支撑（亦称为无粘结支撑，Unbonded Brace）。

经过几十年的不断发展，BRB 已经形成了多种多样的构造形式[4-6]，常见的 BRB 构件截面类型如图 1.2-1 所示。其中，内芯单元的材料可分为：普通低碳钢、低屈服点钢、铝合金等；内芯的截面形式可分为：一字形矩形截面、十字形截面、圆形截面、H 形截面、空心矩形截面、空心圆形截面、双芯一字形截面、双芯 T 形截面、组合热轧角钢截面等；内芯沿长度方向的构造可分为：狗骨形、开孔钢板形、鱼骨形等；约束机制可分为：钢筋混凝土（以下简称 RC）约束、钢管混凝土约束、钢构件约束、木材约束、纤维增强复合材料（以下简称 FRP）约束、自复位功能型约束等；无粘结材料可分为：橡胶、聚乙烯、硅胶、环氧树脂、空气间隙（即不设置无粘结材料）等。

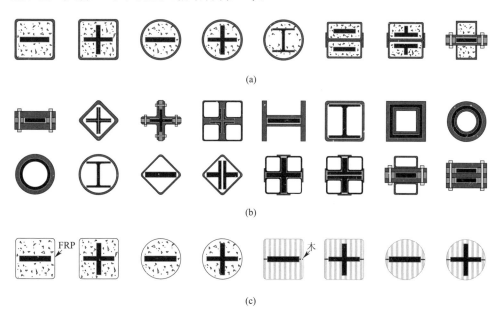

(a)

(b)

(c)

图 1.2-1　常见的 BRB 构件截面
（a）钢-混凝土组合；（b）全钢；（c）FRP 包裹型和钢-木组合

（1）BRB 内芯材料

BRB 作为一种金属屈服耗能构件，其内芯的材料特性是决定 BRB 性能优劣的关键因素，所采用的材料需具有稳定的屈服点、合适的强度与刚度、良好的延性和疲劳性能等。低碳钢作为一种性能稳定的材料，自 1988 年被用于制作第一根 BRB，目前已成为使用最为广泛的支撑内芯材料。大量研究表明，采用低碳钢制作的 BRB 均能表现出饱满的滞回曲线。黄波等[13] 在中国和日本开展了尺寸相同的中国 Q235 钢和日本 SM400A 钢 BRB 低周疲劳试验，结果表明，在相同加载数值下，Q235 钢 BRB 表现出与 SM400A 钢 BRB 相同的滞回性能。

低屈服点钢是指屈服强度低于 235MPa 的钢，其屈服点较为稳定，波动范围一般能控制在±20MPa，且具有较好的延伸率。相比于低碳钢，低屈服点钢制成的 BRB 能在较小的位移下屈服，更早地进入塑性状态吸收地震能量。此外，在相同强度下，采用低屈服点钢设计的 BRB 所需截面面积更大，进而支撑具有较大的轴向刚度，对结构的侧向变形控制效果更好。1989 年，日本新日铁公司采用屈服点低于 100MPa 的软钢研发了第一根低屈服点 BRB[14]，随后国外一些学者聚焦于低屈服点 BRB 的研制，研究结果表明：低屈服点钢 BRB 具有良好的耗能性能和低周疲劳性能[15]。2009 年，李国强等分别采用 LYP160 和 BLY225 钢研制了国产 TJ-Ⅰ型和大吨位 TJ-Ⅱ型 BRB[16,17]，促进了国产低屈服点 BRB 在抗震工程领域的应用。

相比于钢材，铝合金材料具有质量轻、耐腐蚀、易加工、回收率高等特点，自 20 世纪 40 年代以来，铝合金材料已广泛地应用于建筑结构之中。铝合金材料的密度约为钢材密度的 1/3，其表面自然产生的氧化膜使铝合金具有良好的耐腐蚀性能，虽然铝合金材料的低周疲劳性能不如建筑钢，但相较于传统的 BRB，采用铝合金芯材制作的 BRB 构件具有明显的自重轻、耐腐蚀的优点，能较好地适应桥梁工程和空间结构等使用环境。2012 年，Usami 等[18] 对 18 根铝合金内芯的 BRB 进行低周疲劳试验，结果表明，所有试件均能表现出饱满的滞回曲线而未发生整体屈曲。为了消除内芯的焊接对试件疲劳性能的不利影响，进一步给出了铝制内芯的无焊接制作过程，如图 1.2-2 所示，通过挤压模具、加温铝锭、挤压形成十字形压件，对十字形压件进行切割和开孔，即可形成铝制 BRB 内芯，全过程无焊接[19]。

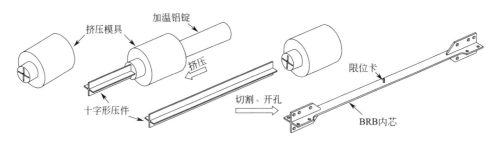

图 1.2-2　铝制内芯的无焊接制作过程

（2）BRB 内芯截面形式

常见的 BRB 构件截面如图 1.2-1 所示。其中，一字形和十字形截面是应用最为广泛的两种截面形式，一字形内芯的加工制作相对简便、经济，较好地避免了焊接对内芯疲劳性能造成的不利影响，在往复荷载作用下抗震性能较为稳定。由于十字形截面具有的对称性，十字形内芯在两个主轴方向上具有相同的抗弯强度和刚度，为了避免在内芯屈服段的焊接，赵俊贤等[20] 采用四根角钢背靠背拼成无焊接十字形屈服段截面，代替焊接十字形截面，以提高内芯的低周疲劳性

能。一字形和十字形单内芯 BRB 与框架采用螺栓连接时，支撑连接段每端需要
八块连接板，使得连接部分长度较长而发生失稳。为了解决这一问题，蔡克铨
等[21] 提出了双钢管内芯屈曲约束支撑，如图 1.2-3 所示，该 BRB 双内芯由两
个独立的外钢管约束，两部分通过连接件结合，内芯端部为 T 形，施工时，支
撑端部插入节点板，实现快速简便连接。

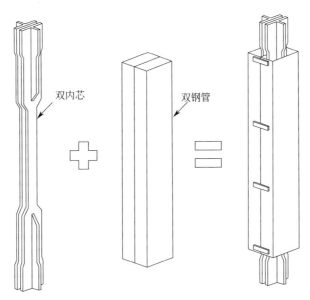

图 1.2-3　双钢管内芯屈曲约束支撑

　　H 形内芯一般采用 H 型钢或者工字钢，其抗弯刚度和抗扭刚度较大、稳定
性较高。Yasunori 等[22] 采用圆钢管内填砂浆约束 H 形内芯，试验结果表明，
BRB 在往复荷载作用下具有良好的拉压对称性能，但由于内填砂浆的强度较低，
H 形内芯端部翼缘发生了局部屈曲。为了避免内填砂浆混凝土的局部破坏，王
春林等[23] 提出了 H 形内芯全钢屈曲约束支撑，如图 1.2-4（a）所示，该 BRB
内芯采用 H 型钢，端部焊接加劲肋形成弹性段，屈服段无焊接，避免了焊接对
试件疲劳性能的不利影响。试验结果表明，H 型钢 BRB 内芯屈服段的翼缘和腹
板发生了明显的多波屈曲，支撑表现出稳定的滞回性能。王春林等[24] 提出了上
下翼缘板部分约束 BRB，如图 1.2-4（b）所示，BRB 内芯屈服段由两块平行的
翼缘板组成，端部焊接加劲肋。研究结果表明，部分约束 BRB 的滞回性能稳定，
试件失效前无明显的强度和刚度退化，累积塑性变形满足规范要求。

　　圆形截面内芯各方向抗弯刚度相等，支撑可能在任意方向发生整体或者局部
失稳，因此，需在各方向对内芯沿全长进行约束。Sarti 等[25] 通过对圆钢棒沿
长度方向的截面削弱提出了圆棒形 BRB，如图 1.2-5（a）所示，该支撑由圆环

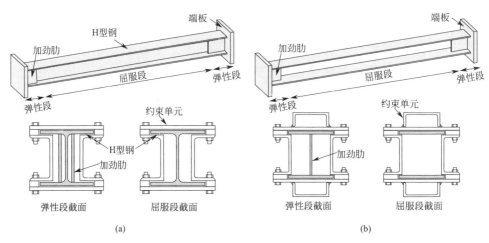

图 1.2-4　H 形内芯全钢 BRB

(a) H 型钢 BRB；(b) 部分约束 BRB

外套管约束，填充材料可采用环氧树脂或砂浆，内芯端部带有螺纹，便于连接和震后更换。为了提高装配式框架节点的抗震韧性，王春林等[26] 发展了小吨位竹节形 BRB，如图 1.2-5 (b) 所示。竹节形 BRB 由一个竹节形内芯棒和一个圆环外套钢管组成，其中，竹节形内芯由连续的竹节、竹节间耗能段和过渡段组成。节间的削弱保证了支撑在轴力作用下竹节能保持弹性，节间的屈服段进入塑性而耗散能量。由于竹节的直径与外套管的内直径相近，内芯与约束套管的间隙较小，进而保证了内芯在往复荷载下沿着外套管轴向变形。此外，竹节间削弱的屈服段较短，屈曲荷载较小，可避免竹节间耗能段的局部失稳破坏，因此，无须对竹节间屈服段与约束套管间进行材料填充。试验结果表明，竹节形 BRB 具有良

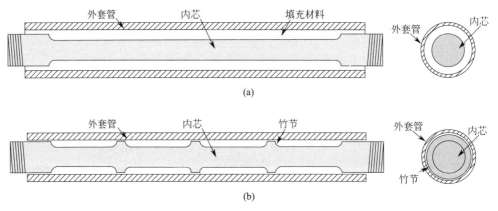

图 1.2-5　圆形截面屈曲约束支撑

(a) 圆棒形 BRB；(b) 竹节形 BRB

好的耗能能力和疲劳性能，竹节间耗能段处于弹塑性状态，是整个支撑的实际耗能段，而竹节处于弹性状态，主要起到传递内力、限制竹节间耗能段端部转动和限制内芯径向变形的作用。

相比于需要沿长度方向进行局部削弱的圆棒形 BRB，对采用空心钢管（矩形或圆形）制作的 BRB 内芯无需进行额外的切割，避免了激光切割的热效应对支撑疲劳性能的不利影响。2004 年，日本学者 Kato 等[27] 提出了双管式 BRB，研究结果表明，内芯单元钢管局部屈曲对支撑的滞回性能有较大的影响，BRB 的滞回性能可以通过核心单元钢管的径厚比控制。杨叶斌等[28] 采用两根圆形空心钢管设计了二重圆钢管 BRB，如图 1.2-6（a）所示，内芯钢管两端与连接端部盖板焊接，外约束管只与一端连接盖板焊接。性能试验和数值模拟分析结果表明，二重圆钢管 BRB 的耗能稳定，滞回曲线饱满且没有明显的刚度和强度退化。对于二重钢管 BRB，尽管外侧钢管可以约束内侧钢管向外的屈曲，但是内侧钢管存在着发生向内凹陷的局部屈曲变形的风险，可能导致支撑的性能降低。为了解决这一问题，Haganoya 等[29] 提出了三重钢管的 BRB，进一步，周云等[30] 提出了开槽式三重钢管 BRB，如图 1.2-6（a）、（c）所示，钢管截面形式为圆形和矩形，内芯管与两端端板连接，外约束管和内约束管只和一端端板连接，在轴力作用下，内芯管内外两侧被完全约束。研究结果表明，开槽式三重钢管 BRB

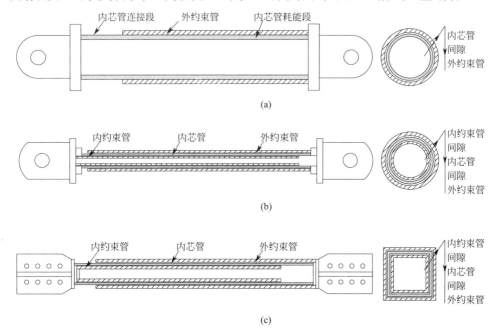

图 1.2-6　钢管内芯屈曲约束支撑
（a）二重圆钢管 BRB；（b）三重圆钢管 BRB；（c）三重方钢管 BRB

和普通三重钢管 BRB 在拉压作用下都能实现全截面屈服而不屈曲，具有稳定的承载力和良好的滞回耗能性能。

（3）BRB 内芯纵向构造

为了保证 BRB 稳定的耗能能力，BRB 内芯一般被设计成两端截面大，中间截面小的狗骨形状，两段变化截面之间设置过渡段，如图 1.2-7（a）、（b）所示，BRB 内芯沿长度方向可分为连接段、过渡段和屈服段。对于一字形狗骨式内芯，为了避免连接段和过渡段的失稳破坏，需在两端设置加劲肋。基于"核心单元局部削弱相当于其他部分加强"的思想，周云等[31] 提出了开孔式内芯，如图 1.2-7（c）所示，在内芯长度方向开孔可实现支撑的损伤控制，保证在强震作用下只有屈服段进入塑性状态，实现内芯的定点屈服和多点屈服，减小支撑端部发生失稳破坏的风险，内芯开孔还可以起到调整内芯多波屈曲发展过程的作用，降低外约束单元发生局部失稳的可能性。试验结果表明，开孔板式屈曲约束支撑核心板开孔削弱后，支撑整体工作性能良好。

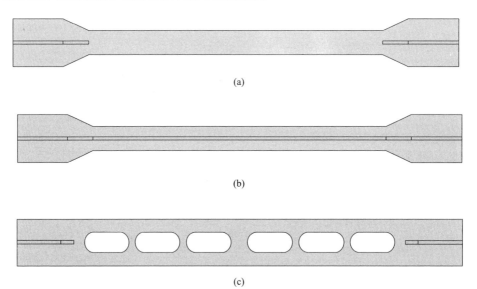

图 1.2-7　屈曲约束支撑内芯纵向构造
（a）一字形狗骨式内芯；（b）十字形狗骨式内芯；（c）开孔式内芯

狗骨式和开孔式内芯在轴力作用下能实现多点屈服，但内芯屈服强化后发生的缩颈只会集中在某一范围，这在一定程度上限制了 BRB 的延性水平。基于此，贾良玖等[32] 提出了一种新型的鱼骨式全钢屈曲约束支撑，如图 1.2-8（a）所示，该支撑内芯屈服段设置多个限位卡，且在约束钢板上相应位置预留变形空间，变形空间从中部到两端逐渐增大。图 1.2-8（b）对比了鱼骨形 BRB 与传统 BRB 的变形模式，传统 BRB 内芯只在一处发生缩颈后断裂。由于多个限位卡的存在，鱼骨形 BRB 内芯的某一处发生缩颈后，该处的内芯段被拉长，随后相邻的限位卡与约束钢板接触，该段内芯的变形被限制，其他内芯段继续被拉长发生颈缩，直至相应的限位卡与约束钢板接触。在此过程中，鱼骨形 BRB 内芯发生多处颈缩，BRB 延性得到充分发挥。试验结果表明，鱼骨形 BRB 能表现出良好的滞回性能，其延性和累积塑性变形能力得到明显的提升，鱼骨形内芯与相应填充板之间的相互作用使得即使内芯单元断裂，支撑也能够承受一定的轴向拉力。

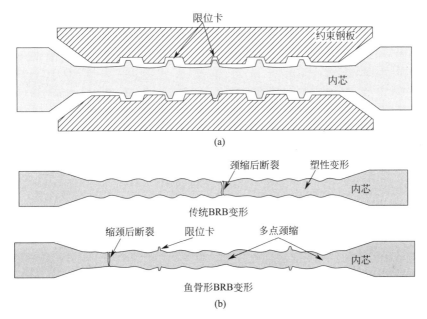

图 1.2-8　鱼骨形 BRB 及其变形机制
(a) 鱼骨形 BRB；(b) 鱼骨形 BRB 与传统 BRB 变形对比

　　由于钢材在屈服后刚度较小，结构在 BRB 屈服后抗侧刚度显著下降，在强震作用下，难以保证结构中的 BRB 同时屈服，若某一楼层 BRB 先屈服，该楼层刚度急剧下降，容易形成结构薄弱层，导致结构发生倒塌。为了解决此类问题，一些学者提出了多阶段屈服屈曲约束支撑，即在小震作用下，BRB 处于弹性阶段；在中震作用下，BRB 第一阶段屈服；在大震作用下，BRB 第二阶段屈服，避免了 BRB 在屈服后刚度下降过快。Sitler 等[33] 将两种不同屈服点的钢板组合成十字形内芯，提出了内芯分离式双屈服点 BRB，如图 1.2-9（a）所示，该支撑内芯由高屈服点芯材和低屈服点芯材组成，两者芯材在连接段焊接在一起形成十字形内芯，在屈服段两者芯材分离，并联形成 BRB 内芯。在地震作用下，两种内芯变形一致，独立工作。低屈服点内芯率先屈服耗能，高屈服点内芯提供刚度，如图 1.2-9（b）所示，支撑具有明显的双屈服段。

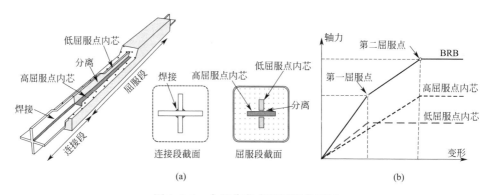

图 1.2-9　内芯分离式双屈服点 BRB
（a）双屈服点 BRB；（b）双屈服点 BRB 骨架曲线

除了采用两种不同屈服点的钢材并联实现支撑的多屈服平台，通过对内芯在长度方向的不同程度削弱，也能控制支撑的屈服顺序。Sun 等[34] 将内芯板切割成宽度与长度不同的两部分（大 BRB 和小 BRB），形成一种双级屈服 BRB，如图 1.2-10（a）所示，大 BRB 和小 BRB 串联连接，两端设置长螺栓孔和短螺栓孔。在往复荷载作用下，小 BRB 先屈服耗能，随后短螺栓孔限制小 BRB 的变形，进而大 BRB 屈服耗能，实现了支撑的双屈服耗能机制。进一步，Zhang 等[35] 通过对内芯板的开孔削弱，提出了开孔式内芯双屈服点 BRB，其构造如图 1.2-10（b）所示，支撑内芯沿长度方向分成两个屈服段，一段开孔尺寸较小，另一段开孔尺寸较大，两段通过螺栓串联连接。开孔尺寸较大的屈服段屈服荷载较小，在强震作用下先于小开孔段屈服，实现支撑的双阶段屈服耗能。

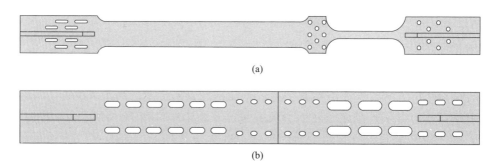

图 1.2-10　内芯削弱式双屈服点屈曲约束支撑
（a）狗骨式内芯双屈服点 BRB；（b）开孔式内芯双屈服点 BRB

（4）BRB 约束机制

采用钢管混凝土约束是制作 BRB 构件最为常用的一种形式，其制作工艺简单、造价低廉，只需将内芯插入钢管内部，钢管兼作模板，向钢管内部浇灌砂浆或者混凝土即可。外部钢管在提供抗弯刚度的同时，还能起到约束混凝土变形和保护层的作用，更好地对支撑内芯进行约束。但是该约束形式需要进行混凝土浇筑养护等复杂工序，延长了支撑构件的制作生产周期，而且约束部件和内芯接触界面上的混凝土有可能由于强度不够或者表面缺陷导致混凝土被压碎，BRB 发生局部屈曲，影响支撑的耗能能力。此外，钢管混凝土约束 BRB 还面临着震后无法检测的问题，由于内芯被混凝土或砂浆完全包裹，内芯的损伤状态无法判断，为结构震后修复带来了挑战。

为了避免钢管混凝土 BRB 的混凝土浇筑养护时间长、振捣困难、难以检测等问题，一些学者提出了全钢装配式 BRB，其所有约束构件均为钢制，质量和体积轻巧，加工周期短，所有部件可在工厂机械加工完成，然后现场采用螺栓组装，显著提高了 BRB 的制作效率，适应建筑工业化的需求。此外，在一次地震后，工程师可对全钢装配式 BRB 拆卸其外约束单元进行检查，甚至可以更换损坏的芯撑，大大降低了震后维修费用，提高了建筑的安全性。陈泉等[36] 提出了一种损伤可视化屈曲约束支撑，如图 1.2-11 所示，该支撑采用部分约束机制，其内芯板只有部分区域被约束部件包裹，约束部件由连接条结合成整体。低周往复试验结果表明，新型损伤可视化 BRB 试件的累积塑性变形低于相应普通 BRB 的累积塑性变形，但均能满足规范要求。此外，通过该支撑沿纵向分布的连接部件之间的间隙可直接观察震后内芯的损伤情况，解决了传统屈曲约束支撑震后评估困难等问题，为 BRB 的工程应用维护带来极大便利。

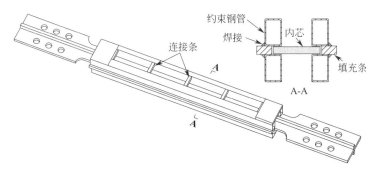

图 1.2-11 损伤可视化屈曲约束支撑

传统 BRB 的约束形式一般在端头位置加强，而其他部位在构件长度方向上的截面布置方式和尺寸大致相同。在轴向压力作用下，两端铰接的杆件屈曲时会发生侧向挠曲变形，其截面弯矩沿构件轴向呈中间大、两端小的分布模式。郭彦林等[37] 提出了棱形屈曲约束支撑，如图 1.2-12 所示，该支撑采用棱形钢管作为外围约束构件，可分为两段式或者三段式，在内芯与外围之间采用内填混凝土或纯钢隔离体系进行分隔。采用的约束形式与其弯矩分布图相似，能改进截面轴向应力的均匀程度，提高材料的利用率，使得 BRB 构件获得更为经济的设计。在 BRB 完全外露的情况下，如用于空间结构的支撑构件，能增加建筑美感。

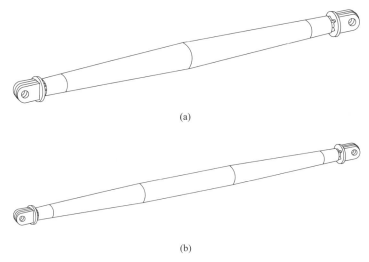

(a)

(b)

图 1.2-12　梭形屈曲约束支撑

为了满足超长、高承载力 BRB 的工程需求，朱博莉等[38] 通过在传统整体约束型 BRB 外部分别附加刚性桁架，提出了桁架约束型屈曲约束支撑，如图 1.2-13 所示，该支撑由桁架外围约束体系与内芯钢管组成。桁架约束体系由外围约束钢管和桁架弦杆、连系杆和斜腹杆组成，外围桁架约束体系中的弦杆、连系杆、斜腹杆均选用圆钢管，横腹杆和连系杆沿纵向均匀布置，一端焊接在外围约束钢管上，另一端焊接在外侧桁架弦杆上，布置在外侧的弦杆在 BRB 端部收拢并与外围约束钢管焊接相连。支撑的内芯构件采用等截面的无缝圆钢管，通过限制其内芯钢管的径厚比来规避其在轴压力作用下的局部屈曲。外围约束钢管的内直径要略大于内核钢管的外直径，从而能够在两者之间保留合适的间隙，避免内核构件受压时对外围主约束管产生环箍效应。桁架约束型屈曲约束支撑通过附加的约束体系提供附加刚度，从而显著提升构件的约束刚度，改善构件的经济性能。

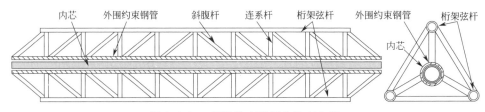

图 1.2-13　桁架约束型屈曲约束支撑

　　木材作为绿色、低碳、节能环保的绿色建筑材料，一些学者提出以钢板为核心单元、木材为约束单元的钢-木屈曲约束支撑。Blomgren 等[39] 采用两块独立的胶合木包裹核心钢板，胶合木用螺栓连接，试验结果表明该支撑的滞回曲线饱满。蒋海燕等[40] 采用碳纤维布代替自攻螺丝或螺栓，提出了碳纤维布增强钢-木屈曲约束支撑，如图 1.2-14 所示，该支撑由两块独立的胶合木块包裹内芯钢板，并采用碳纤维布包裹胶合木块，内芯钢板与胶合木块之间留一定的间隙以减少摩擦力，防止约束胶合木块参与受拉而被破坏，内芯钢板端部焊接加劲板防止钢板端部屈曲被破坏。实验结果表明，通过基于受弯承载力的支撑约束比设计方法和基于核心钢板局部屈曲假定的碳纤维布间距和层数计算方法，设计的碳纤维布增强钢-木屈曲约束支撑，当约束比大于 3.5，且采用足够的碳纤维布时（设置 3 层碳纤维布、间距 50mm），其荷载-位移滞回曲线饱满，耗能性能优良。

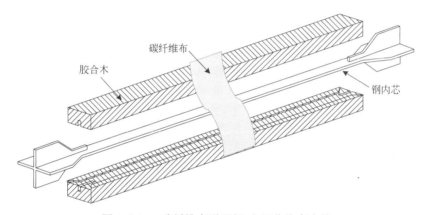

图 1.2-14　碳纤维布增强钢-木屈曲约束支撑

　　在强震作用下，BRB 结构可能产生较大的残余变形，结构震后修复成本较高、修复时间较长，导致建筑不得不被拆除重建，造成大量的资源浪费和经济损失。20 世纪 90 年代，学者们研发了大量的形状记忆合金阻尼器，利用形状记忆合金的超弹性和记忆效应来实现结构震后自复位并控制残余变形。基于此，一些学者将自复位系统和耗能系统结合，提出了自复位屈曲约束支撑[41]，为自复位结构体系的研究提供了全新的方向，具有广阔的发展前景和创新空间。Miller 等[42] 提出了基于形状记忆合金材料（SMA）的自复位屈曲约束支撑，如图 1.2-15 所示，将镍钛形状记忆合金棒与预应力筋相组合，利用形状记忆合金的超弹性变形增强预应力系统的变形能力，进而提高支撑的轴向伸长能力。进一步对自复位 BRB 的 1/2 缩尺模型进行拟静力试验，发现自复位 BRB 呈现饱满的旗帜型滞回曲线，支撑轴向伸长率达 2%，表明形状记忆合金材料明显增加了支撑的轴向伸长能力。

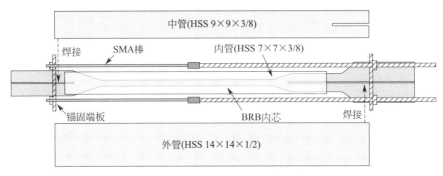

图 1.2-15　自复位屈曲约束支撑

2. BRB 连接节点

在支撑-框架结构中，支撑分担的地震作用需通过与框架节点相连的节点板来进行传递，即支撑轴力通过节点板将作用力传递到柱端和梁端。相较于节点板与钢框架之间采用的螺栓连接或者焊接连接，节点板与 RC 梁柱节点的连接则稍显复杂，需借助于特殊构造来实现支撑拉压轴力的有效传递。在早期的普通钢支撑-RC 框架结构中，常见的连接有钢筋锚、夹板锚和混凝土锚等[43,44]，普通钢支撑-RC 梁柱节点的连接类型如图 1.2-16 所示。钢筋锚是通过预埋在节点中受拉钢筋自身的锚固来抵抗支撑产生的拉力，钢筋的端头可以采用弯钩锚固，也可以采用机械锚固措施，如端头锚板、螺栓锚头等。夹板锚在支撑受拉时通过锚筋将拉力传递到节点背面的锚固钢板上，最后直接转换成混凝土的压力，避免了混凝土的锚固受拉。混凝土锚通过在节点处对混凝土加腋，将受拉锚筋直接锚固进加腋的节点混凝土中，由于增加了锚筋的锚固长度，节点的锚固性能较钢筋锚性能更好，但施工时稍显复杂。

现行设计标准允许普通钢支撑在罕遇地震作用下退出工作，而与普通钢支撑相比，BRB 的承载力较高且在拉压方向均能承载，在强震作用下屈服耗能发挥建筑结构保险丝的作用，为了保证主体结构的在罕遇地震下的安全性，要求BRB 在罕遇地震甚至是超罕遇地震作用下能正常工作。在结构设计中，为了防止节点板在 BRB 作用力下的平面外失稳破坏，往往赋予节点板较大的刚度和强度，进而导致节点处形成较强的刚性约束。而大量结构试验表明，当结构层间位移角较大时，BRB、节点板和框架之间会产生明显的相互作用效应，节点区域的刚性约束易导致节点板先于 BRB 失效，BRB 焊接节点板破坏[45,46]，如图 1.2-17所示，进而迫使 BRB 提前退出工作而无法发挥结构保险丝的作用。

BRB、节点板和框架之间的相互作用效应主要体现在框架梁柱在强震作用下产生的相对弯曲变形将在节点板处产生张开/闭合变形效应（简称开合效应）[47]，由于节点板与梁柱节点之间紧密连接在一起，开合效应将在梁端和柱端与节点板

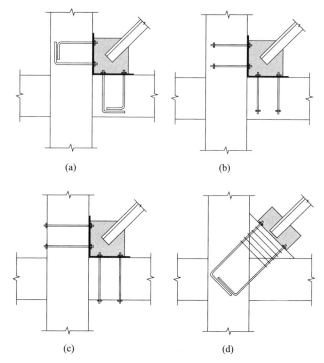

图 1.2-16 普通钢支撑-RC 梁柱节点的连接类型

（a）钢筋锚（弯钩锚固）；（b）钢筋锚（螺栓锚头）；（c）夹板锚；（d）混凝土锚

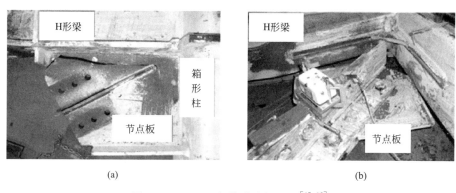

图 1.2-17 BRB 焊接节点板破坏[45,46]

（a）节点板-钢梁连接处断裂；（b）节点板-节点连接处完全断裂

交接面处产生额外的附加作用力。当梁柱产生合效应时，节点板受梁柱挤压可能发生平面外屈曲，导致 BRB 以及节点板产生平面外弯矩。同时开合效应使得节点板与梁柱连接处的焊缝处于拉压循环受力状态，容易导致焊缝发生低周疲劳破坏。节点开合效应产生的作用力可用等效撑杆模型来近似，其与框架变形的关系如图 1.2-18 所示，开合效应产生的附加作用力和 BRB 支撑力将与框架内力叠加，使得端部梁柱截面和节点核心区产生较大的应力水平，且受力状态复杂，在强震下容易导致梁柱损伤严重，结构的整体承载力将急剧降低，甚至引起倒塌。

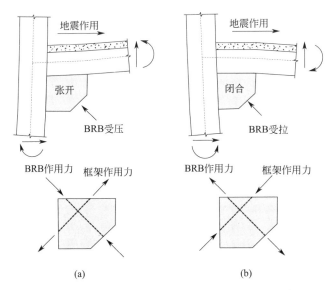

图 1.2-18　节点开合效应的作用力与框架变形的关系
(a) 梁柱节点张开；(b) 梁柱节点闭合

近些年学者对框架的开合效应进行了深度研究，从最开始意识到框架开合效应对节点板受力的影响，到提出等效支撑模型来计算框架的开合效应的大小，对BRB 节点板的设计提供了较为完善的设计方法。Lee 等[48] 提出将节点板等效为一个只受轴力的二力杆，即等效支撑模型，通过等效支撑的轴向和梁下翼缘的弯曲变形相协调可以计算出梁柱节点板交界处的切向分力和法向分力，其研究表明钢框架的开合作用对节点板产生的附加剪力与支撑作用处在同一个数量级，如果在设计时直接忽略框架作用，会高估节点板交界处的承载能力，严重时节点板交界处的焊缝会被撕裂破坏。Chou 等[47,49] 对 BRB-RC 框架不同节点板尺寸进行了稳定性分析及框架开合效应对节点板的影响研究，结果表明，增加节点板厚和中心加劲肋可以有效提高节点板的稳定性，并提出了基于目标层间位移角下的节点板自由端的最大应力来设计节点板和节点板加劲肋的一般步骤。

为了解决开合效应对节点板处梁柱节点带来的不利影响，一些学者采用"硬抗"的方式来设计节点板，即综合考虑节点板的 BRB 轴力和框架附加作用力的双重作用，通过加强节点板的途径提高节点的抗震性能。目前采用"硬抗"的方式设计的 BRB-RC 梁柱节点连接形式有夹板锚式连接、腹板开孔 H 型钢、预埋型钢、钢板-栓钉整体式等[50-53]，如图 1.2-19 所示。李国强等[52] 率先开展了夹板锚式连接节点在拉、剪、拉剪复合受力状态下的单调受力性能与滞回性能试验，研究了节点的受力特点和破坏模式。试验结果表明，节点在各种受力状态下对 BRB 耗能效率影响不显著，但在构造上需要限制锚固板的弯曲变形。在此基础上，宫海等[50] 提出了腹板开孔 H 型钢节点连接，并在型钢的上下翼缘布置抗剪栓钉以增强节点的承载力，通过有限元分析发现此节点可适用于承载力在200～500t 的支撑节点连接。李帼昌等[51] 通过有限元分析研究了钢板-栓钉整体式节点的极限状态和失效模式，分析了轴压比、梁配筋率和梁柱线刚度比对节点承载力和变形性能的影响规律，分析结果表明，该一体化节点能满足"强节点、弱构件"的抗震要求。

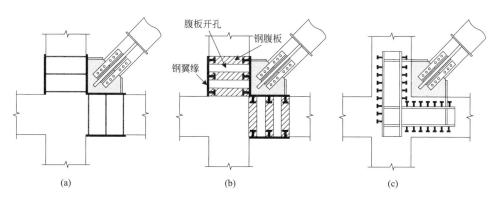

图 1.2-19　BRB-RC 框架连接节点类型
(a) 夹板锚式；(b) 腹板开孔 H 型钢；(c) 预埋型钢

　　为减轻甚至消除开合效应等对节点板处梁柱节点及框架柱等带来的不利影响，诸多学者对此进行过研究。Ishii 等[54] 针对 BRB 在 RC 框架加固中的连接问题，提出了在梁端表面采用钢板与梁中的钢棒、BRB 与钢板相连的加固策略，并研究了 RC 框架不同倒塌机制等对加固效果的影响。Fahnestock 等[55] 考虑允许 BRB 连接节点有一定的转动能力但保持有限的梁端弯矩传递，提出了在钢框架梁端采用腹板拼接的连接方法，如图 1.2-20（a）所示，并通过 4 层足尺试验表明节点的开合效应能明显降低。Walters 等[56] 考虑到楼板存在时腹板连接将产生很大的抗弯承载力，提出了截面上翼缘连接承载、腹板和下翼缘不承载仅提供转动的新型钢框架-BRB 连接节点。随后，Prinz 等[57] 进行了此类连接，不考虑腹板的模型试验和数值模拟，如图 1.2-20（b）所示，结果表明，这类节点具有较大的转动能力，传递到节点的弯矩较小，且在强震下损伤较小；当有楼板存在时，能传递腹板连接 70％的弯矩；结构层间位移角达到或接近 5％时，试件最终因支撑疲劳断裂而终止，支撑的耗能性能可得到充分发挥。

　　考虑节点板与框架连接增加了结构的整体刚度，降低了结构的周期，进而增加了基底剪力。然而，在结构设计时，一般不考虑节点板的贡献，结构实际遭受

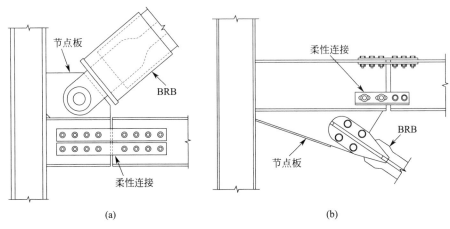

图 1.2-20 梁端柔性连接 BRB-框架节点

(a) 腹板拼接；(b) 翼缘拼接

地震作用比设计地震作用大。增加的地震作用将主要由框架承担，这不仅增加了框架更易损伤的可能性，也降低了 BRB 的承载比和使用效率。同时，节点板还降低了柱的长细比，增加了 RC 框架柱剪切失效的风险。Berman 和 Bruneau[58]为完全消除框架开合效应对节点的不利影响，提出了 BRB-钢框架结构的无约束节点板，即节点板仅与梁连接的新型节点（图 1.2-21），避免梁柱开合变形后与节点板产生接触，进而完全消除开合效应，并开展了三层结构模型的滞回试验，结果表明，该新型连接节点具有优良的抗震性能。结构层间位移角达到 4% 时，与节点板相连一侧的梁端却先于 BRB 发生剪切断裂，其主要原因为，节点板只与梁端连接，BRB 轴力将完全通过梁端传递，进而导致梁端产生较大剪力，在强震作用下，梁端的 BRB 附加剪力与梁自身弯曲所产生的剪力同向叠加，层间位移角较大时，梁端剪力可能超过其抗剪承载力，造成梁端剪切断裂的现象。

进一步，曲哲等[59] 将无约束节点板引入到 BRB-RC 框架节点连接中，并提出了两种节点板与梁连接的具体形式：其一采用贯穿梁高的高强预应力钢棒将节点板底板紧固于混凝土梁表面见图 1.2-22(a)；其二则将节点板延伸预埋在混凝土梁端内部，并预埋段设置栓钉以传递力见图 1.2-22(b)。前者既可用于新建建筑，也可用于既有建筑的抗震加固。为了避免 RC 梁端发生脆性破坏和梁端塑性铰对节点受力性能的不利影响，BRB-RC 框架无约束节点采用了最为简单直接的调整梁内配筋的方式进行局部损伤控制，即在混凝土钢原有配筋的基础上，一方面增加连接节点部位对应的梁端的纵筋，与此同时适当减少连接节点以外部分的梁纵筋，使带有 BRB 的混凝土梁的受力承载力与纯框架梁相当，同时，将梁

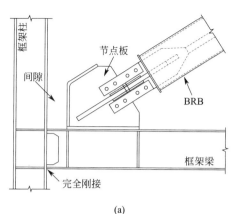

（a） （b）

图 1.2-21 BRB-钢框架无约束节点板

（a）节点构造；（b）框架试验节点试件[58]

端预期塑性铰区移至连接节点以外区域。通过 5 个模型构件的滞回试验，验证了节点连接的可靠性，同时，通过调整配筋的方法可以实现转移梁端塑性铰的损伤控制效果。

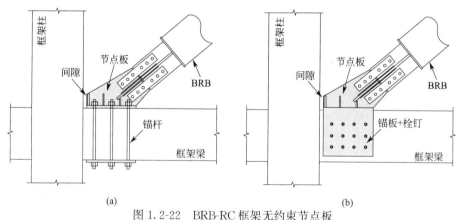

（a） （b）

图 1.2-22 BRB-RC 框架无约束节点板

（a）预应力型连接；（b）预埋型连接

基于"以柔克刚"的思路，赵俊贤等[60] 提出了节点板与梁柱通过滑移摩擦连接来减小节点板上的剪应力的滑移连接节点，如图 1.2-23 所示，该节点梁-柱节点构造采用传统焊接连接，滑移垫板与梁柱翼缘之间设置滑移端板，三者通过高强度螺栓连接。与传统的摩擦型高强度螺栓连接不同，在滑移端板与滑移垫板、滑移端板与梁柱翼缘之间设置了一层低摩擦材料来降低滑移节点与梁柱翼缘之间的摩擦系数，进而在此交界面形成滑移连接界面，并释放节点板对梁柱翼缘轴向伸缩变形的切向约束，允许梁柱翼缘与滑移端板、滑移垫板与滑移端板之间产生相对滑移变形。BRB 受压时通过滑移端板与梁柱翼缘接触承压传力，BRB

受拉时通过高强度螺栓的预拉力传递拉力，使滑移端板始终与梁柱翼缘保持紧密接触，从而不会对 BRB 的轴向行为产生显著的影响。两层足尺 BRB 钢框架的混合试验以及拟静力加载试验的结果表明，该连接节点具有优良的抗震性能，滑移节点能有效减小界面的应力水平。

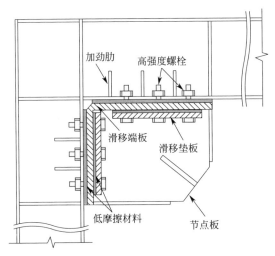

图 1.2-23　滑移连接节点

　　从整体结构体系的角度出发，曲哲等[61] 提出 RC 框架中 BRB 竖向连续 Z 字形布置的节点方案，如图 1.2-24 所示，该节点一跨内 BRB 沿结构高度方向连续布置，相邻楼层的两个 BRB 共用一个节点板，支撑跨不设置框架梁，而将 BRB 节点板设置在梁柱节点外侧，通过 RC 托梁和锚固在节点中的预应力钢棒来分别承担 BRB 产生的支撑竖向力和水平力，消除了框架开合效应产生的不利影响。BRB 通过预应力螺栓和钢筋混凝土剪力键与 RC 柱相连，连接构造将连接部位法向和切向的抵抗机制分离，预应力螺栓基本只抵抗法向拉力作用，RC 剪力键则只负责抵抗切向剪力作用，传力路径明确。试验结果表明，BRB 连接部位的竖向抗力与水平抗力是相对独立的，BRB 在该新型结构体系中工作性能良好。值得注意的是，Z 字形布置的节点方案存在着高阶振型时 BRB 的水平分力不能相互抵消的问题，可能出现上下支撑对节点产生同向作用力的情况，会对混凝土构件局部产生较大的集中力，特别是其中的拉力作用对混凝土构件非常不利。

　　进一步，曲哲等将 Z 字形连接节点运用到框架的同一楼层，发展了双 K 形连接节点[62]。如图 1.2-25 所示，上下相邻的 BRB 在柱中部共用同一节点板，双 K 形连接节点因其不在梁柱相交位置而不受节点开合效应的影响，同时节点不在梁塑性铰处，避免了塑性铰区与节点重合的不利影响，保证了节点能够有效传力，充分发挥 BRB 的耗能性能。此外，由于 BRB 在同一楼层，在强震作用

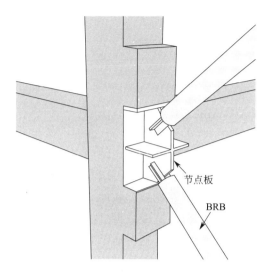

图 1.2-24　Z 字形连接节点

下，同一节点处的 BRB 其中一根受压，另一根则受拉，从而避免了高阶振型使得两根 BRB 同时受拉受压的现象。结构性能试验表明，双 K 形节点的连接性能可靠，BRB-混凝土连接处主要承受剪力，连接处表面基本无拉应力，梁柱中部节点板区域无裂缝出现。

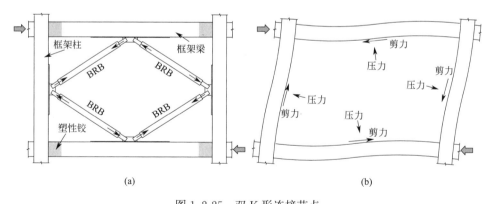

(a)　　　　　　　　　　　　(b)

图 1.2-25　双 K 形连接节点
（a）节点连接构造；（b）节点受力-变形示意图

3. BRB-框架结构设计方法

将 BRB 添加进结构体系，将对原结构产生附加的强度和刚度形成双重抗侧力体系，其中，支撑体系是第一道抗震防线，框架是第二道抗震防线。为了达到多道抗震设防目标，需合理地确定 BRB 在结构中承担的抗侧刚度，将地震剪力合理地分配和调整，以获得预期的抗震性能。对于 BRB-框架结构体系，目前已经形成和发展了诸多抗震理论和设计方法，已有的设计方法大致分为基于力的设计方法和基于性能的设计方法。

"小震不坏，中震可修，大震不倒"的结构抗震设计理念植根于我国的抗震设计规范中[63]，现行的抗震设计方法主要按照等效静力的线弹性分析理论来获得结构的内力需求，并采用能力设计方法[64]，最终通过非线性分析来检验结构在大震下的位移响应是否超限。这种设计方法能保证结构在小震和中震下的抗震性能，而结构在大震下局部构件进入非线性，此时，弹性理论和能力设计法不能反映结构在非线性条件下的内力分配规律，因为一旦有局部构件进入屈服，结构的内力将按照屈服后的刚度分配。因此，可以看出规范提出的设计方法：（1）用来模拟强震下结构楼层惯性力分布的设计侧向力模式，主要是根据结构的弹性振动状态获得的；（2）结构设计时未能考虑构件的非线性性能，特别是梁屈服后对柱端受力的影响；（3）能力设计法仅能考虑与梁相连的柱的强度放大，这实际上是一种局部强化方法；（4）未考虑强震下结构的整体失效模式。因此，结构在强震下的抗震性能不能被可靠地预测和控制[65]，进而出现不可控和不可预期的失效模式[66]，如图 1.2-26（a）、（b）所示的局部失效模式和如图 1.2-26（c）所示薄弱层失效模式。在这两种失效模式下，结构仅有局部构件发生屈服，而其他构件处于弹性状态，材料性能未能得到充分发挥，结构的耗能能力未达到最大化，最终导致结构失效时的延性和承载力都较小。如图 1.2-26（d）所示的强震下结构的典型失效模式，也即"强柱弱梁"失效模式，该模式下结构形成梁端耗能机制，各楼层具有相同的侧移，结构承载能力和变形能力最强，延性最好，是结构抗震设计最希望出现的失效模式。图 1.2-26 中 F_1、F_2、F_i、F_{n-1}、F_n 是第 1 层、第 2 层、第 i 层、第 $n-1$ 层、第 n 层水平侧向力，H_1、H_2、H_i、H_n 是第 1 层、第 2 层、第 i 层、第 n 层楼层高度。

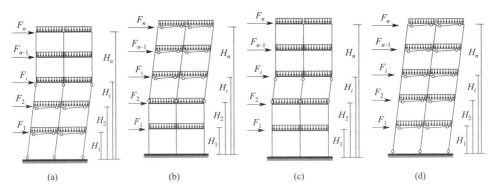

图 1.2-26　强震下结构的典型失效模式

（a）局部失效模式Ⅰ；（b）局部失效模式Ⅱ；（c）薄弱层失效模式；（d）整体失效模式

基于性能抗震设计[67] 的基本思想是使设计的结构在地震下的反应控制在预期的目标范围内，具体的性能目标可根据地震水准、结构重要性、业主要求综合确定。基于性能抗震设计相比传统抗震设计的最大特点是实现了抗震设防水准、结构性能水准、结构性能目标的具体化，并给出了三者之间的明确关系，其中，基于位移和基于能量平衡的抗震设计方法是性能化抗震设计中较为常用的两种方法，并有众多学者将其运用于 BRB-框架结构体系的设计。

Kim 和 Seo 等[68] 采用基于位移的设计方法设计 BRB-钢框架。该方法假设框架结构梁柱铰接（图 1.2-27），主体结构在强震下抵抗所有侧向荷载并保持弹性，BRB 通过稳定的滞回性能耗散地震能量。时程分析结果表明，按该方法设计的 3 层和 5 层结构的抗震性能与预期的设计目标吻合较好。Kim 和 Choi 等[69] 对 SEOAC 蓝皮书中提出的基于位移的设计方法进行了修改，对既有结构的地震响应降低到给定性能极限状态所需的速度相关阻尼器（如黏性和黏弹性阻尼器）的最佳数量进行了评估。将该方法应用于 10 层和 20 层钢框架的抗震性能评价和基于性能的抗震加固，并利用基于设计谱的生成人工地震动，通过时程分析对最终设计进行了验证。分析结果表明，所提出的方法计算的性能点与时程分析计算的性能点较好吻合，采用阻尼器加固后的结构的最大位移与给定的目标值吻合较好。

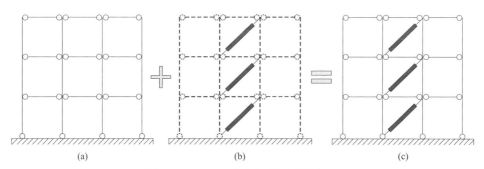

图 1.2-27　BRB-钢框架梁柱铰接体系
（a）主体结构；（b）BRB；（c）BRB-钢框架梁柱铰接体系

Terán-Gilmore 等[70] 介绍了一种基于适用于低层 BRB 建筑位移的设计方法，并将该方法应用于墨西哥一栋五层建筑的初步设计，通过对建筑物的整体力学性能和地震作用下的抗震性能评估，证明了该方法的可靠性。Ferraioli 等[71] 提出了一种基于位移的 BRB-RC 框架结构抗震加固的设计方法，将框架和 BRB 分别等效成双线性模型来考虑框架-支撑的相互作用，最后通过建立的迭代程序来确定 BRB 的最优分布，并将该设计方法应用于某钢筋混凝土学校建筑实践中。Terán-Gilmore 等[72] 采用基于力和基于位移的方法对现有多跨多层钢结构抗震加固设计，重点分析了四个 BRB 钢框架模型在 20 条地震动下的响应，结果表明，BRB 可有效降低加固后框架的层间位移，基于力的设计方法无法准确预测结构的失效模式，不能使得 BRB 的性能有最优化。Guerrero 等[73] 提出了适用于低矮层 BRB 结构的基于性能的简化设计方法，将 BRB-框架等效成双重单自由度振荡器（图 1.2-28）。假设两个振荡器在不同的位移水平下屈服，通过模型实例分析验证了这种简化设计方法的有效性，但该方法的局限性在于只适用于平面较大的低层常规建筑，其动力响应以基本振型为主。

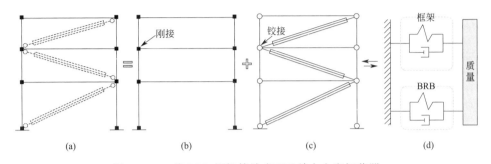

图 1.2-28　将 BRB-框架等效成双重单自由度振荡器
（a）BRB-框架结构；（b）主体结构；（c）BRB；（d）双重单自由度振荡器

Choi 和 Kim[74] 利用滞回能谱和累积延性谱，提出了基于能量平衡的抗震设计方法，假定梁柱构件在地震过程中保持弹性，所有的地震输入能量均由 BRB 耗散，通过将滞回能量需求与支撑所消耗的累积塑性能量相等，得到满足给定目标位移所需的支撑横截面面积。将该设计方法应用于三层和八层 BRB-钢框架结构，分析结果表明，顶层位移的平均值与给定的性能目标位移值吻合较好。随后，Choi 等[75] 对基于能量平衡的设计方法进行了改进，给出了能量修正系数。设计过程从计算反应谱的输入能量开始，然后将基于修正的能量平衡公式计算得到的塑性能量分布到每一层，并计算每个支撑的内芯截面面积，使所有塑性能量都被支撑所消耗。将该方法应用于三层、六层和八层 BRB-钢框架设计，满足三个不同的性能指标，时程分析结果表明，该方法设计的结构顶层位移平均值与给定目标位移值吻合较好。马宁等[76] 针对梁柱刚接的 BRB-钢框架，根据能量平衡的概念提出基于能量的抗震设计方法，使结构在罕遇地震作用下满足给定的目标位移。研究表明，应用此方法设计 BRB 刚接框架在地震下最大层间位移角与给定的设计目标较为一致，所设计的结构安全可靠。Sahoo 等[77] 提出了一种基于性能的塑性设计（PBPD）方法，利用预先选定的目标侧移和屈服机制，在能量平衡的基础上计算出设计基底剪力。分析结果表明，采用 PBPD 方法设计的高层 BRB 钢框架，在中震和大震下，结构的屈服机制和侧向变形均达到了预期的性能目标。

4. BRB 大比例尺模型试验

BRB 的抗震性能已得到了大量的支撑单轴试验的验证，为了研究 BRB-框架结构的抗震性能，诸多学者对 BRB-RC 框架子系统开展了大比例尺模型试验。

为给美国某大学一幢实验楼的设计和施工提供技术支持，Mahin 等[78] 对开展的 BRB-钢框架子系统试验见图 1.2-29。其中，试验 1 为人字形支撑，见图 1.2-29（a），试验 2 和试验 3 为单斜撑。试验结果表明，三榀支撑框架在往复荷载作用下均表现出稳定的抗震性能，但随着荷载的增加，三个平面框架都出现了不同程度的损伤。其中，试验 1 支撑和柱的连接节点板、柱脚和梁柱的抗弯连接出现了屈曲；试验 2 框架在 1.7% 层间位移角时，支撑上端的节点板与柱的熔透焊缝出现一个裂缝，在 2.6% 层间位移角时，节点板的自由边发生了屈曲，见图 1.2-29（b）；试验 3 框架在 1.72% 层间位移角时，梁的下翼缘出现一条贯穿裂缝（梁断裂），见图 1.2-29（c），随后支撑顶端梁和节点板连接处发生扭转失稳。

 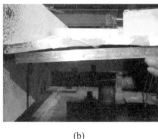 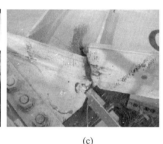

（a）　　　　　　　　　　（b）　　　　　　　　　　（c）

图 1.2-29　Mahin 等开展的 BRB-钢框架子系统试验[78]
（a）人字形支撑；（b）节点板屈曲；（c）梁断裂

2004 年，蔡克铨等[79] 开展了足尺三层三跨 BRB-钢框架拟动力试验，如图 1.2-30（a）所示，试验框架长为 7m，高为 12m，在中间跨布置人字形 BRB，框架梁采用 H 型钢，中间跨柱采用圆形钢管混凝土柱，边跨柱采用矩形钢管混凝土柱，第一层和第三层采用双芯截面 BRB，第二层采用新日铁公司的单芯截面 BRB。在 50 年超越概率为 10% 的地震波输入时，最大层间位移角为 0.019rad，满足试验前预计的 0.020rad 需求；在 50 年超越概率为 2% 的地震波输入时，最大层间位移角为 0.023rad，满足试验前预计的 0.025rad 需求。可以看出，所设计的 BRB-钢框架能很好地控制结构地震响应。在随后的往复加载中，第二、三层均出现了节点板和支撑的平面外失稳破坏，见图 1.2-30（b）。

为了研究普通钢支撑框架与 BRB-钢框架在双向地震作用下的抗震性能，Palmer 等[80] 开展了普通钢支撑框架与 BRB-钢框架双向加载试验，见图 1.2-31。普通钢支撑框架采用方钢管 X 形布置，BRB-钢框架布置形式为单斜撑。该子系统试验的主要研究目标为：①研究真实边界条件和平面外变形对框架体系、支撑和节点板性能的影响；②通过普通钢支撑框架的抗震性能验证所提出的抗震设计方法的有效性；③探究 X 形布置形式的普通钢支撑框架的抗震性能；④明确 BRB 采用销轴连接形式的支撑抗震性能。试验结果表明，两类支撑框架结构均

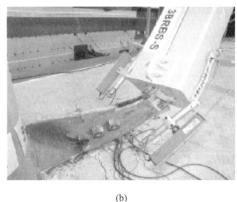

(a)	(b)

图 1.2-30 足尺三层三跨 BRB-钢框架拟动力试验

（a）三层三跨 BRB-钢框架；（b）三层支撑及节点板面外屈曲

能表现出稳定的抗震性能和良好的变形能力，其中 X 形普通方钢管支撑在 2.0％层间位移角时发生断裂，BRB 在 3.6％层间位移角因低周疲劳损伤发生断裂。

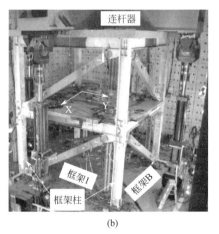

(a)	(b)

图 1.2-31 普通钢支撑框架与 BRB-钢框架双向加载试验

（a）普通钢支撑框架；（b）BRB-框架

吴安杰等[81] 开展了足尺的两层 BRB-RC 结构拟动力试验，如图 1.2-32（a）所示，BRB 采用 Z 字形布置，节点板与框架节点通过预埋件连接，预埋件锚板内侧设有栓钉，用于增强钢与混凝土的锚固连接，预埋件的栓钉、钢板与混凝土形成一个很强的整体，保证了节点连接区域的可靠性。试验过程先输入 50 年超越概率为 50％、10％和 2％的地震波，随后再进行循环往复荷载，结果显示所设计的BRB-混凝土框架能够满足所预期的性能目标，且在经历两次大震水平的激励后仍能够保持良好的抗震性能。在随后的循环往复荷载中，在层间位移角为 3.5％时，框架整体性能稳定，BRB 吸收大量的地震能量；第一层的节点板在 4.5%层间位移角时发生屈曲，进而导致 BRB 发生撑整体失稳，见图 1.2-32 (b)。

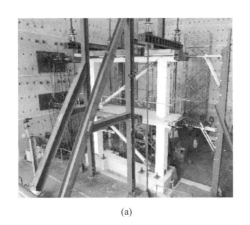

(a)   (b)

图 1.2-32　吴安杰等开展的 BRB-混凝土框架试验[81]
(a) 二层足尺 BRB-混凝土框架；(b) 底层 BRB 屈曲

为了探究带滑移节点的实际框架结构在地震作用下的响应，赵俊贤等[82] 在节点子结构试验的基础上，开展了一榀含滑移节点两层足尺 BRB-钢框架混合试验。如图 1.2-33 所示，结构横向和纵向跨度均为 8m，一层层高 4.4m，二层层高 3.5m，BRB 采用 V 字形布置，考虑了实际结构中的楼板。试验过程中将选取的地震波分别调幅至 0.07g、0.2g、0.4g 和 0.58g 从低到高进行加载，分别代表八度多遇地震、八度中震、八度罕遇地震和八度超罕遇地震的地震动水平，地震动加载完成后进行拟静力循环加载试验。试验结果表明，所设计的含滑移节点 BRB-钢框架抗震性能良好，在小震、中震、大震和超大震作用下节点板性能稳定，见图 1.2-33 (b)，高强度螺栓满足设计工作状态。

李贝贝等[83] 开展了两榀装配式 BRB-钢管混凝土框架拟动力试验，以探究单边螺栓连接装配式钢管混凝土框架与 BRB 的协同抗震性能。试验模型的原型结构为一栋 6 层档案馆，1 层和 2 层层高为 2.4m，3~6 层层高为 3.3m，试验取底部两层的框架支撑结构作为研究对象，见图 1.2-34 (a)，分别设计 BRB 的单边螺栓连接装配式圆钢管混凝土组合结构和轻方钢管混凝土组合结构。试验采用典型的强震记录 EI Centro 波，分别调幅至小震、中震、大震和超大震水平。试验结果表明，小震时结构处于弹性阶段，支撑为结构提供较大的抗侧刚度，中震时支撑开始进入屈服阶段耗能；大震及超罕遇地震时支撑充分屈服耗能，保护主体结构免受严重损伤。加载后期由于节点板面外变形导致支撑失稳而逐步退出工作，见图 1.2-34 (b)，地震作用逐渐由支撑转至框架承担。

为了研究 BRB-RC 结构在双向地震作用下的抗震性能，谭启阳等[84] 开展

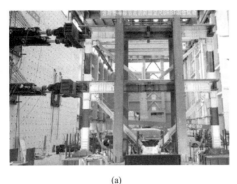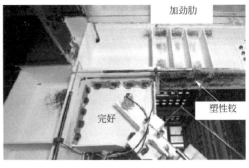

(a)　　　　　　　　　　　　　(b)

图 1.2-33　赵俊贤等开展的滑移连接节点 BRB-钢框架混合试验[82]

(a) 二层足尺 BRB-钢框架；(b) 试验结束后一层左侧节点整体损伤

(a)　　　　　　　　　　　　　(b)

图 1.2-34　李贝贝等开展的装配式 BRB-钢管混凝土框架拟动力试验[83]

(a) 二层装配式 BRB-钢管混凝土框架；(b) 圆钢管结构一层 BRB 平面外失稳

了一幢足尺的两层 BRB-混凝土空间框架的双向模拟动力、模拟静力和推覆试验。试验模型的原型结构采用基于性能的抗震设计方法进行设计，性能水准为小震、中震、大震作用下结构分别处于完好、轻微损坏、有明显塑性变形状态，BRB采用 Z 形布置。在模拟动力试验过程中，结构在小震作用下钢筋混凝土构件上并未出现裂缝，BRB 也未屈服；中震作用下，混凝土梁端、柱根出现微裂缝，试验结束时柱上裂缝闭合；大震作用下，结构产生明显的塑性变形，梁端、柱根裂缝增多，梁上出现交叉斜裂缝；结构满足预期的性能水准。模拟静力试验过程中，梁、柱裂缝和塑性铰进一步发展，且混凝土梁箍筋内部混凝土出现了成块掉落现象，试件损伤严重。在随后的推覆试验中，梁端箍筋断裂，纵筋屈曲严重；在塑性铰区，混凝土保护层沿梁高几乎全部脱落，而 BRB 及节点板未发生明显破坏。谭启阳等开展的 BRB-混凝土框架双向加载试验[84] 见图 1.2-35。

(a)　　　　　　　　　　　　　　　　(b)

图 1.2-35　谭启阳等开展的 BRB-混凝土框架双向加载试验[84]

(a) 二层空间 BRB-混凝土框架；(b) 推覆试验后的残余变形

1.3　BRB 的工程应用

1. 在日本和美国的工程应用

1989 年，BRB 在日本的工程应用见图 1.3-1 (a)[85]。在 1995 年日本的神户地震后，BRB 在日本的建筑结构设计中被广泛采纳，20 世纪 90 年代，在日本大约有 160 幢建筑使用了 BRB[86]。1994 年北岭地震后，美国对 BRB 体系进行了大量的研究，并于 1998 年在美国某大学建成了 BRB 建筑[87]，如图 1.3-1 (b) 所示，该建筑使用了 132 根 BRB，是 BRB 在美国的首次工程应用。随着 BRB-钢框架的抗震设计手册的出版，BRB 体系在美国的使用率迅速提高。

1992 年，Wada 等提出了损伤容限结构的概念[88]，即地震能量全部由阻尼

(a)　　　　　　　　　　　　　　　　(b)

图 1.3-1　BRB 在日本和美国的早期应用

(a) BRB 在日本的工程应用[85]；(b) BRB 在美国的工程应用[87]

器元件耗散，主体结构只承受重力荷载且保持弹性，如图 1.3-2（a）所示。损伤容限结构的概念早期在是东京晴海托里顿广场中得到应用，该项目为 40 层办公楼，如图 1.3-2（b）所示。

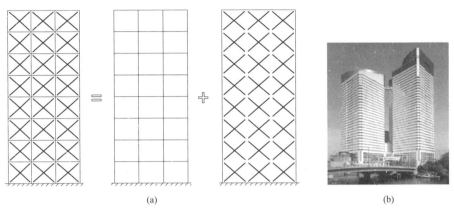

图 1.3-2　BRB 在日本东京 40 层办公楼中的应用

(a) 损伤容限结构的概念[88]；(b) 东京晴海托里顿广场（1992 年）[86]

Midorigaoka-1 是一幢设计于 1966 年的东京工业大学 6 层钢筋混凝土教学楼，采用的是 1971 年的设计规范，该结构中的柱子存在着被剪切破坏的风险，Takeuchi 等[89] 提出了"综合立面工程"的概念，将结构改造、立面设计和环境设计结合在一起，使用耗能元件提高结构的抗震性能。如图 1.3-3（a）所示，将 BRB、百叶窗和玻璃形成的外部子结构，通过剪力键锚固在原始建筑上，既实现了结构的抗震加固，又提升了建筑外观的美感。此外，"综合立面工程"的概念还可以发展成其他模式，如图 1.3-4 所示，Takeuchi 等[90] 使用细长 BRB 布置于对角百叶窗内，制作成 BRB 对角百叶窗，并用于东京工业大学行政大楼抗震加固。每个百叶窗由多个屈服强度为 300kN 的 BRB 组成，一个百叶窗水平屈服强度约为 2000kN。BRB 对角百叶窗不仅能有效提高结构的抗震韧性，还能改善建筑西面和东面的光照条件。

将 BRB 应用于桁架结构和空间结构[86] 需面临两个挑战：

（1）由于结构自重不能过大，BRB 内芯截面面积要非常小。

（2）需要确定结构变形较大的位置布置 BRB 以提高减震效率。

与传统框架结构添加 BRB 的加固方式不同，使用 BRB 更换关键部位的普通钢支撑是桁架结构和空间结构抗震加固最有效的方法，如图 1.3-5（a）和图 1.3-5（b）所示。此外，BRB 也可应用于桥梁工程[91]，如图 1.3-5（c）所示，日本大阪港大桥是悬臂钢桁架桥，全长 980m，于 1974 年建成。由于服役时间较长，对其进行抗震验算时，发现大多数构件存在屈服或屈曲的风险，通过基

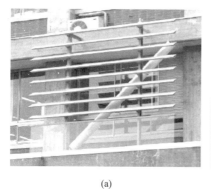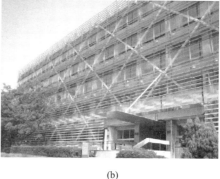

(a)　　　　　　　　　　　　　　(b)

图 1.3-3　BRB 用于东京工业大学 Midorigaoka-1 教学楼抗震加固[89]

（a）BRB、百叶窗和玻璃形成的外部子结构；（b）加固完成后

(a)　　　　　　　　　　　　　(b)

图 1.3-4　BRB 对角百叶窗用于东京工业大学行政大楼抗震加固[90]

（a）建筑外部；（b）建筑内部

于性能的抗震加固设计，在关键部位使用 BRB 替换部分构件后，通过非线性动力分析，加固后的大桥满足抗震要求。

(a)　　　　　　　　　　(b)　　　　　　　　　　(c)

图 1.3-5　BRB 应用于桁架结构、空间结构和桥梁工程

（a）通信塔的抗震加固[86]；（b）日本丰田体育场[86]；（c）日本大阪港大桥[91]

2. 在中国的工程应用

上海世博中心工程是我国首个以 BRB 作为主要抗侧力构件及耗能构件的大

型公共建筑，同时还开启了国产低屈服点钢材的研发和生产[92]。世博中心作为上海 2010 年世博会的主要场馆，为满足建筑形体和功能要求，结构楼面楼板大量缺失、楼层质量分布极不均匀、沿竖向结构刚度存在突变，为抗震特别不规则结构。通过采用普通钢支撑和 BRB 的方案对比发现，采用 BRB 能有效减小地震作用力，显著提高结构的抗震性能，最终在结构关键部位安装了 108 根 TJ 型 BRB。海虹桥枢纽磁浮车站是我国首次采用销轴连接的 BRB 工程，该项目由于建筑使用功能需求，地上二层比地上一层减少 2/5 的框架柱，为了减小刚度突变和满足层间位移角的要求，需要在地上二层设置支撑，共选用了 16 根 650t、8 根 1000t 的 BRB，由于支撑下端直接暴露在室内，采用了铸钢销轴连接，解决了建筑美观设计问题。天津 117 大厦结构高度为 584m，是我国高地震烈度区最细长的超高层建筑之一，该结构由钢筋混凝土核心筒、巨型支撑筒及巨型框架组成多重抗侧力结构体系，其中，巨型支撑采用屈曲约束支撑，单根长度为 48m。上海星港国际中心在加强层伸臂桁架处采用 8 根巨型屈曲约束支撑，最大吨位达到 48400kN，是目前工程实践中吨位最大的 BRB。

BRB 在我国台湾地区的工程应用较早，某电视台为一幢 14 层的钢骨混凝土结构，该建筑在短向的外侧安装了 96 根双芯截面 BRB，BRB 应用于某电视台[21]（图 1.3-6）。BRB 与主体结构采用焊接连接，双芯截面使得支撑连接段较短，连接更为简洁。某综合体育馆，由抗弯钢框架、巨型桁架系统和群柱系统组成，在该结构抗弯钢框架中安装了 96 根双芯截面 BRB，以提高结构的抗震性能，其中最长的支撑为 11m。

(a)　　　　　　　　　(b)　　　　　　　　　(c)

图 1.3-6　BRB 应用于某电视台[21]

（a）某电视台构架；（b）BRB 安装后；（c）双芯 BRB 节点连接

参考文献

[1] 叶列平，陆新征，赵世春，李易. 框架结构抗地震倒塌能力的研究——汶川地震极震区

几个框架结构震害案例分析 [J]. 建筑结构学报，2009，30（6）：67-76.

[2] 霍林生，李宏男，肖诗云，王东升. 汶川地震钢筋混凝土框架结构震害调查与启示 [J]. 大连理工大学学报，2009，49（5）：718-723.

[3] Watanabe A，Hitomi Y，Saeki E，et al. Properties of brace encased in buckling-restraining concrete and steel tube [C]. Proceedings of ninth world conference on earthquake engineering. 1988，4：719-724.

[4] Buckling-restrained braces and applications [M]. Tokyo：Japan Society of Seismic Isolation，2017.

[5] 谢强，赵亮. 屈曲约束支撑的研究进展及其在结构抗震加固中的应用 [J]. 地震工程与工程振动，2006（3）：100-103.

[6] Uang C M，Nakashima M，Tsai K C. Research and application of buckling-restrained braced frames [J]. International Journal of Steel Structures，2004，4（4）：301-313.

[7] Yoshino T，Karino Y. Experimental study on shear wall with braces：Part 2 [C]. Summaries of technical papers of annual meeting. Architectural Institute of Japan，1971，11：403-404.

[8] Sukenobu T，Katsuhiro K. Experimental Study on Aseismic Walls of Steel Framed Reinforced Concrete Structures [J]. Transactions of the Architectural Institute of Japan，1960，66：497-500.

[9] Wakabayashi M，Nakamura T，Katagihara A，et al. Experimental study on the elastoplastic behavior of braces enclosed by precast concrete panels under horizontal cyclic loading—Parts 1 & 2 [C]. Summaries of technical papers of annual meeting. Architectural Institute of Japan，1973，6：121-128.

[10] Kimura K，Yoshioka K，Takeda T，et al. Tests on braces encased by mortar in-filled steel tubes [C]. Summaries of technical papers of annual meeting，Architectural Institute of Japan. 1976，1041：1-42.

[11] Mochizuki S，Murata Y，Andou N，et al. Experimental study on buckling of unbonded braces under axial forces：Parts 1 and 2 [C]. Summaries of technical papers of annual meeting. Architectural Institute of Japan. 1979：1623-1626.

[12] Fujimoto M，Wada A，Saeki E，et al. A study on brace enclosed in buckling-restraining mortar and steel tube [C]. Summaries of technical papers of AIJ annual meetings. 1988：1339-1342.

[13] 黄波，陈泉，李涛，王春林，吴京. 国标 Q235 钢屈曲约束支撑低周疲劳试验研究 [J]. 土木工程学报，2013，46（6）：29-34.

[14] Ohashi M，Mochizuki H，Yamaguchi T，et al. Development of new steel plates for building structural use [J]. Nippon steel technical report. Overseas，1990（44）：8-20.

[15] Yamaguchi T，Takeuchi T，Nagao T，et al. Seismic control devices using low-yield-point steel [J]. Nippon steel technical report. Overseas，1998（77-78）：65-72.

[16] 孙飞飞，刘猛，李国强，郭小康，胡宝琳. 国产 TJ-I 型屈曲约束支撑的性能研究 [J].
河北工程大学学报（自然科学版），2009，26（1）：5-9.

[17] 李国强，孙飞飞，陈素文，郭小康，胡宝琳，刘猛，王文涛，温东辉，宋凤明，刘自
成. 大吨位国产 TJII 型屈曲约束支撑的研制与试验研究 [J]. 建筑钢结构进展，2009，
11（4）：22-26.

[18] Usami T，Wang C L，Funayama J. Developing high-performance aluminum alloy buck-
ling-restrained braces based on series of low-cycle fatigue tests [J]. Earthquake Engi-
neering & Structural Dynamics，2012，41（4）：643-661.

[19] Wang C L，Usami T，Funayama J，et al. Low-cycle fatigue testing of extruded alumin-
ium alloy buckling-restrained braces [J]. Engineering Structures，2013，46：294-301.

[20] 赵俊贤. 全钢 BRB 的抗震性能及稳定性设计方法 [D]. 哈尔滨工业大学，2012.

[21] 蔡克铨，黄彦智，翁崇兴. 双管式挫屈束制（屈曲约束）支撑之耐震行为与应用 [J].
建筑钢结构进展，2005（3）：1-8.

[22] Yasunori Y，Satoshi S，Izumi S，et al. Experimental study on the buckling-restrained
brace using H-shaped steel Part1：Outline of the buckling-restrained brace and results of
a cyclic axial loading test [C]. Summaries of technical papers of Annual Meeting Archi-
tectural Institute of Japan，Hokkaido，2013.

[23] Wang C L，Gao Y，Cheng X，et al. Experimental investigation on H-section buckling-
restrained braces with partially restrained flange [J]. Engineering Structures，2019，
199：109584.

[24] Yuan Y，Qing Y，Wang C L，et al. Development and experimental validation of a par-
tially buckling-restrained brace with dual-plate cores [J]. Journal of Constructional Steel
Research，2021，187：106992.

[25] Sarti F，Palermo A，Pampanin S. Fuse-type external replaceable dissipaters：Experi-
mental program and numerical modeling [J]. Journal of Structural Engineering，2016，
142（12）：04016134.

[26] Wang C L，Liu Y，Zheng X，et al. Experimental investigation of a precast concrete
connection with all-steel bamboo-shaped energy dissipaters [J]. Engineering Structures，
2019，178：298-308.

[27] Kato M，Kasai A，Ma X，et al. An analytical study on the cyclic behavior of double-
tube type buckling-restrained braces [J]. J Struct Constr Eng（Trans AIJ），2004，50：
103-112.

[28] 杨叶斌，邓雪松，钱洪涛，周云. 二重钢管 BRB 的性能研究 [J]. 工程抗震与加固改
造，2010，32（2）：75-80.

[29] Haganoya M，Nagao T，Taguchi T，et al. Studies on buckling-restrained bracing using
triple steel tubes：Part 1：outline of triple steel tube member and static cyclic loading
tests. Annual Research Meeting Architectural Institute of Japan，Kinki，C-1，Struc-
tures III [C]. Annual Research Meeting Architectural Institute of Japan Kinki area，Ja-

pan，September，2005.

[30] Tang R，Zhou Y，Deng X S，et al. Performance Study on Triple Square Steel Tube Buckling-Restrained Brace with Different Notch of Core Element [C]. Advanced Materials Research. Trans Tech Publications Ltd，2012，374：2471-2479.

[31] 周云，钟根全，龚晨，陈清祥. 开孔钢板装配式屈曲约束支撑钢框架抗震性能试验研究 [J]. 建筑结构学报，2019，40（3）：152-160.

[32] Jia L J，Ge H，Maruyama R，et al. Development of a novel high-performance all-steel fish-bone shaped buckling-restrained brace [J]. Engineering Structures，2017，138：105-119.

[33]   Sitler B，Takeuchi T，Matsui R，et al. Experimental investigation of a multistage buckling-restrained brace [J]. Engineering Structures，2020，213：110482.

[34] Sun J，Pan P，Wang H. Development and experimental validation of an assembled steel double-stage yield buckling restrained brace [J]. Journal of Constructional Steel Research，2018，145：330-340.

[35] Zhang A L，Wang H，Jiang Z Q，et al. Numerical simulation analysis of double yield points assembled buckling-restrained brace with replaceable inner core [J]. Structures，2022，35：1278-1294.

[36] 陈泉. 屈曲约束支撑滞回性能及框架抗震能力研究 [D]. 东南大学，2016.

[37] 郭彦林，童精中，周鹏. BRB 的型式、设计理论与应用研究进展 [J]. 工程力学，2016，33（9）：1-14.

[38] 朱博莉，郭彦林. 梭形空间桁架约束型 BRB 的性能研究 [J]. 工程力学，2020，37（7）：35-46.

[39] Blomgren H E，Koppitz J P，Valdés A D，et al. The heavy timber buckling-restrained braced frame as a solution for commercial buildings in regions of high seismicity [J]. Vienna，Austria：WCTE，2016.

[40] 蒋海燕，宋晓滨，顾祥林，唐践扬. 碳纤维布增强钢-木屈曲约束支撑低周反复加载试验研究 [J]. 建筑结构学报，2021，42（8）：136-143.

[41] 周颖，申杰豪，肖意. 自复位耗能支撑研究综述与展望 [J]. 建筑结构学报，2021，42（10）：1-13.

[42] Miller D J，Fahnestock L A，Eatherton M R. Development and experimental validation of a nickel-titanium shape memory alloy self-centering buckling-restrained brace [J]. Engineering Structures，2012，40：288-298.

[43] Maheri MR，Hadjipour A. Experimental investigation and design of steel brace connection to RC frame [J]. Engineering Structures，2003，25（13）：1707-1714.

[44] Youssef MA，Ghaffarzadeh H，Nehdi M. Seismic performance of RC frames with concentric internal steel bracing [J]. Engineering Structures，2007，29（7）：1561-7.

[45] Kaneko K，Kasai K，Motoyui S，et al. Analysis of beam-column-gusset components in 5-story value-added frame [C]. Proceedings of the 14th world conference on Earthquake

Engineering，Beijing，China. 2008.

[46] Palmer K D，Christopulos A S，Lehman D E，et al. Experimental evaluation of cycli-cally loaded，large-scale，planar and 3-d buckling-restrained braced frames [J]. Journal of Constructional Steel Research，2014，101：415-425.

[47] Chou C C，Liu J H，Pham D H. Steel buckling-restrained braced frames with single and dual corner gusset connections：seismic tests and analyses [J]. Earthquake Engineering&Structural Dynamics，2012，41（7）：1137-1156.

[48] Lee C H. Seismic design of rib-reinforced steel moment connections based on equivalent strut model [J]. Journal of Structural Engineering，2002，128（9）：1121-1129.

[49] Chou C C，Liu J H. Frame and brace action forces on steel corner gusset plate connec-tions in buckling-restrained braced frames [J]. Earthquake Spectra，2012，28（2）：531-551.

[50] 宫海，王彦博，胡大柱. 混凝土框架中屈曲约束支撑新型预埋件节点研究 [J]. 建筑结构·技术通讯，2012，42（11）：31-32.

[51] 朱江，李帼昌. 屈曲约束支撑-混凝土框架边节点受力性能分析 [J]. 防灾减灾工程学报，2017，37（1）：134-139.

[52] 李国强，郭小康，孙飞飞等. 屈曲约束支撑混凝土锚固节点力学性能试验研究 [J]. 建筑结构学报，2012，33（3）：89-95.

[53] 曾滨，王春林，褚云等. 屈曲约束支撑混凝土框架节点板连接研究综述及展望 [J]. 建筑结构，2017，47（8）：15-22.

[54] Ishii T，Mukai T，Kitamura H et al. Seismic retrofit for existing R/C building using energy dissipative braces [C]. Proceedings of the 13th World Conference on Earthquake Engineering，Vancouver，Canada，2004.

[55] Fahnestock L A，Ricles J M，Sause R. Experimental evaluation of a large-scale buck-ling-restrained braced frame [J]. Journal of structural engineering，2007，133（9）：1205-1214.

[56] Walters MT，Maxwell BH，Berkowitz RA. Design for improved performance of buck-ling-restrained braced frames [C]. Proceedings of 2004 SEAOC Convention-Monterey，Structural Engineers Association of California，Sacramento，CA，2004，507-513.

[57] Prinz GS，Coy B，Richards PW. Experimental and numerical investigation of ductile top-flange beam splices for improved buckling-restrained braced frame behavior [J]. Journal of Structural Engineering. 2014，140（9）：04014052.

[58] Berman JW，Bruneau M. Cyclic testing of a buckling restrained braced frame with un-constrained gusset connections [J]. Journal of structural engineering，2009，135（12）：1499-1510.

[59] Qu Z，Kishiki S，Maida Y，et al. Subassemblage cyclic loading tests of buckling-re-strained braced RC Frames with unconstrained gusset connections [J]. Journal of Struc-tural Engineering，2015，142（2）：04015128.

[60] Zhao J, Chen R, Wang Z, et al. Sliding corner gusset connections for improved buckling-restrained braced steel frame seismic performance: Subassemblage tests [J]. Engineering Structures, 2018, 172: 644-662.

[61] Qu Z, Kishiki S, Maida Y, et al. Seismic responses of reinforced concrete frames with buckling restrained braces in zigzag configuration [J]. Engineering Structures, 2015, 105: 12-21.

[62] Qu Z, Xie J, Wang T, et al. Cyclic loading test of double K-braced reinforced concrete frame subassemblies with buckling restrained braces [J]. Engineering Structures, 2017, 139: 1-14.

[63] 中国建筑科学研究院. 建筑抗震设计规范: GB 50011—2010 [S]. 北京: 中国建筑工业出版社, 2010: 12.

[64] Paulay T, Priestley M J N. Seismic design of reinforced concrete and masonry buildings [M]. New York: Wiley, 1992.

[65] Chao S H, Goel S C, Lee S S. A seismic design lateral force distribution based on inelastic state of structures [J]. Earthquake Spectra, 2007, 23 (3): 547-569.

[66] Bai J L, Ou J P. Seismic failure mode improvement of RC frame structure based on multiple lateral load patterns of pushover analyses [J]. Science China Technological Sciences, 2011, 54 (11): 2825-2833.

[67] Moehle J, Deierlein G G. A framework methodology for performance-based earthquake engineering [C]. 13th world conference on earthquake engineering. Vancouver: WCEE, 2004, 679.

[68] Kim J, Seo Y. Seismic design of low-rise steel frames with buckling-restrained braces [J]. Engineering structures, 2004, 26 (5): 543-551.

[69] Kim J, Choi H. Displacement-based design of supplemental dampers for seismic retrofit of a framed structure [J]. Journal of Structural Engineering, 2006, 132 (6): 873-883.

[70] Teran-Gilmore A, Virto-Cambray N. Preliminary design of low-rise buildings stiffened with buckling-restrained braces by a displacement-based approach [J]. Earthquake Spectra, 2009, 25 (1): 185-211.

[71] Ferraioli M, Lavino A. A displacement-based design method for seismic retrofit of RC buildings using dissipative braces [J]. Mathematical Problems in Engineering, 2018.

[72] Terán-Gilmore A, Ruiz-GarcíaJ. Comparative seismic performance of steel frames retrofitted with buckling-restrained braces through the application of force-based and displacement-based approaches [J]. Soil Dynamics and Earthquake Engineering, 2011, 31 (3): 478-490.

[73] Guerrero H, Ji T, Teran-Gilmore A, et al. A method for preliminary seismic design and assessment of low-rise structures protected with buckling-restrained braces [J]. Engineering Structures, 2016, 123: 141-154.

[74] Choi H，Kim J．Energy-based seismic design of buckling-restrained braced frames using hysteretic energy spectrum [J]．Engineering Structures，2006，28（2）：304-311.

[75] Choi H，Kim J，Chung L．Seismic design of buckling-restrained braced frames based on a modified energy-balance concept [J]．Canadian Journal of Civil Engineering，2006，33（10）：1251-1260.

[76] 马宁，欧进萍，吴斌．基于能量平衡的梁柱刚接 BRB 钢框架设计方法 [J]．建筑结构学报，2012，33（6）：22-28.

[77] Sahoo D R，Chao S H．Performance-based plastic design method for buckling-restrained braced frames [J]．Engineering Structures，2010，32（9）：2950-2958.

[78] Mahin S，Uriz P，Aiken I，et al．Seismic performance of buckling restrained braced frame systems [C]．13th World Conference on Earthqauke Engineering．2004.

[79] Tsai K C，Hsiao P C，Wang K J，et al．Pseudo-dynamic tests of a full-scale CFT/BRB frame—Part I：Specimen design，experiment and analysis [J]．Earthquake Engineering&Structural Dynamics，2008，37（7）：1081-1098.

[80] Palmer K D，Roeder C W，Lehman D E，et al．Experimental performance of steel braced frames subjected to bidirectional loading [J]．Journal of Structural Engineering，2013，139（8）.

[81] Wu A C，Tsai K C，Yang H H，et al．Hybrid experimental performance of a full-scale two-story buckling-restrained braced RC frame [J]．Earthquake Engineering&Structural Dynamics，2017，46（8）：1223-1244.

[82] 陈若冰．基于滑移连接的 BRB 钢框架节点抗震性能与设计方法 [D]．华南理工大学，2019.

[83] 李贝贝．装配式钢管混凝土框架-屈曲约束支撑结构抗震设计方法及地震易损性分析 [D]．合肥工业大学，2019.

[84] 谭启阳．双向地震作用下 BRB 钢筋混凝土框架的抗震性能 [D]．哈尔滨工业大学，2021.

[85] Fujimoto M，Wada A，Saeki E，et al．Development of unbonded brace [J]．Quarterly Column，1990，115（1）：91-96.

[86] Takeuchi T．Buckling-restrained brace：History，design and applications [C]．Key engineering materials．Trans Tech Publications Ltd，2018，763：50-60.

[87] Della Corte G，D'Aniello M，Landolfo R，et al．Review of steel buckling-restrained braces [J]．Steel Construction，2011，4（2）：85-93.

[88] Wada A，Connor J，Kawai H，et al．A．Damage tolerant structures [C]．Proc．5th US-Japan Workshop on the Improvement of Structural Design and Construction Practices Applied Technology Council．（ATC-15-4）．1992，27-39.

[89] Takeuchi T，Yasuda K，Iwata M．studies on integrated building façade engineering with high-performance structural elements [C]．IABSE Symposium Report．International Association for Bridge and Structural Engineering，2006，92（4）：33-40.

［90］ Takeuchi T，Yasuda K，Iwata M. Seismic retrofitting using energy dissipation facades ［J］. Proceedings of the ATC-SEI09，San Francisco，CA，USA，2009：10-12.

［91］ Kanaji H，Fujino Y，Watanabe E. Performance-based seismic retrofit design of a long-span truss bridge—Minato bridge—using new control technologies ［J］. Structural engineering international，2008，18（3）：271-277.

［92］ 李国强，孙飞飞，宫海，胡大柱. TJ 型屈曲约束支撑工程应用分析 ［J］. 建筑结构，2009，39（S1）：607-610.

第 2 章

BRB 构件

2.1 BRB 构件的一般规定

BRB 作为吸收地震能量的装置，要确保其在强震作用下能正常工作，结构的安全性才能得以保证，因此，对 BRB 进行合理设计尤为关键。我国现行标准《建筑消能减震技术规程》JGJ 297[1]、《钢结构设计标准》GB 50017[2]、《屈曲约束支撑应用技术规程》DB 61/T 5014[3] 和《屈曲约束支撑应用技术规程》T/CECS 817[4] 等对 BRB 构件有如下规定：

BRB 根据需求可采用外包钢管混凝土型 BRB、外包钢筋混凝土型 BRB 和全钢型 BRB。

BRB 内芯单元应符合下列规定：

（1）内芯单元的材料宜采用屈服点低和高延伸率的钢材。

（2）内芯单元截面可设计成一字形、H 形、十字形、环形和双一字形。宽厚比或径厚比限值应符合下列规定：一字形截面宽厚比为 10～20；十字形截面宽厚比为 5～10；环形截面径厚比不宜超过 22；其他截面形式，取现行国家标准《建筑抗震设计规范》GB 50011[5] 中心支撑的径厚比或宽厚比的限值。

（3）内芯单元截面采用一字形、H 形、十字形和环形时，钢板厚度宜为 10～80mm。

BRB 外约束单元应具有足够的抗弯刚度。

BRB 连接段及过渡段的板件应保证不发生局部失稳破坏。

BRB 的钢材选用应满足现行国家标准《金属材料　拉伸试验　第 1 部分：室温试验方法》GB/T 228.1[6] 和《金属材料　室温压缩试验方法》GB/T 7314[7] 的规定，混凝土强度等级不宜小于 C25。

BRB 在多遇地震作用下进入消能工作状态时，其力学性能应符合现行行业标准《建筑消能减震技术规程》JGJ 297 的规定。BRB 在多遇地震作用下不进入消能工作状态时，其力学性能应符合现行国家标准《建筑抗震设计规范》GB 50011[5] 的规定。

工程上使用的 BRB 应由专业厂家进行设计和制造，厂家在生产构件前应提供型式检验报告，并应待监理单位和设计单位确认后方可生产。BRB 产品应满足结构设计的要求，在设计使用周期内，应能发挥预期的功能，而不发生影响功能的破坏。

BRB 产品外观应符合下列规定：

（1）BRB 产品外观应标志清晰、表面平整，无锈蚀、无毛刺、无机械损伤，外表应有防锈措施，涂层应均匀。

（2）耗能段与非耗能段应光滑过渡，不应出现缺陷。

（3）BRB 长度的偏差不应大于 2mm。

制作 BRB 内芯单元的钢材可选用普通碳素结构钢或建筑用低屈服强度钢，普通碳素结构钢的性能应符合现行国家标准《碳素结构钢》GB/T 700[8] 的有关规定，建筑用低屈服强度钢的性能应符合现行国家标准《建筑用低屈服强度钢板》GB/T 28905[9] 的有关规定。制作 BRB 内芯单元的钢材伸长率不应小于 25%，同时钢材的屈服强度值应稳定。

2.2　BRB 构件设计

1. 构造要求

耗能型 BRB 内芯单元宜采用三段式构造（图 2.2-1），沿长度方向划分为屈服段、过渡段和连接段。其中，屈服段、过渡段和连接段的长度和面积分别为：L_c、L_t、L_j 和 A_c、A_t、A_j，支撑的全长 L_w 为工作点到工作点的距离，支撑各段工作性能应符合下列要求：

（1）屈服段可保持弹性状态或进入塑性状态。

（2）BRB 在极限承载力作用下，连接段应保持弹性状态。

（3）在内芯单元各段之间不应出现截面突变，应采用适当渐变截面过渡以减少应力集中。

（4）应保证连接段及过渡段的板件不发生局部失稳破坏。

（5）在 BRB 内芯单元中部应设置限位卡，防止约束单元在重力下发生滑脱，以及在轴向拉压过程中发生移位。

承载型 BRB 内芯单元可采用仅包含屈服段和连接段的两段式构造，各段工作性能应符合下列要求：

（1）在多遇和设防地震作用下，屈服段和连接段均应保持弹性。

（2）在罕遇地震作用下，连接段应保持弹性，屈服段宜保持弹性或可进入少

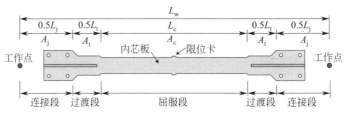

图 2.2-1 BRB内芯三段式构造

量塑性。

采用十字形、H形或箱形截面等焊接钢构件作为内芯单元时，板件之间应通过焊接连接，焊缝应符合下列要求：

（1）耗能型BRB的屈服段内严禁出现对接焊缝。

（2）耗能型BRB，应采取有效措施减小连接焊缝对屈服段低周疲劳性能的不利影响。

屈服段采用一字形内芯单元的耗能型BRB，其连接段应焊接加劲肋形成十字截面，并应采取有效措施减小加劲肋与屈服段交界处的焊缝缺陷及应力集中对低周疲劳性能的不利影响。

内芯单元与约束单元之间，应在约束单元内外均留置相对变形空间，相对变形空间应与BRB的极限位移一致。

BRB内芯单元与约束单元之间应设置粘结层，并留置适当的横向间隙，该间隙不应小于1.5倍设计位移下的横向变形需求。

BRB约束单元两端应采用封头板局部加强，并验算封头板及其连接焊缝的承载力。

BRB内芯单元的设计应符合下列规定：

（1）内芯单元耗能段宜选用双轴对称的截面形式。

（2）内芯单元截面变化处应采取减小应力集中的措施。

（3）内芯单元的耗能段长度不应小于屈曲约束支撑总长度的60%，内芯单元耗能段在设计位移下的轴向应变不宜超过3%。

屈曲约束支撑约束单元的设计应符合下列规定：

（1）约束单元应具有合理的限位措施，在自重作用下不应沿轴线方向滑动。

（2）内芯单元与约束单元之间沿横向应留置1～2mm的间隙，并填充软质无粘结材料。无粘结材料时，可以选择硅胶、橡胶等。

（3）BRB应在内芯单元与约束单元之间沿横向预留足够的压缩空间。

（4）内芯单元的过渡段宜延伸至约束单元内部，BRB受拉时，内芯单元的耗能段不应露出于约束单元的约束范围之外。当BRB与节点板采用螺栓连接或焊接时，内芯单元过渡段在可变形端的约束长度，宜大于压缩空间的轴向长度；

当支撑与节点板采用销轴连接时，内芯单元过渡段在可变形端的约束长度，不宜小于支撑两销轴孔孔心间距的 1/20。

BRB 可采取构造措施提高力学性能、耗能性能及稳定性。

屈曲约束支撑在极限承载力或 1.2 倍设计承载力的作用下，内芯单元的过渡段及连接段不应发生局部失稳。

2. 屈服承载力

屈曲约束支撑在荷载作用下，连接段始终保持弹性状态，屈曲约束支撑的屈服承载力 P_y 由屈服段决定：

$$P_y = f_y A_c \tag{2.2-1}$$

当缺乏材性试验数据时，屈曲约束支撑的屈服承载力可按下式计算：

$$P_y = R_y f_{ay} A_c \tag{2.2-2}$$

3. 设计承载力

耗能型屈曲约束支撑和承载型屈曲约束支撑在风载或多遇地震与其他静力荷载组合下最大轴力设计值 P_d 应符合下式要求：

$$P_d \leqslant 0.9 f_y A_c \text{ 或 } 0.9 f_{ay} A_c \tag{2.2-3}$$

式(2.2-1)～式(2.2-3)中的字母解释如下：

f_y——通过材性试验确定的内芯钢材实际屈服强度；

A_c——内芯单元屈服段的截面面积；

R_y——内芯单元屈服段钢材的材料超强系数；

f_{ay}——内芯单元屈服段钢材的屈服强度标准值。

4. 极限承载力

屈曲约束支撑在受拉屈服后内芯单元会出现应变硬化现象，为考虑此影响，定义内芯单元钢材的应变强化系数为 ω，对于耗能型屈曲约束支撑，取值应符合表 2.2-1 的规定。在受压过程中，内芯屈服段发生高阶多波屈曲，与约束单元之间存在摩擦力，造成相同变形下支撑的轴向压力大于轴向拉力，为了考虑此影响，定义支撑的受压承载力提高系数为 β，取值不应大于 1.3。综上，屈曲约束支撑的极限承载力可按式(2.2-4)确定，支撑的力学参数关系如图 2.2-2 所示。

$$P_{max} = \beta \omega R_y f_{ay} A_c \text{ 或 } \beta \omega f_y A_c \tag{2.2-4}$$

式中：P_{max}——BRB 受压极限承载力；

β——受压承载力提高系数；

ω——应变强化系数；

R_y——内芯单元屈服段钢材的材料超强系数；

f_{ay}——内芯单元屈服段钢材的屈服强度标准值；

f_y——通过材性试验确定的内芯钢材实际屈服强度；

A_c——内芯单元屈服段的截面面积。

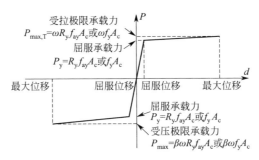

图 2.2-2　屈曲约束支撑力学参数关系

屈曲约束支撑内芯单元的材料强度及强化系数　　　表 2.2-1

材料牌号	钢材厚度 t(mm)	f_y(MPa)	R_y	ω
LY100	—	80	1.10	2.0
LY160	—	140	1.10	2.0
LY225	—	205	1.10	1.5
Q195	—	195	1.15	1.5
Q235	$t\leqslant16$	235	1.25	1.5
	$16<t\leqslant40$	225		
	$40<t\leqslant100$	215		
Q355	$t\leqslant16$	345	1.10	1.5
	$16<t\leqslant40$	335		
	$40<t\leqslant63$	325		
	$63<t\leqslant80$	315		
	$80<t\leqslant100$	305		

注：表 2.2-1 中 f_y、R_y、ω 字母解释见式(2.2-4)相应字母解释。

　　相比于耗能型屈曲约束支撑，承载型屈曲约束支撑主要为结构提供刚度，其轴力设计值可能远小于其屈服承载力，此时若以实配截面确定的屈服承载力作为极限承载力 P_u 的计算依据，可能过于保守，导致节点轴力设计值需求过大。现行地方标准《屈曲约束支撑应用技术规程》DB 61/T 5014 规定[3]，当承载型屈曲约束支撑在罕遇地震作用下的轴力设计值不高于屈服承载力的 70% 或不小于屈服承载力时，可按轴力设计值的 1.1 倍作为其极限承载力；当轴力设计值高于屈服承载力的 70% 但小于屈服承载力时，可直接取屈服承载力作为其极限承载力：

$$P_u=\begin{cases} P_y & 0.7P_y<P_d<P_y \\ 1.1P_d & P_d\leqslant0.7P_y \text{ 或 } P_d\geqslant P_y \end{cases} \tag{2.2-5}$$

式中：P_u——承载型屈曲约束支撑极限承载力；

P_y——屈服承载力；

P_d——最大轴力设计值。

5. 整体稳定性

为了保证试件不发生整体失稳，约束单元应该具有足够的整体抗弯承载力来防止支撑发生整体屈曲，Watanabe 等[10] 建议整体稳定性计算应满足以下要求：

$$\frac{P_e}{P_y} \geqslant 1.0 \qquad (2.2\text{-}6)$$

$$P_e = \frac{\pi^2 E I_{sc}}{L_{sc}^2} \qquad (2.2\text{-}7)$$

考虑到钢材屈服后的应变强化效应，一般需要对其分母放大 30%。Watanabe 等考虑到初始缺陷等的影响，建议式（2.2-6）的值不小于 1.5，则有：

$$\frac{P_e}{P_y} \geqslant 1.5 \qquad (2.2\text{-}8)$$

式中：P_e——约束单元的一阶欧拉失稳临界力；

　　　P_y——约束单元的支撑内芯的屈服轴力；

　　　E——约束单元的弹性模量；

　　　I_{sc}——约束单元的惯性矩，当采用钢管混凝土作为约束单元，应忽略混凝土的刚度贡献；

　　　L_{sc}——约束单元的长度。

显然这种方法是一种简化的计算方法，其忽略了内芯与约束构件之间间隙的影响，而且也未能考虑屈曲约束支撑与结构的连接形式等因素。但由于其公式的简便性，很多学者仍在沿用这一设计方法。

6. 局部稳定性

约束单元还应具有足够的局部抗弯承载力来防止支撑发生局部屈曲，BRB 的局部稳定性应满足下列要求：

（1）屈服段不应发生局部屈曲。

（2）约束单元不应发生局部失效。

（3）屈服段高阶屈曲变形不应影响屈曲约束支撑的滞回耗能稳定性。

对于耗能型屈曲约束支撑，内芯单元屈服段的板件宽厚比应满足下列要求：

（1）当内芯单元屈服段采用十字形或 H 形截面时，屈服段翼缘板件的宽厚比宜控制在 3～5。

（2）当内芯单元屈服段采用一字形截面时，屈服段板件宽厚比不应大于 15。

屈曲约束支撑焊接十字形、H 形和一字形截面见图 2.2-3。

对于一字形截面耗能型屈曲约束支撑，其在高阶屈曲状态下对约束单元产生的沿弱轴方向的局部压力 Q_w 和沿强轴方向的局部压力 Q_s，可分别按式（2.2-9）

和式(2.2-10)进行计算：

弱轴方向：

$$Q_{w} = \frac{4P_{u}c_{t}}{\pi t}\sqrt{\frac{12\omega f_{y}R_{y}}{0.06E}} \tag{2.2-9}$$

强轴方向：

$$Q_{s} = \frac{4P_{u}c_{b}}{\pi b}\sqrt{\frac{12\omega f_{y}R_{y}}{0.06E}} \tag{2.2-10}$$

式中：Q_{w}——内芯对约束单元沿弱轴方向的局部压力；

Q_{s}——内芯对约束单元沿强轴方向的局部压力；

P_{u}——BRB 极限承载力

t——内芯单元屈服段的厚度；

b——内芯单元屈服段的宽度；

c_{t}——沿板厚度方向的单侧间隙值；

c_{b}——沿板宽度方向的单侧间隙值；

ω——应变强化系数；

R_{y}——内芯单元屈服段钢材的材料超强系数；

f_{y}——通过材性试验确定的内芯钢材实际屈服强度；

E——约束单元的弹性模量。

图 2.2-3　屈曲约束支撑焊接十字形、H 形和一字形截面

2.3　震损可视-韧性装配式 BRB

传统的屈曲约束支撑约束单元由外套钢管和混凝土或砂浆组成，支撑整体自重较大，不利于施工吊装。此外，BRB 作为建筑结构的耗能构件，在强震作用下屈服耗能，而支撑内芯被外套管和混凝土包裹，无法在震后直接判断内芯的损伤情况，目前对 BRB 内芯损伤检测的手段又十分有限。由于对 BRB 的震后损伤判断缺乏参考性资料，为了保证结构具有足够的安全性，结构在遭受一次地震后 BRB 需大量更换，使得结构的震后修复成本和时间大幅度提高，基于此，本书提出了一种震损可视-韧性装配式 BRB。

1. 支撑构造

震损可视-韧性装配式 BRB 由四部分组成：内芯、轻方钢管、连接端板和紧固件（图 2.3-1）。内芯采用一字形截面，两端焊接加劲肋，为避免应力集中引起的局部破坏发生，连接段、过渡段和屈服段之间采用圆弧过渡。为避免内芯发生高阶多波屈曲时对轻方钢管造成挤压破坏，将轻方钢管一侧端部处的管壁开洞，内部灌入自密实混凝土，自密实混凝土不需要振捣就可以保持不离析和均匀性。此外，内芯发生高阶多波屈曲时，内芯单元和约束单元之间存在摩擦力，方钢管易产生相对变形，因此在内芯表面粘贴橡胶垫作为无粘结材料。轻方钢管两端焊接带螺栓的小端板，连接端板表面开对应孔洞，便于内芯更换和轻方钢管端部的螺栓穿入其中，再通过螺母连接方钢管和连接端板以限制支撑轴向变形时方钢管的相互错动。紧固件可采用 U 形抱箍或 U 形套板两种形式，其中 U 形抱箍由 U 形钢棒、钢板条和两颗螺母组成；U 形套板由 U 形钢板、两根螺纹拉杆和四颗螺母组成。

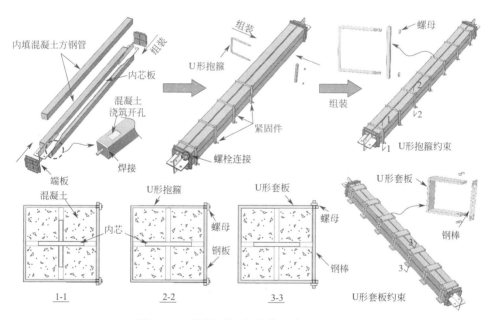

图 2.3-1　震损可视-韧性装配式 BRB 组成

　　震损可视-韧性装配式 BRB 各部件在工厂预制，在现场安装时通过高强度螺栓连接即可实现全装配式施工。芯板的震后损伤可以通过方钢管的间隙和拆卸紧固进行检测。与传统的 BRB 不同，震损可视-韧性装配式 BRB 震后只需更换失效部件（如内芯、部分紧固件等），未损坏的构件（如方钢管、连接端板等）可以被重复使用，有效降低维修成本。

2. 构件设计与制作

　　震损可视-韧性装配式 BRB 的承载力和整体稳定性可根据式(2.2-1)～式(2.2-8)计算，但与传统 BRB 的连续约束单元不同，震损可视-韧性装配式 BRB 通过若干紧固件实现多点约束。在轴压力作用下，BRB 内芯发生高阶多波屈曲，对约束单元产生的法向挤压力，紧固件需有效约束内芯的高阶屈曲。轴压力 P 作用下内芯部件多波屈曲的波长 l_w 计算见式(2.3-1)：

$$l_w = \frac{L_c}{\text{int}\left(\frac{1}{2}\sqrt{\frac{3P_{max}L_c^2}{\pi^2 E_t bt^3}} - \frac{1}{2}\right)}$$ (2.3-1)

式中：l_w——内芯多波屈曲的一个波长；

L_c——内芯屈服段长度；

int——取整函数；

P_{max}——BRB 极限承载力；

E_t——切线模量，可取为 0.02 倍的弹性模量；

b——内芯单元屈服段的宽度；

t——内芯单元屈服段的厚度。

内芯和约束单元之间主要发生线接触，仅在线接触的两个端点存在接触力，由于接触区域曲率为 0，线接触其余位置的接触力为 0，根据内力平衡条件，可求得内芯和约束单元间的法向接触力 Q_w[11]：

$$Q_w = \frac{8d}{l_w} P_{max}$$ (2.3-2)

式中：Q_w——内芯和约束单元间的法向接触力；

d——内芯沿板厚度方向的单侧间隙；

l_w——BRB 全长；

P_{max}——BRB 极限承载力。

震损可视-韧性装配式 BRB 受力机制见图 2.3-2，图中字母解释见式(2.3-2)相应字母解释。

为了探究震损可视-韧性装配式 BRB 的抗震性能，设计了 4 个支撑构件：BRB-BH-6、BRB-BH-9、BRB-PH-9 和 BRB-PH-10，其中"BH"表示抱箍约束型，"PH"表示套板约束型，"6""9"和"10"表示紧固件的数量。图 2.3-3 是震损可视-韧性装配式 BRB 试件构造详图，构件全长为 3000mm，内芯单元采用 Q235B 钢材（具体材性参数见表 2.3-1），宽厚比为 10（$b/t=100/10$），内芯表面粘贴 1mm 橡胶，其中 BRB-PH-9 和 BRB-PH-10 构件布置了限位卡。方钢管长度为 2600mm，截面尺寸为 100mm×100mm×3mm（长×宽×厚），方钢管内部浇筑 C30 自密实混凝土。紧固件选用 Q235-B 钢，根据相关公式，计算出高阶屈曲状态下的一个波长长度 l_w 为 170mm，内芯和约束单元间的法向接触 Q_w 为 11kN，为了验证紧固件的有效性，采用紧固件的数量和布置方式作为研究参数：BRB BH-6 沿全长均匀布置 6 个 U 形抱箍，每个抱箍开口位置相同；BRB-BH-9 沿

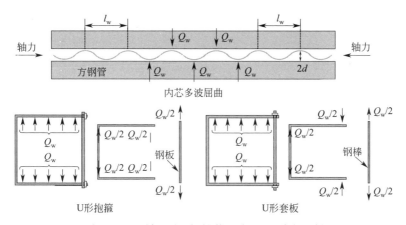

图 2.3-2　震损可视-韧性装配式 BRB 受力机制

全长均匀布置 9 个 U 形抱箍，将 U 形抱箍的开口位置由单向改为交叉双向布置；BRB-PH-9 沿全长均匀布置 9 个开口方向相同的 U 形套板；试件 BRB-PH-10 沿全长均匀布置 10 个开口方向交替变化的 U 形套板。

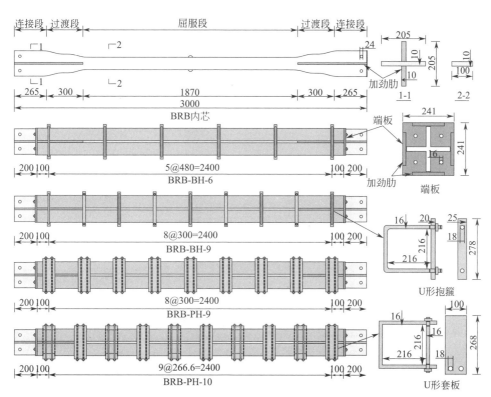

图 2.3-3　震损可视-韧性装配式 BRB 试件构造详图

材料参数 表 2. 3-1

类别	材料	弹性模量（MPa）	屈服强度（MPa）	极限强度（MPa）	轴心抗压强度(MPa)	伸长率（％）	泊松比（％）
U 形抱箍型-内芯	Q235-B	2.10×10^5	267	414	—	23.8	0.296
U 形套板型-内芯	Q235-B	2.04×10^5	273	403	—	25.4	0.285
自密实混凝土	C30	0.3×10^5	—	—	38	—	0.235

图 2.3-4 是震损可视-韧性装配式 BRB 制作和装配过程，BRB 内芯采用切割的方式整体成型，端部加劲肋开坡口分段焊接在内芯上。轻方钢管采用常用的 100mm×100mm×3mm 截面尺寸，一侧端部开矩形长孔，并在轻方钢管两端焊接盖板，以便于后期混凝土的浇筑。小端板由螺栓和开孔钢板焊接而成，将 10.9 级 M14 螺栓穿过开洞小钢板，螺母与钢片焊接在一起，为保证后期与轻方钢管端部连接板安装方便，焊接时要保证螺杆与钢片垂直。采用 1mm 厚的丁基橡胶作为无粘结材料，将其均匀粘贴在内芯表面。构件安装时先将下层内填混凝土的轻方钢管放置到位，将内芯放入其中，再将上层轻方钢管放置到预定位置对齐，将 U 形紧固件固定到位置，再将两边连接件安装。

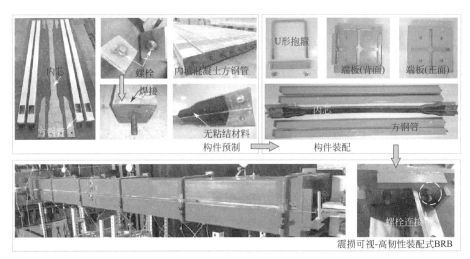

图 2.3-4 震损可视-韧性装配式 BRB 制作和装配过程

3. 抗震性能试验

试验装置如图 2.3-5 所示，加载装置为 2000kN 往复式千斤顶，千斤顶前端布置力传感器实时测量水平作用力，BRB 内芯的位移大小通过设置在连接段的两个拉线位移传感器测量，同时设置一个拉线位移传感器在加载端头与反力架端头之间测量试件全长的轴向位移情况。试件整体竖向变形采用 LVDT 位移传感器测量，3 个 LVDT 位移传感器分别沿支撑全长布置在靠近加载端位置、中间位置和靠近反力架一端的位置。试件局部的变形采用百分表测量，在一个位置点采用两个百分表，把百分表的底座固定到下方钢管上，百分表表头指针向上轻方钢管管壁布置的玻璃片，测量方钢管之间的轴向相对错动和局部鼓曲。为了获得约束构件的应变情况和应力情况，在 U 形紧固件上布置电阻应变片，其中，U 形抱箍布置在钢板与其相对的杆上，U 形套板型布置在三个板面上。

图 2.3-5　试验装置

依据现行行业标准《建筑抗震试验规程》JGJ/T 101[12]，采用荷载-位移控制的方式对试件进行加载。力加载时，施加的轴向力小于 0.5 倍 BRB 屈服荷载，以调试加载和测量系统。位移控制加载时，以内芯应变为控制参数，0.2% 应变幅值为增量，如图 2.3-6 所示，加载至 BRB 失效。其中试件 BRB-BH-6、BRB-BH-9、BRB-PH-9 每个加载幅值循环 3 圈，BRB-PH-10 每个加载幅值循环 2 圈，本书规定轴向拉力和压力分别表示为正向加载和负向加载。

试件 BRB-BH-6 失效模式如图 2.3-7 所示。试验加载初期，内芯屈服段范围内沿纵向均匀出现轻微的多波屈曲，应变（ε）为 -1.0% 时，峰值较大的波集中出现在第二个 U 形抱箍附近，见图 2.3-7（a）。由于该试件没有设置限位卡，$\varepsilon = -1.2\%$ 时，BRB 端部与反应架接触，见图 2.3-7（c），导致 BRB 出现明显的拉压不均匀现象。$\varepsilon = -1.6\%$ 时，高阶多波屈曲持续发展，见图 2.3-7（b），第二个 U 形抱箍被拉长。加载到 $\varepsilon = -1.8\%$ 第一圈时，U 形抱箍破坏，失效的 BRB 如图 2.3-7（d）、（e）所示。U 形钢筋破坏为脆性断裂，在钢板与螺杆交界处出现明显的剪切变形。可以看出，内芯和约束单元之间的接触力沿支撑长度分布不均匀，损伤主要集中在一个紧固件附近，芯体出现较大的残余变形，见图 2.3-7（f），无粘结材料因芯板与钢管的摩擦而被磨坏。

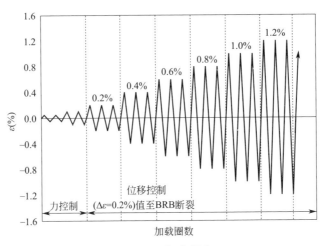

图 2.3-6　加载制度

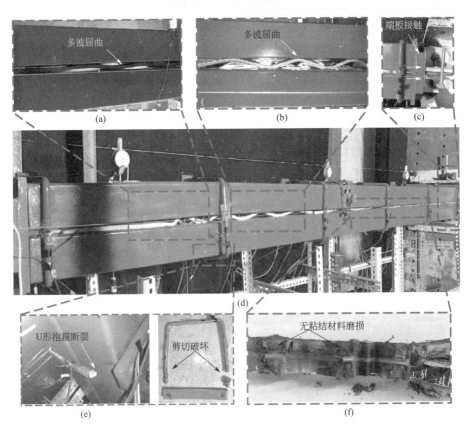

图 2.3-7　试件 BRB-BH-6 失效模式

（a）$\varepsilon = -1.0\%$，第 3 圈；（b）$\varepsilon = -1.6\%$，第 3 圈；（c）$\varepsilon = -1.2\%$，第 1 圈；

（d）$\varepsilon = -1.8\%$，第 1 圈；（e）$\varepsilon = -1.8\%$，第 1 圈；（f）试验结束后的内芯

与 BRB-BH-6 不同，试件 BRB-BH-9 沿长度均匀布置了 9 个开口位置有交叉变化的 U 形抱箍，试件的约束条件更严格。在 $\varepsilon=-1.4\%$ 时，内芯强轴发生屈曲，见图 2.3-8 (a)；内芯与 U 形抱箍接触，导致 U 形抱箍产生明显的弯曲变形，如图 2.3-8 (b) 所示。由于该试件没有设置限位卡，BRB 端部与反应架在 $\varepsilon=-1.2\%$ 时接触，见图 2.3-8 (c)，随后，BRB 在弱轴方向发生高阶多波屈曲。在 $\varepsilon=-1.6\%$ 时，第二个 U 形抱箍被剪切破坏，试验终止，见图 2.3-8 (d)。与 BRB-BH-6 相比，试件 BRB-BH-9 布置了 9 个 U 形抱箍，但抱箍断裂时对应的内芯应变幅值较低，这主要是因为内芯前期发生的强轴屈曲使得 U 形抱箍产生塑性变形，进而内芯发生高阶弱轴多波屈曲时 U 形抱箍约束能力下降。试验结束后，内芯存在较大的残余变形，见图 2.3-8 (f)，表面的无粘结材料磨损较为严重。

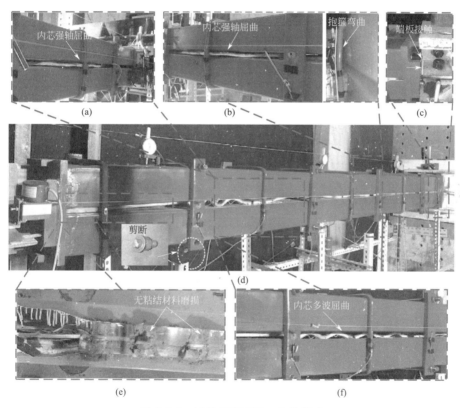

图 2.3-8　试件 BRB-BH-9 失效模式

(a) $\varepsilon=-1.4\%$，第 3 圈；(b) $\varepsilon=-1.4\%$，第 3 圈；(c) $\varepsilon=-1.2\%$，第 1 圈；

(d) $\varepsilon=-1.6\%$，第 3 圈；(e) 试验结束后的内芯；(f) $\varepsilon=-1.6\%$，第 1 圈

为了避免 BRB 端部和反力架轴压状态下发生接触，使得 BRB 产生严重的拉压不均匀现象，在试件 BRB-PH-10 内芯中部设置了限位卡，在方钢管对应位置焊接了两块填充板。相比于 U 形抱箍，U 形套板具有更大的约束强度和刚度。

在 $\varepsilon=1.8\%$ 之前，内芯出现轻微的多波屈曲。$\varepsilon=2.0\%$ 时，多波屈曲继续发展，U 形钢板产生明显的弯曲变形，如图 2.3-9（a）和图 2.3-9（d）所示。加载到 $\varepsilon=+2.0\%$ 第三圈时，试件承载力显著下降，通过两管之间的间隙发现 BRB 断裂，见图 2.3-9（c）和图 2.3-9（f）。在加载过程中，BRB 端部与反应架无接触，见图 2.3-9（b），表明限位卡能有效地限制方钢管的整体移动。

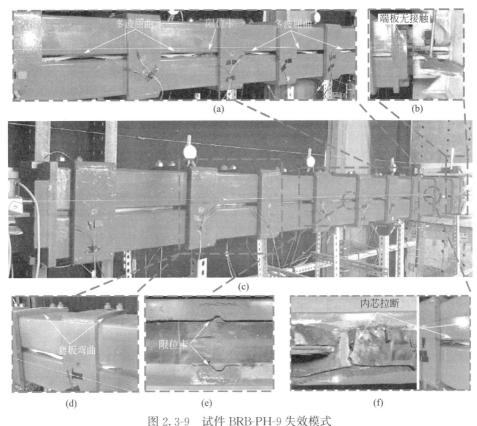

图 2.3-9　试件 BRB-PH-9 失效模式

（a）$\varepsilon=-2.0\%$，第 1 圈；（b）$\varepsilon=-2.0\%$，第 1 圈；（c）$\varepsilon=+2.0\%$，第 3 圈；
（d）$\varepsilon=-2.0\%$，第 1 圈；（e）限位卡位置；（f）试验结束后的内芯

　　如图 2.3-10 所示，试件 BRB-PH-10 沿长度均匀布置了 10 个开口位置交叉变化的 U 形套板，BRB 的约束条件更为严格。在 $\varepsilon=1.8\%$ 之前，内芯上只均匀出现较轻微的多波屈曲。随着荷载的增加，观察到内芯的高阶多波屈曲不断发展，随后内芯限位卡与填充板脱离，见图 2.3-10（f），BRB 端部与反力架接触，见图 2.3-10（b）。$\varepsilon=2.4\%$ 时，在第一和第二 U 形套板处出现明显的弯曲变形，见图 2.3-10（a）和图 2.3-10（d），最终 BRB 被拉断，断裂位置如图 2.3-10（c）和图 2.3-10（e）所示。

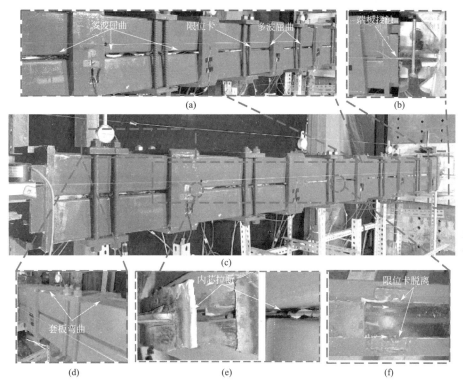

图 2.3-10　试件 BRB-PH-10 失效模式

(a) $\varepsilon=-2.4\%$，第 1 圈；(b) $\varepsilon=-1.8\%$，第 1 圈；(c) $\varepsilon=+2.4\%$，第 2 圈；

(d) $\varepsilon=-2.4\%$，第 2 圈；(e) 试验结束后的内芯；(f) 限位卡位置

试件的滞回曲线如图 2.3-11 所示，所有试件均表现出良好的滞回性能，在同一加载位移下，均未出现承载力明显退化的现象。相较于抱箍约束型 BRB，套板约束型 BRB 滞回曲线更加饱满；对于同一类型的紧固件，布置更多的约束单元和采用开口交叉布置的形式，其约束效果更好。所有试件出现承载力拉压不对称的现象，试件 BRB-BH-6、试件 BRB-BH-9、试件 BRB-PH-9 和试件 BRB-PH-10 对应的抗压强度调整因子分别为 1.49、1.50、1.34 和 1.56，主要原因为支撑受压时，内芯发生高阶多波屈曲，内芯和约束单元存在摩擦力，虽然内芯表面有无粘结材料，但随着加载位移的增加，无粘结材料磨损严重，不能有效降低两者之间的摩擦力。此外，部分试件在加载过程中端部与反力架接触，导致试件受压承载力不断增大。在受压加载过程中出现承载力突然下降的情况，使得滞回曲线在受压方向呈现锯齿状，产生这种现象的原因是轻方钢管的约束不足，内芯高阶屈曲产生的残余变形在受拉时不能完全恢复。

通过滞回曲线可以得到各个试件的骨架曲线，如图 2.3-12（a）所示，试件受拉承载力始终未出现明显下降，受压承载力随着反向位移的增加而持续增加，

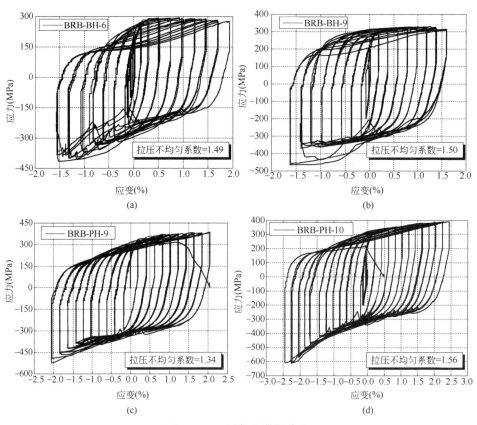

图 2.3-11　试件的滞回曲线
（a）BRB-BH-6；（b）BRB-BH-9；（c）BRB-PH-9；（d）BRB-PH-10

试件 BRB-PH-9 的极限位移比试件 BRB-BH-9 的极限位移提高了约 27%，说明相较于 U 形抱箍，采用 U 形套板的约束效果更好。图 2.3-12（b）给出了各试件的刚度退化曲线，构件的刚度由同一加载幅值的正负最大荷载的绝对值之和，与正负最大位移绝对值之和的比值确定。可以看出，试件 BRB-BH-9、BRB-PH-9 和 BRB-PH-10 的初始刚度值基本相同，而试件 BRB-BH-6 相对较低。试件在屈服之前，刚度较大，试件屈服后，刚度退化明显。耗能能力是衡量结构或试件抗震性能的重要指标，可以通过荷载-位移滞回曲线所围成的面积确定，从图 2.3-12（c）可以看出，随着加载位移的增大，试件的单周耗能面积持续上升，单圈耗能随着试件位移的不断加大而增长。试件在低周往复荷载作用下的等效黏滞阻尼系数曲线如图 2.3-12（d）所示，从图中可以看出，4 个试件的等效黏滞阻尼系数均稳定在 0.35~0.6，试件 BRB-BH-9 的等效黏滞阻尼系数最大。

　　通过布置在紧固件上应变片记录的数据，可以计算出紧固件在不同应变下的应力值。如图 2.3-13 所示，紧固件的应力随着应变幅值的增加而增加，应力沿

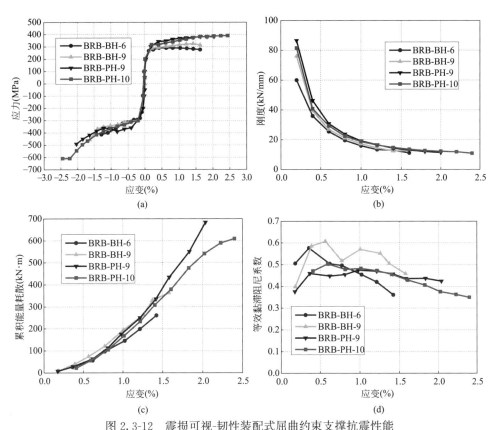

图 2.3-12　震损可视-韧性装配式屈曲约束支撑抗震性能

（a）骨架曲线；（b）刚度退化曲线；（c）累积能量耗散曲线；（d）等效黏滞阻尼系数曲线

BRB 分布不均匀，其中一个紧固件处出现明显的应力集中。试件 BRB-BH-6 和 BRB-BH-9 中 B 点和试件 BRB-PH-10 中 F 点的紧固件表现出较大的内力，应力分别为 365.1MPa、293.3MPa 和 329.2MPa，而在试验过程中，部分紧固件始终处于弹性阶段。因为有高阶不均匀的多波屈曲，紧固件沿 BRB 长度方向的内力分布不均匀，即每个紧固件的约束力 N 沿 BRB 不相等。

虽然在 BRB 内芯表面布置了无粘结材料，但由于高阶多波屈曲和泊松效应，芯板与钢管之间存在摩擦力，因此，钢管在轴力作用下易发生相对错动。为了探究方钢管的相对变形，将百分表底座固定在下部方钢管上，而指针指向上部方钢管的玻璃板上。方钢管轴向相对变形如图 2.3-14 所示，在循环荷载作用下，方钢管沿试样的最大轴向相对变形较小，在轴力作用下最大变形出现在试件 BRB-PH-10 的中部，分别为 2.9mm 和 2.7mm，其相对变形在 3000mm 长的 BRB 中可以忽略。表明方钢管两端的连接板起到了很好的作用，有效地约束了方钢管之间的水平错动。

除了轴向相对变形外，BRB 还可能产生由于整体屈曲造成的竖向位移。

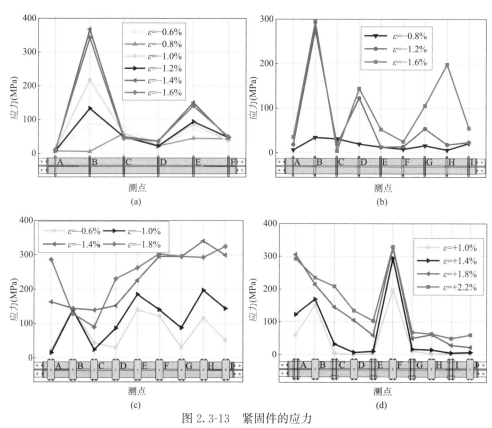

图 2.3-13　紧固件的应力

（a）试件 BRB-BH-6；（b）试件 BRB-BH-9；（c）试件 BRB-PH-9；（d）试件 BRB-PH-10

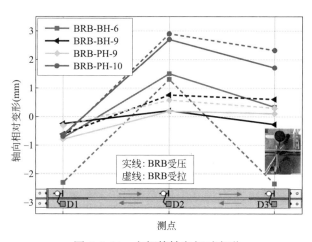

图 2.3-14　方钢管轴向相对变形

图 2.3-15 给出了在试验加载过程中记录到的 BRB 整体竖向位移最大值。可以发现，竖向位移最大值出现在试件 BRB-BH-6 的中部，仅为 4.28mm，其余试件发

生的竖向位移较小，总体上试件的整体稳定性较好，表明填充混凝土的方钢管可以有效地提供足够的强度和刚度，以确保 BRB 的整体稳定性。

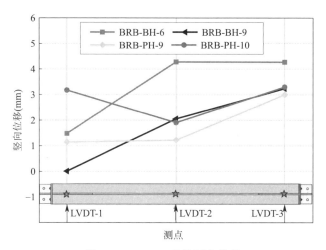

图 2.3-15　BRB 整体竖向位移

4. 数值分析模型

为了进一步探究 BRB 的抗震性能，采用 Abaqus[13] 有限元软件对 BRB 进行数值分析，试件 BRB-BH-9 的有限元模型如图 2.3-16（a）所示。支撑的内芯、轻方钢管和 U 形抱箍均选用 C3D8R 单元，钢材本构采用双线性随动强化模型。由于 U 形抱箍加工的精度较高，U 形抱箍与方钢管之间紧密相连。为了简化 U 形抱箍建模，将 U 形抱箍等效为矩形箍，并与方钢管 "Merge" 在一起使用。为了提高计算效率，对支撑边界定义进行了一些简化，内芯的两个端面分别耦合到两个点上，一端约束所有自由度作为固定端，另外一端约束除加载方向的自由度。由于实际试验中轻方钢管内填充的混凝土未开裂，混凝土只在弹性阶段给轻方钢管提供侧向刚度，因此对模型轻方钢管内的混凝土只定义弹性阶段。

BRB 内芯与轻方钢管的接触过程比较复杂，在构件压缩的过程中，内芯与轻方钢管由最初的分离状态逐渐转变到接触状态，相互之间在法向上产生挤压力，在切向上存在摩擦力。在拉伸过程中，内芯与轻方钢管由接触状态转变成分离状态，挤压力与摩擦力消失。模型加载期间反复出现的接触建立与解除，使得计算时需要不断判定主从面的接触情况，这给计算带来困难，很容易造成模拟结果的不收敛。因此 BRB 的内芯与约束单元之间设置成面与面接触来模拟两者之间的接触关系，接触属性的定义分为法向和切向两个方向。法向接触采用 "硬" 接触，"硬" 接触是指相互接触的面之间能够传递的接触压力值不做任何限制，当两个接触面分离时接触压力变为零。切向属性定义采用罚函数，考虑内芯单元与约束单元之间存在一定的摩擦，罚函数的摩擦系数取 0.1。

由于加工精度、材料内部缺陷等原因，内芯不可避免地存在初始弯曲，因此，有限元分析时需要考虑初始缺陷的影响，要对内芯进行屈曲分析。第一阶模态是最有可能发生屈曲的模态，如图 2.3-16（b）所示，根据第一阶屈曲模态，乘以内芯长度的千分之二作为缺陷因子施加到内芯单元上。

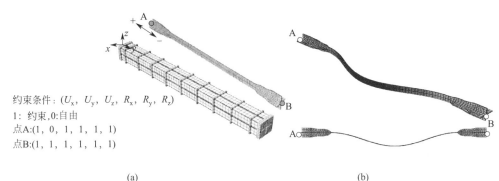

约束条件：(U_x, U_y, U_z, R_x, R_y, R_z)
1：约束，0：自由
点A：(1, 0, 1, 1, 1, 1)
点B：(1, 1, 1, 1, 1, 1)

(a)　　　　　　　　　　　　　　　　(b)

图 2.3-16　BRB-BH-9 有限元模型

（a）有限元模型；（b）第一阶屈曲模态

图 2.3-17（a）给出了数值模拟和试验结果之间试件 BRB-BH-9 滞回曲线的比较。与试验结果相比，所建立的数值模型预测了不同应变幅值下的整体滞回性能。在加载和卸载过程中，数值模型的强度和刚度与试验结果吻合良好。有限元模型中未考虑轻方钢管和反力框架的接触，因此，在滞回响应中无法模拟突然增加的荷载。图 2.3-17（b）比较了有限元分析和试验的残余变形和失效模式，模拟的内芯单元变形情况与试验中内芯单元吻合较好，内芯的高阶屈曲发展相似，高阶屈曲波均集中在内芯的一侧，且在过渡段的位置。有限元模型准确地预测了第二个抱箍的失效，以及测试后芯板的残余变形，表明所建立的有限元模型能够有效地模拟 BRB 的滞回行为，可以较好地预测内芯的变形发展情况。

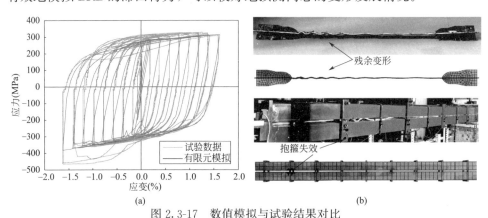

(a)　　　　　　　　　　　　　　　　(b)

图 2.3-17　数值模拟与试验结果对比

（a）滞回曲线对比；（b）残余变形和失效模式对比

5. 参数化分析

抱箍数量是影响 BRB 的抗震性能重要参数，抱箍数量过少时，约束单元对内芯单元的约束效果较差，抱箍数量过多时，支撑的造价会大幅提高，不利于该 BRB 在工程中的推广。为了探究 U 形抱箍数量对屈曲约束支撑耗能性能的影响，建立了 3 个有限元模型 BRB-BH-3、BRB-BH-12 和 BRB-BH-15，相应的滞回曲线如图 2.3-18 所示。可以发现，抱箍个数较少时（抱箍数量为 3 和 6 时），滞回曲线出现捏缩现象，承载力退化较为严重。而当抱箍数量在 9 个及以上时，滞回曲线饱满，曲线较平滑，表现出了良好的耗能性能。

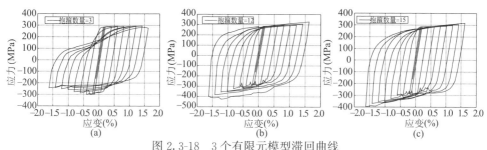

图 2.3-18　3 个有限元模型滞回曲线

（a）BRB-BH-3；（b）BRB-BH-12；（c）BRB-BH-15

图 2.3-19 给出了 U 形抱箍型 BRB 在 $\varepsilon=-1.6\%$ 的变形。可以发现，抱箍的数量对芯板的变形影响显著。由于缺乏抱箍的有效约束，在试件 BRB-BH-3 中，方钢管在过渡段附近出现显著的局部屈曲，在较严格的约束条件下，内芯和约束构件都表现出轻微的变形。然而，在所有的试件中都可以观察到抱箍的应力集中现象，在循环加载过程中，部分抱箍仍处于弹性阶段，损伤集中发生在其中一个抱箍，进而该抱箍在高应变幅值下断裂，需要震后更换。此外，对于出现塑性变形的抱箍，可能会导致方钢管和内芯之间出现较大的间隙，因此亦需要对其进行震后更换。

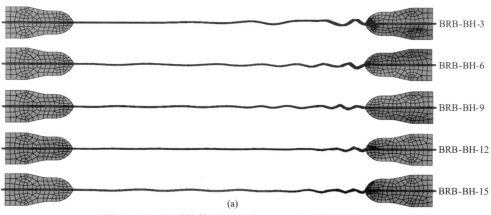

图 2.3-19　U 形抱箍型 BRB 在 $\varepsilon=-1.6\%$ 的变形（一）

（a）内芯变形

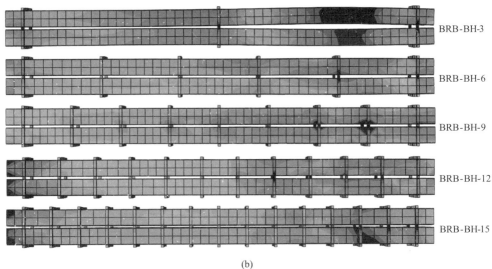

(b)

图 2.3-19　U 形抱箍型 BRB 在 ε＝－1.6％的变形（二）

（b）约束单元变形

2.4　自复位-韧性装配式 BRB

　　BRB 作为一种高效的抗侧力耗能减震元件，在往复荷载作用下具有稳定的拉、压承载力，克服了传统普通支撑易发生受压失稳破坏、滞回耗能差的缺点。然而，依靠钢材塑性变形耗能的 BRB 在中大震后会产生较大的残余变形，导致结构出现明显的残余变形和非线性损伤，其大小直接影响结构的震后修复难度[14]。将自复位（以下简称 SC）系统引入 BRB 中，形成自复位 BRB，能有效控制结构的残余变形。目前研究的自复位耗能支撑基本采用内外管组合或在内外管之间设置自复位系统的构造形式，支撑的构造比较复杂，自复位系统和耗能系统无法独立更换，基于此，利用 BRB 耗能能力强和碟形弹簧具有稳定的恢复能力，本节提出一种自复位-韧性装配式屈曲约束支撑（以下简称 SC-BRB）。

　　1. 支撑构造

　　SC-BRB 基本构造如图 2.4-1 所示，BRB 系统和 SC 系统通过螺栓装配在构件的两端，可实现复位元件和耗能元件的独立更换。BRB 系统由一字形内芯钢板、无粘结材料、填充板，以及面外约束钢板组成。其中，一字形内芯板过渡段采用圆弧设计，填充板和面外约束钢板之间通过多个高强度螺栓连接，以便约束内芯钢板。SC 系统由组合碟簧、碟簧内芯杆、连接接头、活动板、螺纹杆、矩形钢板，以及波纹钢板组成。连接接头和左连接板中间有预留螺纹，碟簧内芯杆两端匹配预留螺纹的大小，方便拆卸和安装，波纹钢板的作用可以起到防止构件失稳的作用，组合碟簧和活动板加在碟簧内芯杆上，通过控制相对活动板之间的位移调节初始预压力的大小，从而决定支撑的复位能力。支撑螺纹杆两侧分别设置 4 个限位螺帽，组合碟簧被挤压于两组可自由活动的活动板之间，无论支撑处于受压还是受拉状态，组合碟簧均处于受压状态。

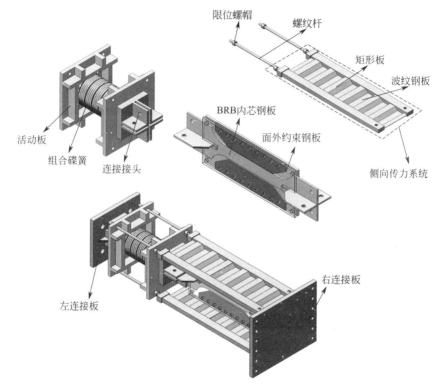

图 2.4-1　SC-BRB 基本构造

SC-BRB 利用 BRB 内芯板拉压屈服提供耗能能力，预压的组合碟簧提供复位能力，通过设置 BRB 系统承载力和 SC 系统预压力的比率，可有效地控制滞回曲线的特性。SC-BRB 支撑初始状态前，首先对组合碟簧进行预压，完成初始预压力的加载，假定支撑右端连接板固定不动，BRB 内芯钢板未安装，支撑左端施加轴向压力，固定右侧限位螺帽，右活动板保持不动，组合碟簧受挤压，连接接头与右活动板产生间隙，拧紧连接接头的内螺纹，卸去轴向压力，拧紧左侧限位螺帽，此时支撑施加的轴向压力即为初始预压力。

当 SC-BRB 的轴向力较小时，SC 系统和 BRB 系统协同受力，BRB 系统中内芯钢板所受外荷载大于屈服承载力时，内芯钢板进入屈服耗能。当组合碟簧产生复位效果，即 SC 系统中组合碟簧所受外荷载大于初始预压力，此刻 SC 系统处于工作状态。假定 SC-BRB 支撑的右端固定，当支撑左端压缩的位移时，由于 BRB 内芯钢板与碟簧内芯杆通过连接接头连接在一起，BRB 内芯钢板也跟着压缩轴向位移。右活动板由于限位螺帽的限制，无法发生位移，组合碟簧受到右活动板的限制而压缩。当支撑右端拉伸位移时，BRB 内芯钢板和组合碟簧也拉伸轴向位移。SC-BRB 支撑左端施加轴向压力或轴向拉力时，活动板与连接接头或左连接板的相对变形为 SC 系统和 BRB 系统随之产生与 SC-BRB 相同大小的变形。

2. 构件设计与制作

为了探究 SC-BRB 的自复位及抗震性能，设计了 7 个试件，并对 7 个试件进行编号：BRB-1、BRB-2 为纯屈曲约束支撑试件，SC 为纯自复位支撑，SC-BRB-1～SC-BRB-4 为完整的自复位屈曲约束支撑。为了验证 SC-BRB 及其各系统的力学性能和复位效果，对 BRB-1、SC、SC-BRB-1、SC-BRB-2、SC-BRB-3 进行滞回试验研究；为了研究 SC-BRB 构件低周疲劳性能，对 BRB-2、SC-BRB-4 进行低周疲劳试验。所有试件共用一套自复位系统及连接接头，试件在试验发生破坏后，只需更换试件中的 BRB 内芯钢板，其余部件均可重复使用。

碟形弹簧（碟簧）是一种外观类似圆环垫片的金属机械零件，碟簧在很小的空间内可以承受极大的荷载，具有良好的缓冲和减震能力，在反复加载后没有残余变形，同时还具有可变刚度特性，可以改变组合碟簧的组合形式获取其不一样的刚度特性。同种碟簧通过不同的方式易形成组合件，可实现快速更换，是一种恢复力比较稳定的材料，可以作为良好的自复位系统来提供所需的恢复力和刚度。碟簧构造图如图 2.4-2(a) 所示，其尺寸主要是外径 D、内径 d、压平高度 h_0、厚度 t_0、自由高度 H_0 等。在碟簧使用过程中，单个碟簧承载力较低，其变形能力也不足，可对其进行叠合组合，如图 2.4-2(b) ～图 2.4-2(d) 所示。

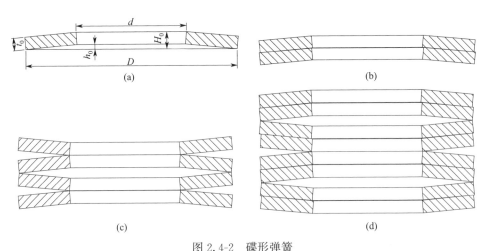

图 2.4-2　碟形弹簧

（a）碟簧尺寸构造图；（b）叠合组合碟簧；（c）对合组合碟簧；（d）复合组合碟簧

试验采用的碟簧外径 D 为 200mm，内径 d 为 102mm，h_0/t_0 为 0.4，无支撑面碟簧厚度为 12mm。总共选用 24 片碟簧，组合形式为 2 片碟簧对合，然后形成复合组合，共 12 组，单个碟簧完全压平，压缩变形量为 4.2mm，单片碟簧的负荷计算结果为 239kN，组合碟簧为 478kN。

自复位屈曲约束支撑中由于自复位系统与屈曲约束支撑组合，支撑中的轴向力由自复位系统与屈曲约束支撑共同承受，预压力大小相比于 BRB 内芯钢板承载力大小将会直接影响碟簧组合对屈曲约束支撑残余变形的控制效果。在自复位屈曲约束支撑中，定义组合碟簧初始预压力 F_0 与 BRB 内芯钢板屈服承载力 F_c 为复位比率：

$$\alpha_c = \frac{F_0}{F_c} = \frac{F_0}{\beta \omega f_c A_c} \tag{2.4-1}$$

式中：α_c——复位比率；

　　　f_c——BRB 内芯钢板屈服强度；

　　　A_c——BRB 内芯钢板屈服段的截面面积；

　　　β——受压承载力调整系数；

　　　ω——考虑应变硬化效应的承载力调整系数。

SC-BRB 的复位能力主要由复位比率决定，若复位比率较小，则支撑中初始预压力偏低，复位能力不足；若复位比率较大，则支撑中初始预压力偏大，在设计安装过程比较复杂。Eatherto 等[15] 指出，合理的复位比率取值为 0.5～1.5，试件分别设置三种不同形式的自复位比率 0.8、1.0、1.2，对应自复位 BRB 编号分别为 SC-BRB-1、SC-BRB-2、SC-BRB-3。

自复位系统中对组合碟簧的设计要考虑两方面：一是承载力的大小，二是变形能力的大小。承载力可由碟簧叠合增大，变形能力可由碟簧对合增大，试验中组合碟簧预压力的值可根据 BRB 内芯钢板的屈服承载力来确定，由于 SC 系统与 BRB 系统并联，当 BRB 内芯钢板屈服承载力越大，碟簧的荷载值要求就越高；另一方面，为了满足碟形弹簧的变形能力，组合碟簧还应具备足够的变形能力，现假定 BRB 内芯钢板屈服承载力为 190kN（其中，BRB 屈服段厚度为 10mm、宽度为 70mm、屈服强度为 270MPa），复位比率为 1.0，则组合碟簧的初始预压力等于 BRB 内芯钢板屈服承载力。

根据自复位屈曲约束支撑的变形要求，最终组合碟簧的变形量减去预压碟簧的变形量大于钢板内芯屈服后的残余变形，24 片碟簧叠加组合自由高度为338.4mm，总变形为 50.4mm。SC-BRB-1、SC-BRB-2、SC-BRB-3 分别预压152kN、190kN、228kN，由于 SC-BRB-3 预压力最大，则自复位系统中的组合碟簧变形量最大，当组合碟簧预压力 228kN，计算得到单个碟簧预压变形为2.0mm，组合碟簧预压变形为 24mm，预压之后的组合碟簧还有 26.4mm 的变形量。假定 BRB 内芯钢板屈服长度为 400mm，应变 3.4% 时的位移为 13.6mm，则满足支撑变形要求。

活动板如图 2.4-3 所示。活动板是 25mm 的厚钢板，在四个角打孔预留螺纹杆的位置，打孔直径为 21mm，匹配螺杆。在活动板表面打平处理，并焊接加劲肋以防活动板发生面外屈曲。

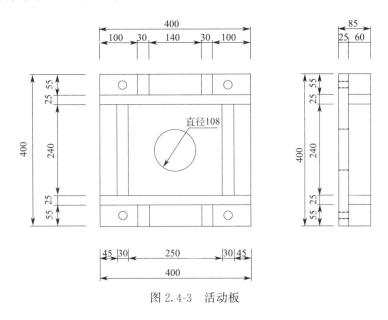

图 2.4-3 活动板

侧向传力系统包括螺杆、限位螺帽、矩形板及波纹钢板。螺杆采用 12.9 级的 M20 高强螺杆，长度为 500mm；矩形板采用长 930mm、厚 30mm、宽 60mm 的厚钢板制成。在矩形板一端打直径为 22mm 的螺孔，实现与端部的螺栓连接，并在两个厚钢板之间焊接波纹钢板以增加厚钢板的稳定性。采用 3mm 厚的薄钢板压折成波纹钢板，在厚钢板的左侧焊接两个钢块，钢块尺寸为 60mm×80mm×30mm，在钢块中心打直径为 20mm 的内螺纹孔，厚钢板如图 2.4-4（a）所示。碟簧内芯杆两端分别进行螺纹处理，一端与左连接板相连，另一端与连接接头相连，碟簧内芯杆采用直径为 100mm 的 45 号钢，碟簧内芯杆如图 2.4-4（b）所示。

试验中采用纯钢组装式 BRB，由一字形内芯钢板、无粘结材料、填充板以及面外约束钢板组成。为了减小试件加工切割造成的应力集中现象，降低对屈服阶段的最小损伤，在过渡段设置圆弧过渡；为了加强内芯钢板端部局部稳定性和便于连接，在弹性阶段焊接加劲肋，见图 2.4-5（a）。BRB 内芯钢板厚度为 10mm，屈服段宽度为 70mm，屈服段长度为 400mm，过渡段为 100.4mm，弹性段为 179.6mm。BRB 内芯钢板两端分别布置 4 个 24mm 的螺栓孔洞，以满足

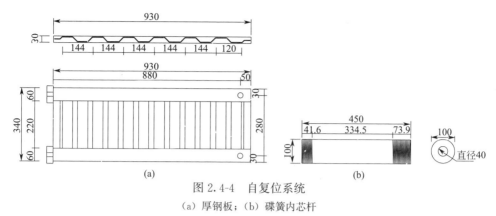

图 2.4-4　自复位系统

（a）厚钢板；（b）碟簧内芯杆

支撑的轴向承载力要求。为了保证 BRB 内芯钢板受压屈服，加入无粘结材料、填充板及面外约束钢板，填充板采用厚度为 12mm 的钢板，在填充板的表面粘贴 1mm 橡胶，BRB 内芯钢板粘结 2mm 橡胶，面外约束钢板采用厚度 14mm 的钢板，上下两端均开 18mm 的孔洞以供 M16 的高强度螺栓穿进。面外约束钢板及填充板如图 2.4-5（b）、（c）所示。

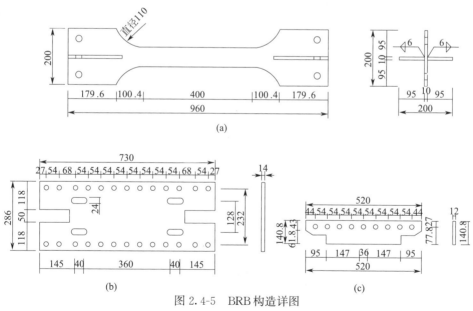

图 2.4-5　BRB 构造详图

（a）BRB 内芯钢板；（b）面外约束钢板；（c）填充板

SC-BRB 支撑是由 BRB 支撑与 SC 系统组合而成，自复位屈曲约束支撑均由上述各个板件组装而成，其中 BRB-1 与 BRB-2 尺寸构造相同，加载形式不同，SC-BRB-2 与 SC-BRB-4 尺寸构造相同，加载形式不同；SC-BRB-1、SC-BRB-2、SC-BRB-3 中复位比率不一样，组合碟簧长度不同，支撑总长不同，试件构造尺寸及组装图见图 2.4-6。

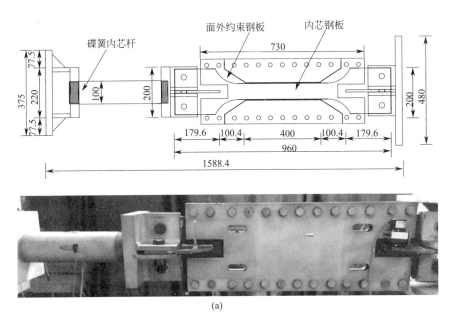

（a）BRB-1

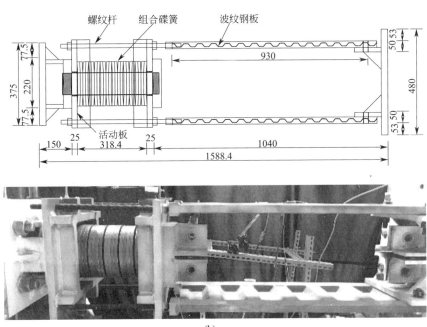

图 2.4-6　试件构造尺寸及组装图（一）

（b）SC

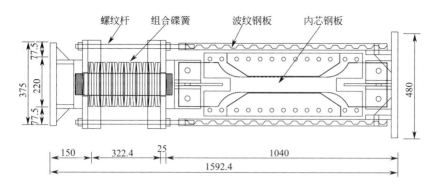

（c）

（c）SC-BRB-1

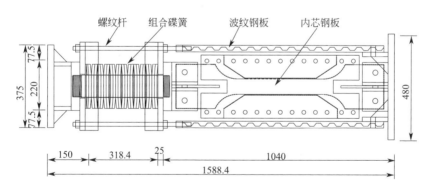

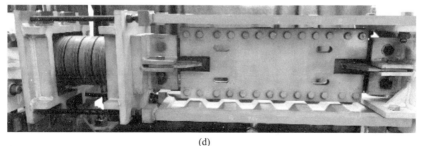

（d）

图 2.4-6　试件构造尺寸及组装图（二）

（d）SC-BRB-2

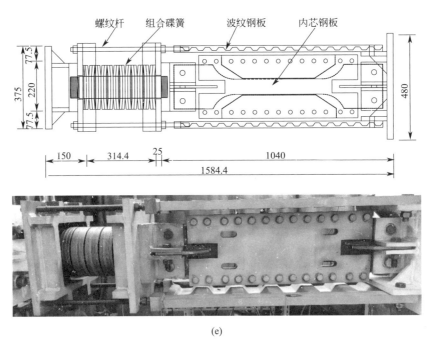

图 2.4-6　试件构造尺寸及组装图（三）

（e）SC-BRB-3

3. 抗震性能试验

试验加载装置示意图如图 2.4-7 所示。加载装置依靠两个反力架完成对试件的加载，采用 150t 拉压千斤顶施加轴向力和水平位移，拉压位移 150mm。试验过程中采用拉线位移计对试件进行测量：（1）BRB 支撑中 BRB 内芯钢板的水平位移和支撑总长的位移；（2）SC 支撑中组合碟簧的压缩变形和支撑总长的位移；（3）SC-BRB 支撑中 BRB 内芯钢板的水平位移，组合碟簧的压缩变形和支撑总长的位移。

对试件进行正式加载前，首先采用力控制进行预加载，预加载按照 $0.4P_y$（P_y 为 BRB 内芯钢板屈服承载力）、$0.8P_y$，各幅值进行一次拉压循环。随后进行位移控制加载，BRB 与 SC-BRB 的位移幅值以 BRB 内芯屈服应变 0.2% 的倍数乘以屈服段长度控制。SC 的位移幅值以活动板的相对变形控制加载。每一级加载均以支撑受压开始，为了进一步研究支撑的累积塑形变形能力，在应变为 2.2% 以前的应变间隔设置为 0.2%；为了深入研究支撑的极限变形能力，将应变 2.2% 以后的应变间隔设置为 0.4%。加载幅值分别为 0.4%、0.6%、0.8%、1.0%、1.2%、1.4%、1.6%、1.8%、2.0%、2.2%、2.6%、3.0%、3.4%，各幅值进行 2 次拉压循环；若支撑未被破坏，则进行 3% 加载幅值的疲劳循环加载直至支撑被破坏。加载制度如图 2.4-8 所示。

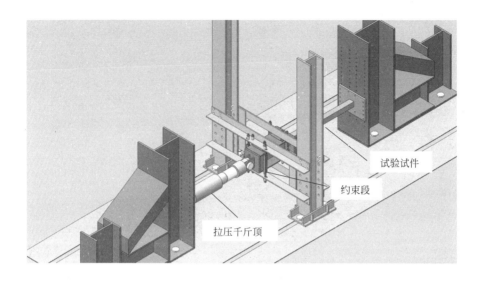

图 2.4-7　试验加载装置示意图

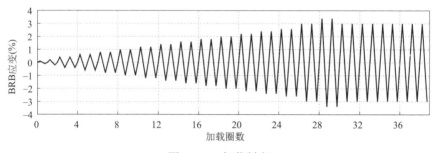

图 2.4-8　加载制度

SC 加载过程中，无论支撑处于受压还是受拉状态，组合碟簧均受压，出现活动板与连接板及连接接头分离的现象，如图 2.4-9 所示。试验结束后，SC 无残余变形和破坏，矩形钢板和波纹钢板均可重复使用。

当控制位移较小时，试件无明显现象，试件加载至 2.4mm（0.6％应变）时，连接接头与 BRB 内芯钢板的螺栓发出声响；加载到 4.8mm（1.2％应变）受拉过程中，听到声音"嘣"的一声；该试件在 3.4％应变幅值下，支撑的面外约束钢板与连接接头接触，如图 2.4-10（a）所示，导致支撑的负向承载力增大；进行 3％应变疲劳加载第一圈受拉时，试件承载力急剧下降，试验终止。试验后拆除 BRB 约束部件发现，BRB 内芯钢板呈现多波屈曲变形，且中部被拉断，如图 2.4-10（b）所示。

SC-BRB 试件在控制位移较小时，试件无明显现象，在加载前期试件连接

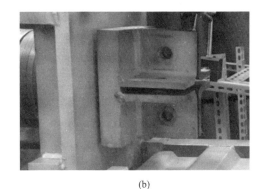

(a)   (b)

图 2.4-9   SC 分离现象

（a）左活动板；（b）右活动板

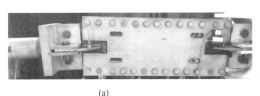
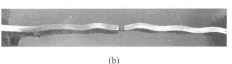

(a)   (b)

图 2.4-10   BRB 试件被破坏

（a）面外约束钢板与连接接头接触；（b）内芯钢板

接头与 BRB 内芯钢板的螺栓发出声响，同时，面外约束钢板左边与内芯钢板摩擦发出声响；直至 SC-BRB 试件受拉断裂前，试件的其他部件没有明显的变形和破坏。试验结束后，卸下高强螺栓，取出其中的内芯钢板，可以看到其多波屈曲的位置有明显的光亮区域，这主要由内芯钢板与面外约束钢板在反复拉压过程中橡胶相互摩擦造成。试件 SC-BRB-1、试件 SC-BRB-2、试件 SC-BRB-3 都完成了幅值为 13.6mm（3.4%）的位移拉压两次循环，断裂均出现在 3.0% 低周疲劳循环加载。试件 SC-BRB-1 在做 3.0% 的低周疲劳循环加载受拉第 13 圈时断裂，断裂位置于 BRB 内芯钢板中间部位；试件 SC-BRB-2 在做 3.0% 的低周疲劳循环加载受拉第 2 圈时断裂，断裂位置于 BRB 内芯钢板靠左端过渡段与屈服段连接处。试件 SC-BRB-3 进行 3% 应变低周疲劳循环加载受拉第 4 圈时断裂，断裂位置于 BRB 内芯钢板中间部位，断裂位置都出现了明显的颈缩现象，如图 2.4-11 所示。

试件抗震性能如图 2.4-12 所示，SC 表现出良好的自复位性能，BRB 试件滞回曲线饱满，各个试件的骨架曲线都表现为双折线，具有明显的拐点，SC-BRB 与 BRB 屈服位移相差较小；由于钢材应变强化和面外约束钢板的作用下有一定的摩擦力，在内芯钢板屈服后，拉压承载力都有进一步的提升。受压阶

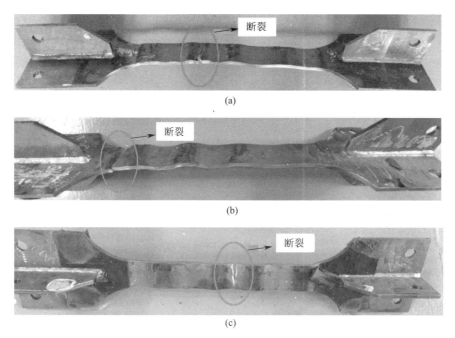

图 2.4-11　SC-BRB 内芯被破坏

（a）试件 SC-BRB-1；（b）试件 SC-BRB-2；（c）试件 SC-BRB-3

段由于内芯钢板多波失稳，与面外约束钢板存在较大的摩擦力，使得面外约束钢板参与到支撑轴力的分配，随着位移的增加，受压承载力与受拉承载力比值逐渐增大。SC-BRB-2 受压与受拉承载力近似相等，最大比值为 1.04。三个 SC-BRB 试件骨架曲线随着初始预压力的增加，SC-BRB 试件的承载力也随之增加，试件在屈服以后的刚度逐渐趋向稳定。

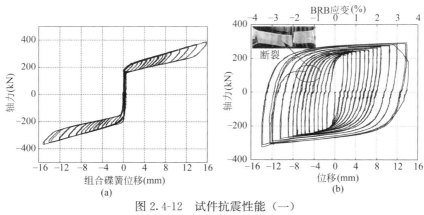

图 2.4-12　试件抗震性能（一）

（a）SC 滞回曲线；（b）BRB 滞回曲线

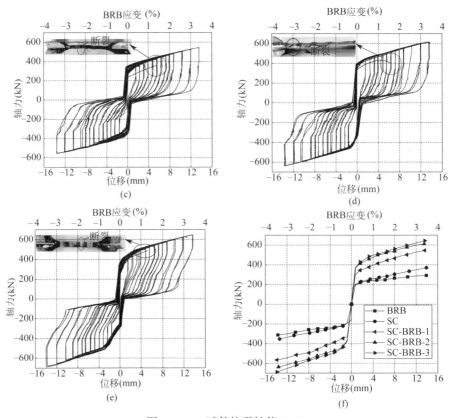

图 2.4-12　试件抗震性能（二）

（c）SC-BRB-1 滞回曲线；（d）SC-BRB-2 滞回曲线；

（e）SC-BRB-3 滞回曲线；（f）各试件骨架曲线

自复位性能主要是根据试验加载后的残余变形确定，自复位 BRB 中残余变形为试件加载结束后，荷载为零时的位移。复位性能主要由自复位 BRB 支撑中自复位系统的初始预压力和 BRB 的内芯钢板屈服段的面积有关，由于 BRB 的内芯钢板的尺寸固定不变，因此改变的是自复位 BRB 中自复位系统的初始预压力的大小。各试件残余变形如图 2.4-13 所示；BRB 最大加载位移至 13.6mm（3.4%），残余变形达到 13.72mm，SC 支撑最大残余变形为 0.88mm，SC-BRB-1、SC-BRB-2 和 SC-BRB-3 最大残余变形分别为 2.11mm、2.2mm、5.1mm，相比于 BRB 有较好的自复位性能。从图中可知，对比 3 个试件的残余变形发现，随着支撑复位比率的增大，支撑复位能力逐渐增强。

4. 力学分析模型

SC-BRB 传力机制如图 2.4-14 所示。为了推导理论滞回模型，给出以下假定：SC-BRB 在受力时，活动板和螺纹杆不发生弯曲和剪切变形；在支撑传力过

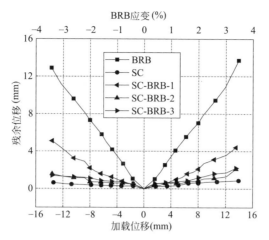

图 2.4-13　各试件的残余变形

程中，不考虑矩形板和端部的压缩和拉伸变形。其中，碟簧内芯杆刚度为 K_a、螺纹杆刚度为 K_b、组合碟簧刚度为 K_s、内芯钢板弹性刚度为 K_y、塑性刚度为 K_m，这些参数在式(2.4-2)～式(2.4-7)中会用到。

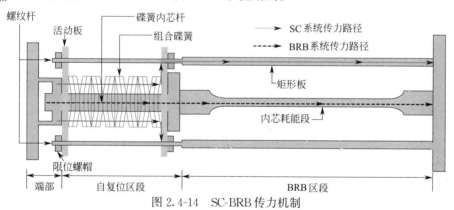

图 2.4-14　SC-BRB 传力机制

SC 的滞回曲线如图 2.4-15(a) 所示（在图 2.4-15 中，无论 F 是否有下标均为力；无论 δ 是否有下标，均为变形；其他字母不再逐一详细解释）。当 SC-BRB 支撑外力为零时，组合碟簧的预压力为 F_0，在 SC 内部碟簧内芯杆发生变形 δ_{c1}，其值可根据式 (2.4-2) 求得：

$$\delta_{c1} = \frac{F_0}{K_a} \tag{2.4-2}$$

在图 2.4-15(a) 中 K_{c1} 和 K_{c2} 分别为 SC 系统受拉和受压时活动板与左连接板或连接接头未分离时的刚度，K_{s1} 和 K_{s2} 分别为 SC 系统受拉和受压时活动板分离后的刚度，其值见式(2.4-3)～式(2.4-5)：

$$K_{c1} = K_{c2} = K_a + K_s \tag{2.4-3}$$

$$K_{s1} = \cfrac{1}{\cfrac{1}{4K_b} + \cfrac{1}{K_a} + \cfrac{1}{K_s}} \tag{2.4-4}$$

$$K_{s2} = K_s \tag{2.4-5}$$

BRB 系统恢复力曲线可简化为双线性曲线，如图 2.4-15(b) 所示。在图 2.4-15
(b) 中，K_{BRB} 和 K'_{BRB} 分别为 BRB 系统的屈服前刚度和屈服后刚度，可由
式(2.4-6) 和式(2.4-7) 计算求得：

$$K_{BRB} = \cfrac{1}{\cfrac{1}{K_a} + \cfrac{1}{K_y}} \tag{2.4-6}$$

$$K'_{BRB} = \cfrac{1}{\cfrac{1}{K_a} + \cfrac{1}{K_m}} \tag{2.4-7}$$

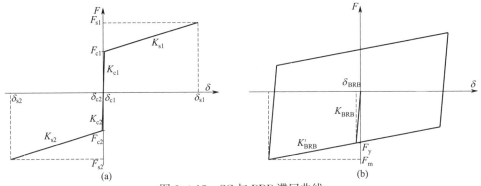

图 2.4-15　SC 与 BRB 滞回曲线

(a) SC；(b) BRB

根据其受力特点，对各个阶段进行阐述，以支撑整体受压为例进行受力分
析，SC-BRB 受压滞回模型如图 2.4-16(a) 所示（在图 2.4-16 中，无论 F 是否
有下标，均为力；无论 δ 是否有下标均为变形；不再逐一详细解释）。OA 阶段
为第 1 阶段，支撑开始受压，此时 BRB 内芯钢板处于弹性阶段，组合碟簧还未
被激活；A 点状态为右活动板与连接接头发生分离时，组合碟簧被激活；随着
外荷载的不断增加，此阶段总荷载与总变形的关系为：

$$F = (K_{c2} + K_{BRB})\delta, \delta_1 \leqslant \delta < 0 \tag{2.4-8}$$

AB 阶段为第 2 阶段，右活动板与连接接头发生分离，自复位系统处于激活
状态，直到 BRB 内芯钢板受压屈服，此时总荷载与总变形的关系为：

$$F = F(\delta = \delta_1) + (\delta - \delta_1)(K_{c2} + K_{BRB}), \delta_2 \leqslant \delta < \delta_1 \tag{2.4-9}$$

BC 阶段为第 3 阶段，此阶段支撑从 BRB 内芯钢板已经受压屈服，组合碟簧
继续被压缩到卸载状态，此时总荷载与总变形的关系为：

$$F = F(\delta = \delta_2) + (\delta - \delta_2)(K_{s2} + K'_{BRB}), \delta_3 \leqslant \delta < \delta_2 \tag{2.4-10}$$

CD 阶段为第 4 阶段，支撑开始卸载，外荷载不断减小，BRB 内芯钢板由卸载状态后的受压屈服变成受拉屈服，在此阶段处于弹性变形，此时总荷载与总变形的关系为：

$$F = F(\delta = \delta_3) + (\delta - \delta_2)(K_{s2} + K_{BRB}), \delta_4 \leqslant \delta < \delta_3 \tag{2.4-11}$$

DE 阶段为第 5 阶段，D 点的状态是 BRB 内芯钢板开始受拉屈服到 E 点右活动板与连接接头接触，支撑处于卸载状态。在支撑内部，BRB 内芯钢板的拉力由组合碟簧产生恢复力提供，此时总荷载与总变形的关系为：

$$F = F(\delta = \delta_4) + (\delta - \delta_4)(K_{s2} + K'_{BRB}), \delta_5 \leqslant \delta < \delta_4 \tag{2.4-12}$$

EF 阶段为第 6 阶段，BRB 内芯钢板仍然处于受拉屈服的过程，F 点状态总荷载为零，此时的 F 点为 EF 与水平轴的交点，OF 为支撑的残余变形。此时总荷载与总变形的关系为：

$$F = F(\delta = \delta_5) + (\delta - \delta_5)(K_{c2} + K'_{BRB}), (\delta_6 \leqslant \delta < \delta_5) \tag{2.4-13}$$

FG 阶段为第 7 阶段，SC-BRB 支撑整体由受压状态变成受拉状态，受拉状态与受压状态的不同在于螺纹杆参与受力，从支撑受拉开始到左活动板与左连接板分离，此时总荷载与总变形的关系与 EF 阶段保持一致为：

$$F = F(\delta = \delta_6) + (\delta - \delta_6)(K_{c2} + K'_{BRB}), \delta_7 \leqslant \delta < \delta_6 \tag{2.4-14}$$

GH 阶段为第 8 阶段，该阶段为左活动板与左连接板分离到 BRB 内芯钢板屈服，左限位螺帽开始承受活动板的压力，随着外荷载的增加，螺纹杆的拉力越来越大，此时总荷载与总变形的关系为：

$$F = F(\delta = \delta_7) + (\delta - \delta_7)(K_{c1} + K'_{BRB}), \delta_7 \leqslant \delta < \delta_8 \tag{2.4-15}$$

HI 阶段为第 9 阶段，此时左活动板与左连接板处于完全分离的状态，BRB 内芯钢板处于塑形阶段，随着支撑外荷载越来越大，内芯钢板拉伸变长，组合碟簧进一步压缩，直到组合碟簧压缩量达到最大值，此时总荷载与总变形的关系为：

$$F = F(\delta = \delta_8) + (\delta - \delta_8)(K_{s1} + K'_{BRB}), \delta_8 \leqslant \delta < \delta_9 \tag{2.4-16}$$

IJ 阶段为第 10 阶段，此阶段为支撑开始卸载到 BRB 内芯钢板受压屈服，与第四阶段相似，此时总荷载与总变形的关系为：

$$F = F(\delta = \delta_9) + (\delta - \delta_9)(K_{s1} + K_{BRB}), \delta_9 \leqslant \delta < \delta_{10} \tag{2.4-17}$$

JK 阶段为第 11 阶段，此阶段为内芯钢板受压屈服到左活动板与左连接板接触，随着外荷载的不断减小，组合碟簧压缩量也持续减少，此时总荷载与总变形的关系为：

$$F = F(\delta = \delta_{10}) + (\delta - \delta_{10})(K_{s1} + K'_{BRB}), \delta_{10} \leqslant \delta < \delta_{11} \tag{2.4-18}$$

KL 阶段为第 12 阶段，此阶段为左活动板与左连接板接触到总荷载为零的阶段，组合碟簧压缩量回到初始状态，此时总荷载与总变形的关系为：

$$F = F(\delta = \delta_{11}) + (\delta - \delta_{11})(K_{c1} + K'_{BRB}), \delta_{11} \leqslant \delta < \delta_{12} \tag{2.4-19}$$

如果支撑以受拉作为起始顺序，同样具有 12 阶段，如图 2.4-16（b）所示，与之对应的为初始刚度的不同，因为 SC 系统的受压和受拉刚度不同，整体以受拉为起始加载，与受压起始加载大致相同。

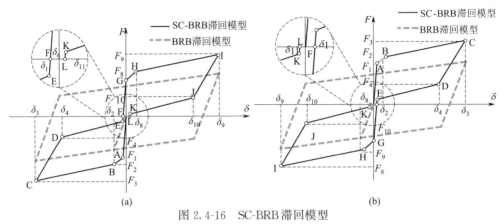

图 2.4-16　SC-BRB 滞回模型

（a）以支撑受压开始加载；（b）以支撑受拉开始加载

图 2.4-17 给出了 SC-BRB 滞回模型理论曲线与试验曲线的对比，可以看出：承载力基本吻合较好。试件 SC-BRB-1 理论数据与试验数据相对误差为 0.1%～9.0%，试件 SC-BRB-2 理论数据与试验数相对误差为 1.4%～10.2%，试件 SC-BRB-3 理论数据与试验数据相对误差为 0.4%～15.3%。

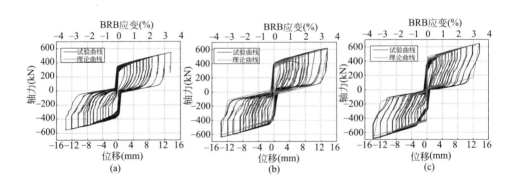

图 2.4-17　SC-BRB 理论曲线和试验曲线对比

（a）试件 SC-BRB-1；（b）试件 SC-BRB-2；（c）试件 SC-BRB-3

5. 低周疲劳性能

BRB 的低周疲劳性能及其寿命评价往往依据的是低周往复试验，对于自复位 BRB，由于其依靠 BRB 耗能，最后也仅有 BRB 内芯钢被破坏，所以自复位 BRB 的低周疲劳性能的评价也应由拟静力试验确定。试件的加载制度一般为常幅加载模式（简称 CSA）和变幅加载模式（简称 VSA）两种。通过评估不同加载模式得到的低周疲劳寿命，以确定支撑的疲劳性能。目前关于 BRB 的常幅加载试验已进行大量的研究，并统计了 BRB 累积塑性变形值，但对自复位 BRB 的低周疲劳性能关于累积塑性变形还未有描述，鉴于此，有必要进行不同变幅加载模式的低周疲劳试验，发展自复位 BRB 的疲劳模型。

试件加载制度为 VSA-1 和 VSA-2 两种形式，其中 VSA-1 为 2.4 节 3. 试件加载制度（图 2.4-7）。试件变幅加载制度（VSA-2）见图 2.4-18，按照 $0.4P_y$（P_y 为 BRB 内芯钢板屈服承载力）、$0.8P_y$，各幅值进行一次拉压循环；随后进行位移控制加载，BRB 与 SC-BRB 的位移幅值以 BRB 内芯屈服应变 0.2% 的倍数乘以屈服段长度来控制；SC 的位移幅值以活动板的相对变形控制加载。每一级加载均以支撑受压开始，加载幅值分别为 0.4%、0.8%、1.2%、1.6%，各幅值进行 2 次拉压循环；之后进行 2% 加载幅值的疲劳循环加载直至破坏。

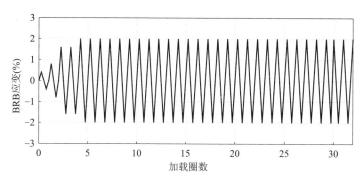

图 2.4-18　试件变幅加载制度（VSA-2）

图 2.4-19 是各个试件的失效模式及位置图。当控制位移较小时，试件无明显现象；由图 2.4-19 可知，SC-BRB 和 BRB 试件失效位置大多出现在屈服段与过渡段连接处，这是由于焊缝的形状大小、焊接残余缺陷以及焊接引起的残余变形等因素导致在靠近焊缝区域的屈服段产生应力集中，在 BRB 内芯钢板能观察到小段区域的微裂纹，随之位移的增加微裂纹不断扩大，最后断裂，形成内芯钢板的薄弱面。在构件失效前，均未发生整体屈曲或者局部屈曲。本次 4 个试件均是在受拉阶段出现承载力不断下降，最后支撑断裂，在进行 3.0% 的应变加载结束后，试件 BRB-2、试件 SC-BRB-2、试件 SC-BRB-4 的拉断位置是在 BRB 内芯钢板的端部位置，屈曲现象较为明显，集中在 BRB 内芯钢板加劲肋的焊接处，主要是因为焊接导致试件在出现大应变幅值时，有应力集中。

试件滞回曲线如图 2.4-20 所示，可以看出，BRB 呈现的滞回曲线较为饱满，表现出稳定的耗能能力，且 BRB 在屈服后刚度均有一定程度的强化。在相同的试件，不同加载幅值情况下，在低幅值做循环加载的总圈数会更高。自复位

图 2.4-19　各个试件失效模式及位置图

（a）BRB-1；（b）BRB-2；（c）SC-BRB-2；（d）SC-BRB-4

BRB滞回曲线呈现出旗帜型特性，耗能能力强且复位效果明显。

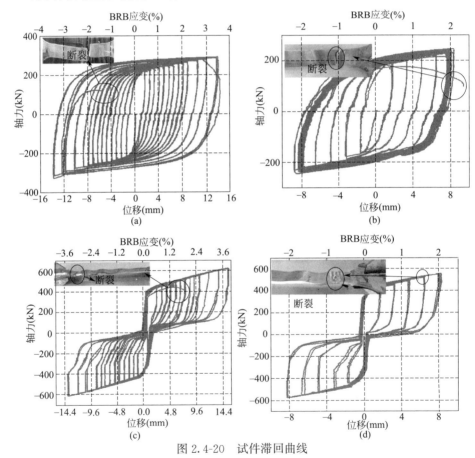

图 2.4-20　试件滞回曲线

（a）BRB-1；（b）BRB-2；（c）SC-BRB-2；（d）SC-BRB-4

　　BRB 和 SC-BRB 是用累积塑性变形（简称 CPD）来确定其耗能能力的大小，累积塑性变形。美国相关规范[16] 规定了 BRB 累积塑性变形的最小值，其意义在于保证 BRB 有着较优的疲劳性能，使其在工作状态能够稳定耗能，其值可由图 2.4-21 确定（图中 i 是第 i 圈循环圈数，F 为轴力，μ、n 解释同表 2.4-1 中对应的字母解释）。在 BRB 加载过程中，受拉受压阶段，只要加载位移大于屈服位移，其变化的屈服位移即为加载位移减去屈服位移，是支撑的塑性变形。BRB 在拉压过程中含有塑性变形为两段[17]。相较于 BRB，SC-BRB 与 BRB 试件 CPD 值最大的不同在于卸载过程中 SC-BRB 有一段位置也是塑性变形，原因在于支撑卸载过程中，BRB 内芯钢板一样会产生塑性变形，即 SC-BRB 在拉压过程中含有塑性变形为四段。其中 BRB 两段是试件加载过程中，外力作用下 BRB 内芯钢板屈服耗能，另外两段是试件在卸载过程中，试件内部 BRB 内芯钢板承受组合碟簧的恢复力而屈服耗能。

　　试验各滞回性能如表 2.4-1 所示，表中 μ 为试件延性比，定义为试件的拉压应变幅值最大值与屈服应变的比值；β 为受压承载力调整系数，定义为最大压力与最大拉力比值的绝对值，n_i 为变幅加载下对应应变幅值的循环圈数，ε 为应变。试件 BRB-1 和试件 SC-BRB-2 做相同的应变幅值加载形式（VSA-1），试件 BRB-1 对应的 CPD 相对较低，但差别不大，当试件 BRB-2 和试件 SC-BRB-4 做相同的应变幅值加载形式（VSA-2），BRB-2 试件对应的 CPD 相对较大，说明 BRB 相对于 SC-BRB 的 CPD 值较高。BRB、SC-BRB 试件在做不同应变幅值加载过程中，大应变幅值下焊缝影响较大，低周疲劳性能显著下降。

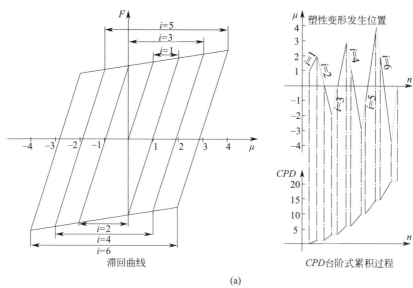

(a)

图 2.4-21　试件 CPD 累积过程（一）

（a）BRB

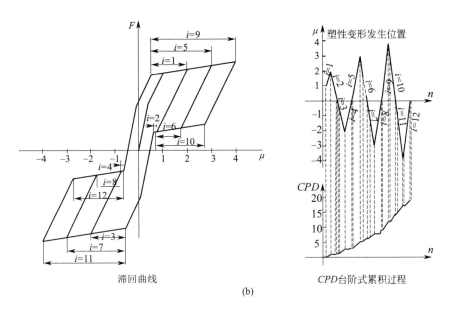

(b)

图 2.4-21　试件 *CPD* 累积过程（二）

（b）SC-BRB

试件滞回性能　　　　　　　　　　　　　表 **2.4-1**

试件	$\varepsilon(\%)$	μ	β	n_i	*CPD*	加载制度
BRB-1	0.4	2.09	0.97	2	839	VSA-1
	0.6	3.05	0.97	2		
	—	—	—	—		
	3.4	17.52	1.10	2		
	3.0	15.76	1.08	1		
BRB-2	0.4	1.76	0.89	2	1439	VSA-2
	0.8	3.31	0.93	2		
	1.2	4.94	0.96	2		
	1.6	6.49	0.96	2		
	2.0	8.63	0.98	48		
SC-BRB-2	0.4	1.38	0.99	2	932	VSA-1
	0.6	2.07	1.00	2		
	—	—	—	—		
	3.4	11.72	1.04	2		
	3.0	10.35	1.03	4		

试件	$\varepsilon(\%)$	μ	β	n_i	CPD	加载制度
	0.4	1.80	0.98	2		
	0.8	3.39	1.00	2		
SC-BRB-4	1.2	5.09	1.02	2	1079	VSA-2
	1.6	6.91	0.99	2		
	2.0	8.51	0.99	34		

已有研究表明，BRB 的疲劳寿命模型可用 Manson-Coffin 公式[18] 表示（见本书第 6 章），并通过已有的试验数据对建立的疲劳模型进行验证，表达式为：

$$\Delta\varepsilon_t = 0.234 \times N_f^{-0.494} \tag{2.4-20}$$

将 BRB-1、BRB-2 和 SC-BRB-1、SC-BRB-2 的等效应变幅和等效低周疲劳循环圈数，根据下列表达式进行换算：

$$\begin{cases} \Delta\varepsilon_{eq} = \left(\dfrac{\sum \Delta\varepsilon_{1,i}^{1/k} \cdot n_i}{\Delta N_{eq}} \right)^k \\ \Delta N_{eq} = \sum n_i \end{cases} \tag{2.4-21}$$

式（2.4-20）和式（2.4-21）中：$\Delta\varepsilon_t$——应变幅值；

N_f——疲劳寿命；

$\Delta\varepsilon_{eq}$——等效应变幅值；

ΔN_{eq}——等效低周疲劳循环圈数。

结果得到：BRB-1 与 BRB-2 的等效应变幅为 0.039、0.037，分别对应的等效低周疲劳循环圈数计算所得为 27、56。SC-BRB-2 与 BRB-4 的等效应变幅为 0.03726、0.03796，分别对应的等效低周疲劳循环圈数计算所得为 42、56。结合两组 BRB 和两组 SC-BRB 的试验结果拟合数据及拟合曲线的对比，可初步估计 BRB 和 SC-BRB 的低周疲劳性能。各系列试件疲劳性能在对数坐标系下的对比如图 2.4-22 所示。

由图 2.4-22 可知，SC-BRB 低周疲劳寿命明显高于 BRB，主要原因是 BRB 在循环一圈造成的 CPD 更高。此外，BRB 构件层次的 Manson-Coffin 公式能够比较好地预测 BRB 的疲劳寿命。一方面，将 SC-BRB 的等效应变幅和等效低周疲劳循环圈数用 Manson-Coffin 公式表示，数据吻合较好，表示 SC-BRB 同样也适用于 Manson-Coffin 公式；另一方面，SC-BRB-2 相较于 SC-BRB-4 的等效应变幅基本相同，但等效低周疲劳循环圈数偏小，说明试件在进行低周疲劳试验时，支撑在较低的应变幅能够承受较多的循环圈数。

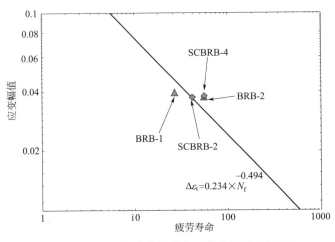

图 2.4-22　各试件疲劳性能在对数坐标系下的对比

参考文献

［1］ 广州大学. 建筑消能减震技术规程：JGJ 297—2013［S］. 北京：中国建筑工业出版社，2013：12.

［2］ 中冶京诚工程技术有限公司. 钢结构设计标准：GB 50017—2020［S］. 北京：中国建筑工业出版社，2018：6.

［3］ 陕西省建筑科学研究院有限公司. 屈曲约束支撑应用技术规程：DB 61/T 5014-2021［S］. 西安，陕西省建设标准设计站，2021.

［4］ 广州大学. 屈曲约束支撑应用技术规程：T/CECS 817-2021［S］. 北京：中国建筑工业出版社，2021：7.

［5］ 中国建筑科学研究院. 建筑抗震设计规范：GB 50011-2010［S］. 北京：中国建筑工业出版社，2010：12.

［6］ 钢铁研究总院. 金属材料　拉伸试验　第 1 部分：室温试验方法：GB/T 228.1-2021［S］. 北京：中国标准出版社，2021：12.

［7］ 钢铁研究总院. 金属材料室温压缩试验方法：GB/T 7314-2017［S］. 北京：中国标准出版社，2017：11.

［8］ 冶金工业信息标准研究所. 碳素结构钢：GB/T 700-2006［S］. 北京：中国标准出版社，2007：6.

［9］ 宝山钢铁股份有限公司. 建筑用低屈服强度钢板：GB/T 28905-2012［S］. 北京：中国标准出版社，2013：5.

［10］ Watanabe A，Hitomi Y，Saeki E, et al. Properties of brace encased in buckling-restraining concrete and steel tube［C］. Proceedings of ninth world conference on earthquake engineering. 1988，4：719-724.

[11] Chen Q，Wang C L，Meng S，et al. Effect of the unbonding materials on the mechanic behavior of all-steel buckling-restrained braces [J]. Engineering Structures，2016，111：478-493.

[12] 中国建筑科学研究院. 建筑抗震试验规程：JGJ/T 101-2015 [S]. 北京：中国建筑工业出版社，2015：10.

[13] Abaqus V. 6. 9，Dassault Systemes Simulia Corp. Providence [J]. 2011.

[14] Erochko J，Christopoulos C，Tremblay R，et al. Residual drift response of SMRFs and BRB frames in steel buildings designed according to ASCE 7-05 [J]. Journal of Structural Engineering，2011，137（5）：589-599.

[15] Eatherton M R，Fahnestock L A，Miller D J. Computational study of self centering buckling restrained braced frame seismic performance [J]. Earthquake Engineering & Structural Dynamics，2014，43（13）：1897-1914.

[16] American Institute of Steel Construction（AISC）. Seismic provisions for structural steel buildings（ANSI/AISC 341-16）[S]. American Institute of Steel Construction，2002.

[17] 华坤. 基于累积塑性变形的屈曲约束支撑低周疲劳寿命评估 [D]. 东南大学，2018.

[18] Manson S S. Fatigue-a complex subject-some simple approximations [R]. 1965.

第 3 章

BRB 框架韧性连接节点

3.1 连接节点的一般规定

连接节点是 BRB 能在结构中正常工作的关键，现行标准《建筑消能减震技术规程》JGJ 297[1]、《TJ 屈曲约束支持应用技术规程》DBJ/CT 105[2]、《屈曲约束支撑应用技术规程》DB 61/T 5014[3]、《屈曲约束支撑应用技术规程》T/CECS 817[4] 等对 BRB 框架连接节点有如下规定：

BRB 通过节点板与主体结构连接。BRB 与节点板的连接有螺栓连接、销轴连接和焊接连接；节点板与主体结构的连接有螺栓连接和焊接连接。当 BRB、节点板以及连接部位构造较复杂时，宜进行精细化结构设计建模，并应结合试验确定支撑对主体结构的作用和可靠性。

BRB 的轴线宜交汇于梁柱构件轴线的交点，偏离交点时的偏心距不宜超过支撑杆件宽度，并应计入由此产生的附加弯矩。

BRB 采用人字形或 V 字形的布置时，应采取合理的措施限制与支撑相连的梁侧向变形和扭转变形。当与 BRB 相连的梁侧向变形和扭转变形得不到限制时，应计入梁侧向刚度和抗扭刚度对节点平面外稳定性的影响。

BRB 在 1.2 倍设计承载力或极限承载力作用下，节点板和预埋件应处于弹性工作状态。

节点板的稳定性验算应符合现行国家标准《钢结构设计标准》GB 50017[5] 的有关规定。同时，节点板应具有足够的平面外刚度，在 BRB 达到极限承载力之前，节点板不应出现失稳破坏。

BRB 与节点板采用焊接连接时，应采用坡口对接焊，焊接的强度验算应符合现行国家标准《钢结构设计标准》GB 50017 的有关规定，焊缝质量等级要求二级及以上。BRB 与节点板采用螺栓连接时，螺栓与连接板的验算应符合现行国家标准《钢结构设计标准》GB 50017 的有关规定。BRB 与节点板采用销轴连接时，BRB 耳板、节点板与销轴的设计应符合现行国家标准《钢结构设计标准》GB 50017 的有关规定，销轴与 BRB 耳板、节点板间的间隙不宜大于 0.3mm。

节点板与现浇及装配式钢筋混凝土结构的连接宜采用预埋件。新建钢筋混凝土结构的预埋件、锚筋、锚板和锚栓的设计应符合现行国家标准《混凝土结构设计规范》GB 50010[6] 的有关规定。既有钢筋混凝土结构的预埋件、锚筋、锚板和锚栓的设计应符合现行行业标准《混凝土结构后锚固技术规程》JGJ 145[7] 的有关规定。预埋件与节点板宜采用焊接连接，焊接的强度验算应符合现行国家标准《钢结构设计标准》GB 50017 的有关规定。

节点板与钢结构及组合结构连接时，宜采用螺栓连接或焊接连接，焊接的强度验算或螺栓与连接板的强度验算应符合现行国家标准《钢结构设计标准》GB 50017 的有关规定。

对于采用耗能型 BRB 的钢结构，当 BRB 设计承载力的水平分力与对应消能子结构钢梁的轴向屈服承载力（按标准值计算）之比不超过 0.3，且节点板未设置边肋时，宜在验算该支撑角部节点板与梁柱连接焊缝的强度时，计入梁柱开合效应的影响。当节点板设置边肋或 BRB 类型为承载型 BRB 或结构类型为 RC 结构、组合结构时，在验算该类节点焊缝承载力时，可忽略开合效应的影响，仅按照支撑力进行单独设计。

节点板宜在自由边设置边肋。

当采用焊接连接或螺栓连接时，节点板的中心加劲肋长度应符合下列公式的规定：

$$L_1 > L_1^* \tag{3.1-1}$$

$$L_1^* = \left(\frac{C_j}{f \times t_g} - \eta_1 \frac{L_m \cos\alpha}{2} - \eta_2 \frac{L_m \sin\alpha}{2} \right) / (\eta_1 \sin\alpha + \eta_2 \cos\alpha) \tag{3.1-2}$$

$$\eta_1 = \frac{1}{\sqrt{1 + 2\cos(90° - \alpha)}} \tag{3.1-3}$$

$$\eta_2 = \frac{1}{\sqrt{1 + 2\cos\alpha}} \tag{3.1-4}$$

式中：L_1——中心加劲肋的长度；

　　　L_1^*——中心加劲肋长度的最小值；

　　　C_j——连接节点的受压承载力设计值；

　　　L_m——BRB 与节点板连接的宽度，也是图 3.1-1 中 EF 的长度，图 3.1-1 中 α、C_j 解释同式（3.1-4）α、C_j 解释；

　　　t_g——节点板厚度；

　　　f——节点板的强度设计值，按照现行国家标准《钢结构设计标准》GB 50017 确定；

α——支撑轴线与梁轴线的夹角；

η_1——图 3.1-1 中 AB 的抗拉折减系数；

η_2——图 3.1-1 中 AC 的抗拉折减系数。

采用焊接连接或螺栓连接时，节点板的屈服力的计算应符合下列规定：

(1) 节点板自由边未设置边肋时，节点板的屈服力应符合下列公式的规定：

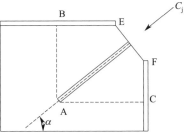

$$P_{y,g} \geq \alpha_1 f (\eta_1 L_2 t + \eta_2 L_3 t_g) \quad (3.1\text{-}5)$$

$$\alpha_1 = 1 + p_g \times \frac{L_1 - L_1^*}{L_{1max} - L_1^*} \quad (3.1\text{-}6)$$

$$L_2 = L_1 \sin\alpha + \frac{L_m \cos\alpha}{2} \quad (3.1\text{-}7)$$

图 3.1-1　焊接连接中的节点板屈服力计算中的长度取值示意

$$L_3 = L_1 \cos\alpha + \frac{L_m \sin\alpha}{2} \quad (3.1\text{-}8)$$

(2) 节点板自由边设置边肋时，节点板的屈服力应符合下列公式的规定：

$$P_{y,S} \geq \alpha_2 f (\eta_1 L_2 t_g + \eta_2 L_3 t_g) \quad (3.1\text{-}9)$$

$$\alpha_2 = q \alpha_1 \quad (3.1\text{-}10)$$

式中：$P_{y,g}$——无边肋条件下的节点板屈服力；

$\quad\ P_{y,S}$——有边肋条件下的节点板屈服力；

$\quad\ L_2$——图 3.1-1 中弯折线 AB 的长度；

$\quad\ L_3$——图 3.1-1 中弯折线 AC 的长度；

$\quad\ L_1$——中心加劲肋的长度；

$\quad\ L_1^*$——中心加劲肋长度的最小值；

$\quad\ L_m$——BRB 与节点板连接的宽度；

$\quad\ \alpha_1$——无边肋条件下长度影响的修正系数；

$\quad\ p_g$——长度放大系数，取 0.1；

$\quad\ \alpha_2$——边肋作用的修正系数；

$\quad\ f$——节点板的强度设计值；

$\quad\ t_g$——节点板厚度；

$\quad\ \eta_1$——图 3.1-1 中 AB 的抗拉折减系数；

$\quad\ \eta_2$——图 3.1-1 中 AC 的抗拉折减系数；

$\ L_{1max}$——中心加劲肋长度的最大值；

$\quad\ q$——屈服力放大系数，取 1.08。

当 BRB 与节点板采用螺栓连接或焊接连接时，节点板的平面内轴向刚度的计算可按下列规定执行：

（1）节点板自由边未设置边肋时，平面内轴向刚度可按式（3.1-11）计算：

$$K_J = \frac{2E_g t_g}{\sqrt{3}} \frac{1}{\ln\left|\dfrac{\sqrt{3}L_m + \sqrt{3}(L_h - t) + 2L_1}{\sqrt{3}L_m + \sqrt{3}(L_h - t)} \times \dfrac{\sqrt{3}L_m + 2L_1 + L_j + 2L_s}{\sqrt{3}L_m + 2L_1}\right|}$$

（3.1-11）

（2）节点板自由边设置边肋时，平面内轴向刚度可按式（3.1-12）计算：

$$K_{J,s} = \beta_g K_J \qquad\qquad (3.1\text{-}12)$$

式中：E_g——节点钢材材料的弹性模量；

　　　β_g——计入初始缺陷和边肋作用的修正系数，β_g 取 1.1；

　　　L_s——图 3.1-2 中 AI 的长度；

　　　L_j——图 3.1-2 中 IJ 的长度；

　　　L_1——中心加劲肋的长度；

　　　L_m——BRB 与节点板连接的宽度；

　　　L_h——平面外方向连接部分的宽度，见图 3.1-2 中 S-S 截面；

　　　t_g——节点板厚度。

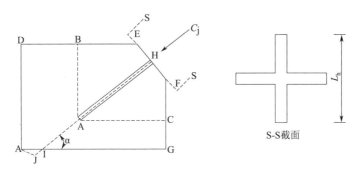

图 3.1-2　节点板刚度计算中的长度取值示意

图 3.1-2 中 α 为支撑轴线与梁轴线的夹角，C_j 为连接节点的受压承载力设计值。

3.2　连接节点的设计方法

1. 均应力法

在节点板设计初期，节点板与梁柱交界面的荷载被认为是仅由 BRB 轴力产生，即 BRB 作用。均应力法（简称 UFM）[8] 是节点板设计初期被广泛采用的用来计算 BRB 作用的方法，其计算简图如图 3.2-1 所示。该方法假定：①BRB 轴力通过梁柱轴线交 O；②梁控制点 B 位于梁轴线与柱表面的交点，柱控制点 C 位于柱轴线与梁表面延伸线的交点；③两交界面处的合力作用线通过相应交界面边界的中点和梁柱各自控制点；④根据力矩平衡条件，BRB 轴力、节点板与梁交界面合力、节点板与柱交界面合力三者作用线相交于节点板控制点 A。根据第④条假定，以梁柱轴线交点为原点建立直角坐标系，根据斜率关系可得式(3.2-1)，将其进一步化简可得式(3.2-2)。

$$\frac{Q_c}{N_c} = \frac{\beta}{e_c} = \frac{e_b e_c \tan\phi - (e_b + \beta)(e_b - \alpha\tan\phi)}{e_c \alpha\tan\phi} \tag{3.2-1}$$

$$\tan\phi = \frac{e_b + \beta}{e_c + \alpha} \tag{3.2-2}$$

式中和图 3.2-1 中：N_c、N_b——节点板与梁柱交界面处的法向力；

$\qquad\qquad\quad$ Q_c、Q_b——节点板与梁柱交界面处的切向力；

$\qquad\qquad\quad$ e_c、e_b——0.5 倍柱高（d_c）和梁高（d_b）；

$\qquad\qquad\quad$ ϕ——BRB 的倾角；

$\qquad\qquad\quad$ α、β——0.5 倍节点板与梁柱交界面的尺寸；

$\qquad\qquad\quad$ P_{max}——屈曲约束支撑的极限承载力。

根据静力平衡条件、几何关系以及式（3.2-2）可得到 N_c、N_b、Q_b、Q_c 的计算结果。式（3.2-2）是节点板尺寸与支撑倾角的关系，设计时必须先初定节点板一个边界的尺寸，根据式（3.2-2）再确定另一个边界的尺寸，最后计算各个力分量。但是当 BRB 倾角或者梁柱高度比很大或者很小的情况下，利用均应力法设计出来的节点板形状严重不规则且经济性差。

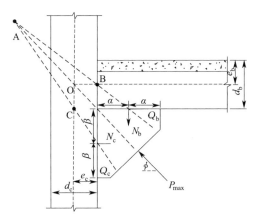

图 3.2-1 均应力法

2. 泛应力法

为了解决均应力法中节点板几何形状受式（3.2-2）限制的问题，一些学者提出了其他计算 BRB 作用的方法。其中，泛应力法（以下简称 GUFM）[9] 作为均应力法的改进方法，既能保证节点板形状的规则化，又能兼顾经济性，同时也具有较大的设计自由度，计算简图见图 3.2-2。图 3.2-2 中各物理量的含义同图 3.2-1，二者的区别在于泛应力法计算简图中的柱控制点 C 并不是柱轴线与梁表面的交点，而是节点板控制点 A 与交界面中点的连线与柱轴线的交点，其他计算假定与均应力法一致。

根据静力平衡条件、几何关系以及式（3.2-2）可得：

$$N_c = P_{max} \frac{e_c \tan\phi}{e_b + \beta} \qquad (3.2\text{-}3)$$

$$N_b = P_{max} \frac{e_b \left[(e_b + \beta)\cos\phi - e_c \tan\phi \right]}{\alpha (e_b + \beta)} \qquad (3.2\text{-}4)$$

$$Q_b = P_{max} \cos\phi - N_c \qquad (3.2\text{-}5)$$

$$Q_c = P_{max} \sin\phi - N_b \qquad (3.2\text{-}6)$$

式中字母解释同图 3.2-1、式（3.2-1）、式（3.2-2）字母解释。

由均应力法和泛应力法的求解过程可知：①二者都不涉及框架结构的类型，所以对钢框架和混凝土框架都适用；②均应力法是泛应力法中的特例，主要区别在于柱控制点位置的确定，泛应力法中柱控制点位置需通过力矩平衡条件确定，但是均应力法假定柱控制点位于柱轴线与梁表面延伸线的交点，这表明均应力法设计条件更严格。

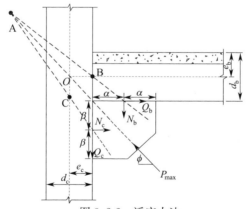

图 3.2-2　泛应力法

3. 等效支撑模型

经过大量的研究表明[10-12]，在框架中的节点板除了受到 BRB 的轴力作用外，框架也会对节点板产生不利影响，这被称为框架作用。框架在往复地震作用下，因梁柱的变形，框架会有张开和闭合的表现，可称为框架的开合效应。当框架梁柱张开时，会对节点板有拉伸作用；当框架梁柱闭合时，会对节点板有挤压作用。研究表明，框架作用会增加节点板同梁柱连接的交界面上的剪力，如果节点板只按照 BRB 支撑轴力进行设计，那么在较大地震作用下，由于框架作用对节点板产生的额外剪力，使得节点板有更大的风险发生交界面处的焊缝撕裂破坏，因此，节点板在进行设计时，应考虑框架的开合作用。

Yu 等[13] 在研究利用焊接加腋板对钢框架进行抗震修复时，建议加腋板与框架之间的相互作用可以用一根简化的支撑代替，这种方法被称为等效支撑模型（以下简称 ESM）。Lin 等[14] 在研究满足"强柱弱梁"条件的 BRB 钢框架时，假定框架柱完全刚性，忽略梁轴力和 BRB 作用对于梁外翼缘变形的影响。根据变形相容条件，即等效支撑端点水平方向的变形量与梁外翼缘相应位置处因弯矩产生的水平变形量相等，可以计算框架作用的法向力分量 N_g 和切线力分量 Q_g，具体计算公式见式(3.2-7) 和式(3.2-8)，计算简图如图 3.2-3 所示，图中 d_c 是柱宽度，L_g 是节点板最薄弱处的宽度，其余字母解释同式(3.2-7) 和式(3.2-8) 相应字母解释。

$$Q_g = \frac{d_b L_{gb} V_b (0.3 L_{b,clear} - 0.18 L_{gb})}{4 I_b / t_g + d_b L_{gb} (0.3 d_b + 0.18 L_{gc})} \tag{3.2-7}$$

$$N_g = \frac{d_b L_{gc} V_b (0.3 L_{b,clear} - 0.18 L_{gb})}{4 I_b / t_g + d_b L_{gb} (0.3 d_b + 0.18 L_{gc})} \tag{3.2-8}$$

式中：d_b——梁高；

$L_{b,clear}$——梁的净跨；

I_b——梁的惯性矩；

L_{gb}——节点板与梁交界面的尺寸；

L_{gc}——节点板与柱交界面的尺寸；

t_g——节点板厚度；

V_b——梁反弯点处的剪力，可以根据最大塑性弯矩计算，但不应超过梁的最大抗剪承载。

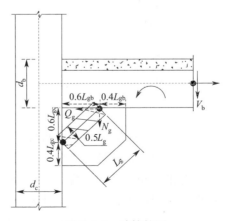

图 3.2-3　计算简图

4. 组合作用计算——叠加法

节点板与梁柱交界面处的荷载包括 BRB 作用和框架作用，计算两者的组合作用时可采用叠加法[14]，组合作用下的内力分布如图 3.2-4 所示。其中，BRB 作用产生的正应力和切应力沿节点板均匀分布，而框架作用产生的正应力和切应力沿节点板呈三角形分布，对两者产生的应力进行叠加即可求得节点板的内力需求，进而可以进行交界面的焊缝连接设计。

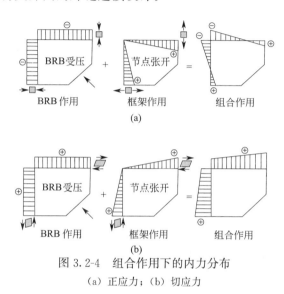

图 3.2-4　组合作用下的内力分布

（a）正应力；（b）切应力

3.3　BRB-RC 框架韧性连接节点

1. 新型 PBL/焊钉韧性连接节点

在结构设计中，需要满足"强节点，弱构件"的要求，即保证连接节点不能先于构件被破坏，充分发挥各个构件的作用，最大限度地提高结构的抗震性能。在 BRB-RC 框架中，BRB 通过节点板与混凝土框架连接在一起，通过合理的设计可以保证其在地震作用下具有稳定的性能，而节点板与钢筋混凝土框架通过预埋件的形式直接连接，节点板连接区域受力机制复杂。为了保证 BRB 能够充分发挥耗能减震的作用，节点板与 RC 框架的连接是否安全可靠成为其性能发挥的一个关键问题。

近年来有学者提出消除框架结构开合效应的思路[15,16]。但对开合效应的研究主要集中在钢框架结构当中，目前，广泛应用在钢框架结构的节点形式无法被直接应用到钢筋混凝土结构中，在 RC 框架中，BRB 连接节点板需要通过一个中间构件将 BRB 轴力传递到梁柱上，这个中间构件一般由端板和锚固件组成，节点板需要被焊接在端板上。在受到往复地震作用时，RC 框架的框架作用对节点板会产生额外的剪力，导致焊缝有被撕裂的风险，为了推进 BRB 在 RC 框架结构中的应用，亟须发展一种新型可靠的 BRB-RC 框架连接节点形式。

近几十年，剪力连接键已被广泛地应用于钢-混凝土组合结构[17]，将钢和混凝土形成一体，共同工作，抵抗钢和混凝土之间的滑移。PBL 和焊钉作为最受欢迎的剪力连接键[18,19]，具有抗剪刚度大、极限承载力高、经济效益高和施工方便等优点，在强震作用下，能够高效、可靠地传递荷载，为 BRB 在 RC 框架的应用提供了新思路。将剪力键应用到 BRB-RC 框架中，提出了一种新型的韧性连接节点形式。新型 PBL/焊钉韧性连接节点如图 3.3-1 所示，一体化节点板按照功能可以分为两个部分：第一部分是与传统节点板对应的节点板外部分，该部分裸露在混凝土外，直接与 BRB 相连；第二部分是嵌入到梁柱节点混凝土内的锚固部分，该部分主要通过 PBL 和焊钉两种形式来传递由节点板外部传递过来的力，是 PBL 节点板和焊钉节点板的主要受力部分。提出的韧性连接节点形式具有以下突出的特点和优势：

(1) 焊钉和 PBL 布置灵活，对不同重量的 BRB 都可以通过设计满足承载能力要求。

(2) 节点板的外部，类似加腋的作用，有利于提高梁柱节点区的抗震性能。

(3) PBL 和焊钉剪力键的刚度大，在弹性滑移阶段就可以满足承载能力的设计要求，与混凝土的相互作用不会对核心区混凝土造成额外的负担。

(4) 通过连接节点一体化的设计，可以部分消除框架的开合效应，同时因为节点板不存在焊缝连接，在反复地震作用下，不存在节点板裂缝因疲劳破坏而被撕裂的风险。

2. 新型韧性节点设计方法

如前所述，节点板同时承担 BRB 作用和框架作用产生的内力，考虑提出的新型韧性连接节点没有端板和锚板，且埋入部分的节点板和混凝土梁柱的变形一致，框架作用已被显著减小，因此该节点板设计时不考虑框架作用。根据式(3.2-3)～式(3.2-7)，假设节点板由 BRB 作用产生的内力是均匀分布的，即可求得节点板内力需求。根据 Mises 屈服准则对节点板的强度验算见式(3.3-1)和式(3.3-2)[10]：

$$DCR_{\mathrm{m,b}}=\frac{\sqrt{\sigma_{\mathrm{b}}{}^2+3\tau_{\mathrm{b}}{}^2}}{\psi\sigma_{\mathrm{y,g}}}\leqslant 1.0 \tag{3.3-1}$$

$$DCR_{\mathrm{m,c}}=\frac{\sqrt{\sigma_{\mathrm{c}}{}^2+3\tau_{\mathrm{c}}{}^2}}{\psi\sigma_{\mathrm{y,g}}}\leqslant 1.0 \tag{3.3-2}$$

式中：$DCR_{\mathrm{m,b}}$——梁-节点板的 Mises 容量需求比；

$DCR_{m,c}$——柱-节点板的 Mises 容量需求比；

σ_b、τ_b——梁-节点板的正应力和剪应力；

σ_c、τ_c——柱-节点板的正应力和剪应力；

$\sigma_{y,g}$——节点板的材料名义屈服强度；

ψ——节点板材料强度折减系数，取 1.0。

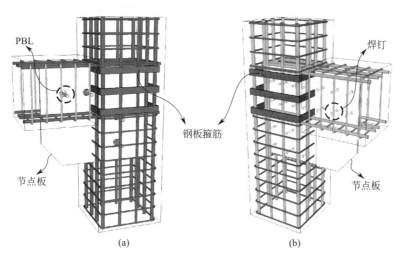

图 3.3-1　新型 PBL/焊钉韧性连接节点

(a) PBL 节点；(b) 焊钉节点

新型韧性连接节点剪力键受力机制如图 3.3-2 所示，图中 P_{max} 是支撑轴力最大值。假设所有 PBL 和焊钉群整体的形心在 BRB 的轴线上，每个 PBL 和焊钉均匀承担 BRB 的轴力。单个 PBL 的承载力设计值 V_{PBL} 根据式（3.3-3）可得[20]：

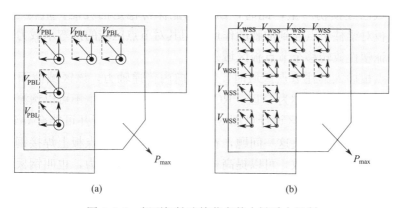

图 3.3-2　新型韧性连接节点剪力键受力机制

(a) PBL 节点；(b) 焊钉节点

$$V_{PBL} = 1.4(d^2 - d_s^2)f_{cd} + 1.2d_s^2 f_{sd} \tag{3.3-3}$$

式中：d——梁节点板开孔直径；

$\quad\quad d_s$——贯穿钢筋直径；

$\quad\quad f_{cd}$——混凝土轴心抗压强度设计值；

$\quad\quad f_{sd}$——贯穿钢筋抗拉强度设计值。

单个焊钉的抗剪承载力 V_{WSS} 根据式（3.3-4）可得[20]：

$$V_{WSS} = \min\{0.43A_s\sqrt{E_c f_{cd}}, 0.7A_s f_{su}\} \tag{3.3-4}$$

式中：A_s——梁焊钉杆部截面面积；

$\quad\quad E_c$——混凝土弹性模量；

$\quad\quad f_{su}$——焊钉材料的抗拉强度最小值；

$\quad\quad f_{cd}$——混凝土轴心抗压强度设计值。

该公式考虑了焊钉连接键两种可能发生的破坏形式，取较小值作为单个焊钉的抗剪承载力设计值。$0.43A_s\sqrt{E_c f_{cd}}$ 考虑了混凝土强度等级较低的情况，焊钉根部的混凝土被压坏的破坏模式；$0.7A_s f_{su}$ 考虑了焊钉可能被剪断的破坏模式。

剪力连接键和混凝土的可靠粘结是节点板稳定工作的前提，梁端塑性铰发生在 BRB 节点板区域将导致混凝土裂缝向剪力连接键位置渗透，导致节点板的强度下降。此外，由于 BRB 的轴力作用，节点区在强震作用下可能发生剪切破坏。为了避免不可预测的破坏模式发生，损伤控制的设计方法应用于该节点。梁端塑性铰损伤控制如图 3.3-3 所示，没有进行损伤控制的梁段，其纵筋均匀布置，每一个梁截面的抗弯承载力相同，塑性铰将在弯矩较大的位置产生（梁端）。如果在节点板区域适当布置更多的钢筋，节点板区域的抗弯承载力将大于其他梁段的抗弯承载力，因此塑性铰将转移至节点板区域外，节点板区域将保持弹性，即使塑性铰区域已经损伤严重，此时，BRB 仍能保持稳定的耗能。值得注意的是，尽管节点板对梁柱节点起到加腋的作用，但其对节点区域的抗弯承载力的提高不能完全保证塑性铰转移至节点板区域外。

将节点板插入梁柱节点区域时，BRB 向内传递轴力，该区域截面应变不符合平截面假定，因此被称为 D 区。RC 梁柱在 D 区可能发生不可以预测的剪切破坏[21]，D 区域箍筋节点区设计见图 3.3-4。箍筋在 D 区断开可能会导致 D 区的承载能力降低。为了解决这一问题，在节点核心区，在节点板上焊接钢板条代替箍筋，其作用与箍筋一致，可以提高核心区的抗剪承载能力，也叫钢板箍筋。钢板箍筋强度等级按式(3.3-5)进行计算：

$$\frac{f_{ph,y}A_{ph}}{s_{ph}} = \frac{f_{yv}A_{sv}}{s} \tag{3.3-5}$$

式中：$f_{ph,y}$——钢板箍筋的钢材屈服强度；

A_{ph}——钢板箍筋受力方向上的截面面积；

s_{ph}——钢板箍筋之间的距离；

s——箍筋间距；

f_{yv}——箍筋抗剪强度；

A_{sv}——箍筋截面面积。

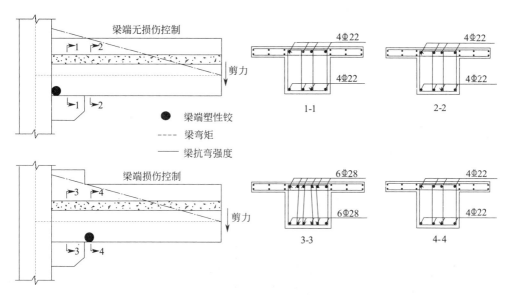

图 3.3-3　梁端塑性铰损伤控制

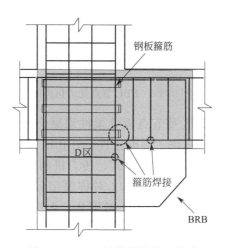

图 3.3-4　D 区域箍筋节点区设计

3. 新型韧性节点的破坏模式

图 3.3-5 为 PBL 节点受力机理图，与 BRB 连接的节点板受拉或者受压时，

节点板传递的轴向力由混凝土榫和贯穿钢筋共同承担。混凝土承受压力，贯穿钢筋承受剪力；当 BRB 作用的轴向力足够大时，贯穿钢筋会产生局部的剪切变形，混凝土榫可能被压碎。PBL 剪力键具有刚度大、承载能力大、受力性能安全可靠等优点，相关规范中对单孔的 PBL 剪力键的承载能力设计值有规定的公式，然而并没有统一的公式对 PBL 剪力键群的承载能力设计值进行计算，并且大多数学者对 PBL 剪力键群的研究都是单一受力方法。如图 3.3-5 所示（图中 α_u 是 0.5 倍节点板与梁交界面尺寸，V_{ub} 是节点板与梁交界面法向力，H_{ub} 是节点板与柱交界面切向力，H_{uc} 是节点板与柱交界面切向力，V_{uc} 是节点板与柱交界面法向力，β_u 是 0.5 倍节点板与柱交界面尺寸，V_{PBL} 是 PBL 承载力，P_{max} 是 BRB 最大承载力），在 RC 框架梁柱节点应用 PBL 时，将 PBL 布置为 L 形。已有 PBL 的研究主要聚焦于分布较规整（即 PBL 在开孔钢板上呈行、列或矩形分布），研究成果无法直接应用和借鉴。另外，受梁柱开合效应、强震往复大变形及低周疲劳效应的影响，PBL 节点板受力复杂，特别是节点区域。因此，有必要对所提的新型节点板进行深入研究，提出其设计方法，明确其承载机理，为工程应用提供参考。

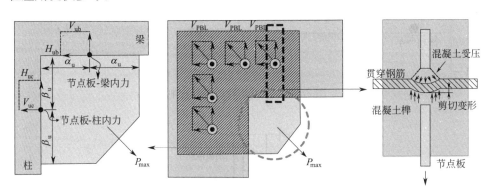

图 3.3-5 PBL 节点受力机理图

采用 PBL 节点的核心区及节点板处梁柱混凝土及 PBL 节点板作为分析对象，在 Abaqus[22] 建模中考虑了混凝土榫、开孔钢板和贯穿钢筋之间的相互作用，以此来研究 PBL 节点板的破坏模式、传力机制和受力性能。如图 3.3-6 所示，考虑到模型的对称性，采用了 1/2 对称模型分析。开孔钢板的厚度设为 48mm，避免模拟的开孔钢板先于 PBL 被破坏，无法求得 PBL 的破坏模式。所有构件采用 C3D8R 单元模拟，其中节点板、混凝土、横向钢筋、纵向钢筋和箍筋的网格孔尺寸分别为 50mm、20mm、8mm、60mm 和 60mm，混凝土榫和节点板孔周围区域选择了 10mm 的局部网格尺寸。每个点考虑三个平移（U_x、U_y、U_z）和三个转动（R_x、R_y、R_z）。在混凝土的右边界（B 点）和底部（A 点）固接，见图 3.3-6(b)。对称平面上 y 轴的自由度受到约束，并且允许 x 轴、z 轴和

x-z 平面发生转动。对 C 点进行约束。

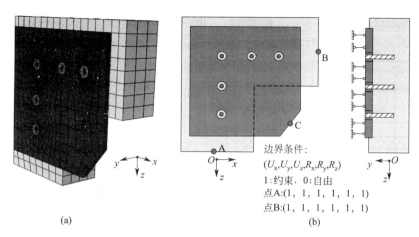

图 3.3-6　PBL 节点数值模型

(a) 1/2 对称分析模型；(b) 边界条件

在进行滞回分析时，需要考虑材料的强化准则，Abaqus 提供了随动强化准则、等向强化准则和混合强化准则，以及用户通过子程序自定义的强化准则。等向强化准则在进行滞回模拟时，由于未考虑钢筋的包辛格效应，计算得到的滞回曲线强化现象明显，分析时采用随动强化准则。混凝土由于非线性特性，较难准确地描述开裂后的力学性能。Abaqus 通过将塑性应变和损伤因子关联的方式，可以较准确地用损伤因子反应混凝土构件的裂缝发展情况。即损伤越大的部分，裂缝发展也就更加充分。在滞回模拟中，混凝土的损伤因子代表了卸载时混凝土刚度折减的大小。

采用 Di 等[23] 开展的推出试验试件 L-S-1-1、L-S-1-2 和 L-S-1-3 来验证数值模型。开孔尺寸和横向钢筋（HRB400）的直径分别为 75mm 和 28mm，采用 C55 混凝土和 32mm 厚的钢板（Q345），采用 1/2 对称模型进行模拟，图 3.3-7 (b) 是对比了试验和有限元分析结果的荷载-滑移曲线。此外，图 3.3-7(c)、(d) 将数值模型中混凝土的裂缝与试验样本中的裂缝进行了比较，可以发现，有限元模型与试验观察结果吻合较好。因此，所提出的有限元模型可以进一步用于研究 L 形 PBL 群的受力性能。

通过开孔钢板角点的位移和混凝土块角点的相对位移可计算出开孔钢板的滑移量，试件均采用此命名方法：××P-D××-T××，其中 P 代表 PBL、D 代表开孔钢板直径、T 代表开孔钢板的厚度。试件 5P-D60-T48 如图 3.3-8 所示，它代表 5 个 PBL 剪力键，其中每个 PBL 剪力键的开孔直径为 60mm、开孔板厚度为 48mm，在本试验中开孔直径 60mm 对应的贯穿钢筋直径为 25mm。按照式(3.3-3)，60mm 开孔直径、25mm 贯穿钢筋、C40 混凝土、HRB400 级钢筋的

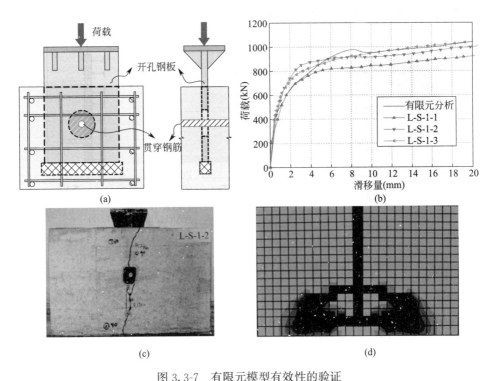

图 3.3-7　有限元模型有效性的验证

（a）推出试验示意图；（b）荷载-滑移曲线对比；（c）试件 2 裂缝开展；（d）模拟裂缝开展

单个 PBL 剪力键的设计承载能力 $V=379.5$kN。假设每个 PBL 剪力键均匀受力，则模拟试件 5P-D60-T48 的设计承载能力 $P=1897.5$kN。

从图 3.3-8 可以看出，PBL 节点板的刚度较大，在其屈服进入强阶段后，随着荷载的增加，滑移量开始快速增加，到极限荷载为 5408kN 时，其对应的滑移量达到了 32.6mm，之后承载能力进入下降阶段，PBL 节点板破坏丧失其承载能力。

将 PBL 节点板的荷载滑移曲线分为 3 个阶段弹性阶段、强化阶段和破坏阶段，并选取具有代表性的点进行详细的分析。①弹性阶段：取滑移量 0.3319mm 对应荷载为 1370kN 进行分析。主要由混凝土榫承担剪力，混凝土内部从混凝土榫开始有受拉裂缝开展，但是未发展到外部。此时贯穿钢筋仍处在弹性阶段。②强化阶段：取滑移量 10mm 对应荷载为 3602kN 进行分析。开孔板同混凝土之间的滑移量将快速增加，对混凝土块造成较大的损伤，同时，由于贯穿钢筋已经屈服，并在部分截面达到了极限强度，此时的贯穿钢筋的变形还不明显，还可以承担更大的剪力，直到被剪断为止。③破坏阶段：取滑移量 32.6mm 对应荷载为 5408kN 进行分析。开孔钢板与混凝土接触面部分脱离，脱离距离达到了 5mm，

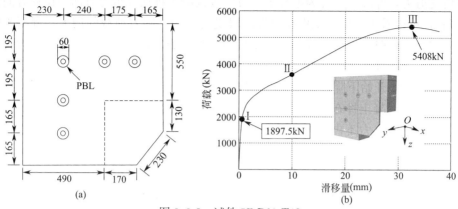

图 3.3-8　试件 5P-D60-T48

（a）试件 5P-D60-T48 的尺寸（mm）；（b）5P-D60-T48 的荷载-滑移曲线

混凝土块变形较大、损伤严重，混凝土榫被剪断，贯穿钢筋剪切变形明显，其剪切面全截面达到了极限强度，之后随着贯穿钢筋被剪断，PBL 的承载能力下降。试件 5P-D60-T48 的失效模式见图 3.3-9。

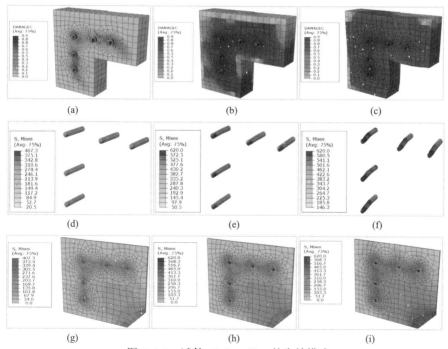

图 3.3-9　试件 5P-D60-T48 的失效模式

（a）Ⅰ处混凝土；（b）Ⅱ处混凝土；（c）Ⅲ处混凝土；（d）Ⅰ处贯穿钢筋；（e）Ⅱ处贯穿钢筋；

（f）Ⅲ处贯穿钢筋；（g）Ⅰ处节点板；（h）Ⅱ处节点板；（i）Ⅲ处节点板

图 3.3-10 为混凝土榫内力曲线（图中 V_{P1}、V_{P2} 等为编号 P_1、P_2 等混凝土

榫所受剪力，θ_{P1}、θ_{P2} 等为编号 P_1、P_2 等混凝土榫所受剪力方向与位移方向的夹角），可以看出，混凝土榫在弹性阶段受力均匀。随着荷载的增大，混凝土榫进入塑性，此时各混凝土榫的受力不均匀，编号 $P3$ 的混凝土榫的剪力最大，其他四个混凝土榫在加载历程中的变化相差不大。各混凝土榫的剪力在滑移量为 15mm 的时候开始下降，整个 PBL 节点板的承载能力在滑移量为 32.6mm 开始下降，表明混凝土榫在滑移量为 15mm 的时候已经形成完整的剪切面，随后混凝土榫提供的抗力不再增加，而 PBL 节点板的承载能力的增加主要原因是贯穿钢筋的强化。当贯穿钢筋形成完整的剪切面，对应滑移量为 32.6mm，从这之后，PBL 节点板丧失其承载能力，连接件失效。对比各混凝土榫剪力的方向，可得出如下结论：在弹性阶段，各混凝土榫的剪力方向大致与位移的加载方向即 42° 相同；随着荷载的增大，编号 $P1$、$P2$、$P4$、$P5$ 的混凝土榫剪力方向变化程度增大，$P3$ 混凝土榫的剪力方向在全过程中基本处在 42° 附近。PBL 剪力键在弹性阶段受力均匀，这说明在进行 PBL 剪力键群的设计时，假设各 PBL 剪力键均匀受力是合理的。混凝土榫处在围压状态，其抗剪强度有一定提升，当形成完整剪切面时，PBL 剪力键的抗剪承载能力主要由贯穿钢筋提供。

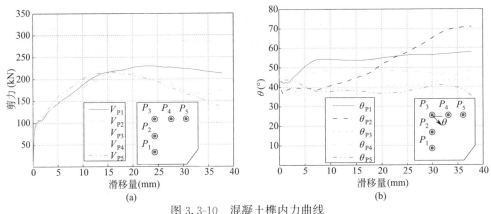

图 3.3-10　混凝土榫内力曲线
（a）剪力-滑移曲线；（b）剪力水平夹角-滑移曲线

为了分析不同节点板厚度对 PBL 节点板的承载能力的影响，按照 3 孔的布置方法，建立了 3 个不同节点板厚度的模拟试件，分别为 3P-D60-T16、3P-D60-T32 和 3P-D60-T48。图 3.3-11（a）为不同板厚的 PBL 节点板的荷载-滑移曲线，从数据可以得出，提高板厚可以提高弹性强度、极限强度、剪切刚度、延性指标，当节点板厚度到达一定程度时，对这些参数的提高不明显，如试件 3P-D60-T32 和试件 3P-D60-T48。当节点板较薄时，会发生 PBL 节点板先于 PBL 剪力键被破坏的情况，如试件 5P-D60-T16。图 3.3-11（b）为其荷载-滑移曲线及破坏模式。根据试件 5P-D60-T16 的节点板破坏模式，分析其节点板被拉断的位置是节点板的薄弱位置。按照节点板的极限强度 517MPa 计算其薄弱处的极限抗拉强度。薄弱处宽 230mm、厚 16mm，薄弱处极限强度为 1902kN。其强度达到 2283kN 时，节点板连接处的变形快速增加。

有限元计算结果表明，当 PBL 剪力键的极限强度等于 PBL 节点板的极限抗拉强度时，此时对应的节点板厚度为最优，节点板最优的厚度公式为：

$$t_{u} = \psi \frac{n V_{\mathrm{PBL}}}{L_{\mathrm{g}} \sigma_{\mathrm{u}}} \tag{3.3-6}$$

式中：n——PBL 的数量；

　　V_{PBL}——PBL 的承载能力设计值；

　　L_{g}——节点板最薄弱处的宽度；

　　σ_{u}——钢板的极限强度；

　　ψ——节点的延性。

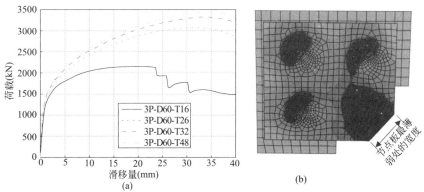

图 3.3-11　不同板厚的 PBL 节点板的荷载-滑移曲线

(a) 荷载-滑移曲线；(b) 试件 3P-D60-T16 的破坏模式

5 孔的 PBL 节点板的设计承载力为 1897kN，其开孔直径为 60mm，贯穿钢筋直径为 25mm。按照 1897kN 设计了 3 孔的 PBL 节点板，其开孔直径为 92mm，贯穿钢筋直径为 30mm，3 孔的 PBL 节点板设计承载力为 1902kN。3 孔 PBL 开孔板的板厚一开始设置为 32mm，经过与 5 孔 PBL 节点板的结果对比后，发现其极限强度相差较大。按照开孔直径与节点板厚度的比值相等，3 孔 PBL 节点板厚度为 73.6mm。对比的试件的编号为 5P-D60-T48 和 3P-D92-T73.6。由图 3.3-12 可知，试件 5P-D60-T48 与试件 3P-D92-T32 的荷载-滑移曲线的强化段相差较大，而试件 5P-D60-T48 与试件 3P-D92-T73.6 荷载-滑移曲线基本吻合，表明在同一设计承载能力下，开孔板的高厚比（开孔直径与厚度比）对其力学性能有较大的影响。

为了探讨贯穿钢筋对 PBL 节点板承载能力的影响，模拟了 4 种不同长度贯穿钢筋的试件，以及一个不设置贯穿钢筋的试件，这些试件除了贯穿钢筋不同外，其余设置完全一致。None、6D、10D、14D 和 18D 分别代表没有贯穿钢筋，

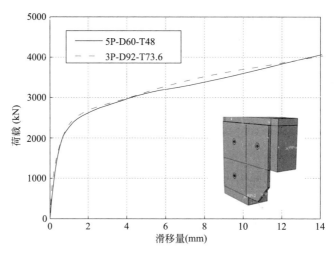

图 3.3-12　试件 5P-D60-T48 与试件 3P-D92-T32 的荷载-滑移曲线

贯穿钢筋长度为其直径的 6 倍、10 倍、14 倍和 18 倍。从图 3.3-13 可以得出，不设置贯穿钢筋的试件与设置了贯穿钢筋的试件相比，其在较小滑移量下的承载能力相差不大，随着滑移量的增加，两者强度的差距越来越大，且前者对应的极限滑移量比后者小，说明贯穿钢筋在混凝土榫失效后可以继续提供承载能力。

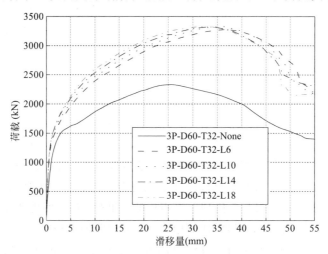

图 3.3-13　贯穿钢筋对性能的影响

3.4　BRB-RC 框架韧性连接节点试验

1. 试件设计

拟静力试验用于探究 PBL 节点和焊钉节点的抗震性能，两个子系统试验都采用同一个原型结构，除了 BRB 节点连接不同（PBL 和焊钉连接），其他配置如梁柱尺寸及配筋和 BRB 等都保持一致。根据我国相关规范，设计了一个 7 层 4 跨的 BRB-RC 框架结构，如图 3.4-1 所示。BRB 沿楼层对称布置在边跨，受到试验加载装置的约束，结构底层层高为 3m，其他层层高为 2.8m，跨度为 3.8m，梁柱截面尺寸分别为 0.45m×0.45m 和 0.5m×0.5m，混凝土强度等级为 C40，HRB400 级钢筋用于梁柱纵筋，箍筋为 HRB400 和 HPB300 级钢筋，地震设防烈度为 8 度（0.2g），特征周期为 0.35s，活荷载和恒荷载分别为 2.0N/mm^2 和 6.0N/mm^2，BRB 的设计屈服强度为 580kN。点 A、C 分别为原型结构下柱、上柱反弯点，D 为梁反弯点，见图 3.4-1 右图。

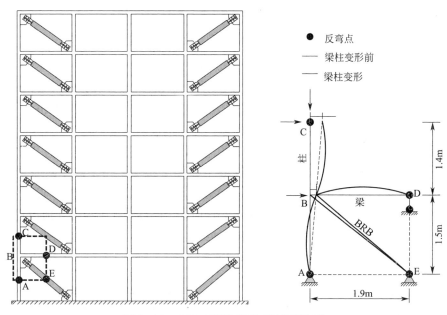

图 3.4-1 7 层 4 跨的 BRB-RC 框架结构

BRB 的极限承载力是进行节点板设计时的依据，BRB 的屈服荷载和受拉极限强度分别为 580kN 和 870kN，由于多波屈曲和内芯与约束装置摩擦力，BRB 的受压极限强度会比受拉极限强度大，取受压调整系数为 1.2，并将 BRB 的受压极限承载能力（1044kN）作为 BRB 的极限承载能力。根据 BRB 屈服设计轴力进行 BRB 的芯材截面设计，试验的 BRB 采用全钢型防屈曲芯材，材料为 Q235 钢，核心段截面尺寸为 140mm×16mm。在进行 BRB 设计时，在 BRB 的极限承载能力下，支撑芯材的过渡段和连接段需要保持弹性，因此，在过渡段通过加劲肋进行局部加强。BRB 详细构造如图 3.4-2 所示，支撑总长度为 1568mm，屈服段、过渡段、连接段的长度分别为 1058mm、140mm、90mm。为了避免局部屈曲和整体屈曲，支撑的约束件由限位板、盖板和方钢管组成。方钢管的截面尺寸为 60mm×120mm×4mm，限位板和盖板均采用 Q345 钢，方钢管采用 Q235 钢。

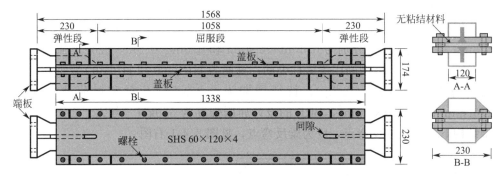

图 3.4-2　BRB 详细构造（mm）

根据泛应力法对节点板进行设计，以 BRB 支撑最大轴力为 1044kN，BRB 支撑水平方向的倾角为 48°，根据式（3.2-3）～式（3.2-7）计算，经过多次调整，梁交界面处的节点板长为 350mm，节点板与柱交界面长度为 330.6mm。采用 PBL 剪力键时，防止开孔钢板被撕裂破坏，开孔钢板的厚度不得小于 12mm，根据式（3.3-1）和式（3.3-2），最终确定开孔板厚为 16mm。开孔钢板的开孔直径为 60mm，贯穿钢筋直径为 25mm，混凝土强度等级为 C40，贯穿钢筋等级为 HRB400 钢筋。根据式（3.3-3），单个 PBL 连接键的抗剪承载力设计值为 349.6kN，PBL 连接节点至少需要设置 3 个 PBL，最终开孔钢板保守地设置 5 个 PBL。按照 5 个 PBL 整体的形心在 BRB 轴线上的原则，PBL 布置如图 3.4-3(a) 所示，焊钉的布置如图 3.4-3(b) 所示。

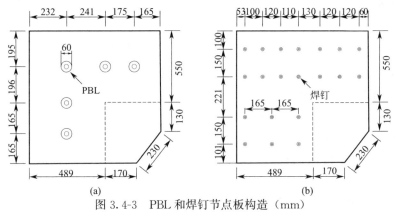

图 3.4-3　PBL 和焊钉节点板构造（mm）

(a) PBL 布置；(b) 焊钉的布置

梁柱配筋如图 3.4-4 所示，柱受力方向上纵筋采用直径为 28mm 的 HRB400

钢筋，其余纵筋均为直径 22mm 的 HRB400 级钢筋。箍筋除节点加密区和梁柱端头施加约束区域采用直径 12mm 的 HRB400 钢筋，其余区域采用直径 8mm 的 HPB300 级钢筋。混凝土强度等级为 C40，保护层厚度为 25mm。表 3.4-1 为钢材材性试验数据。混凝土材性试验采用试件浇筑的混凝土进行标准立方体抗压试验，测得混凝土的立方体抗压强度为 46MPa。

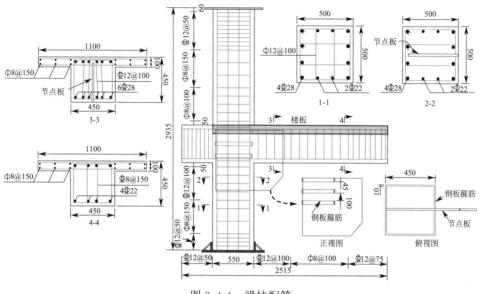

图 3.4-4　梁柱配筋

钢材材性试验数据　　　　　　　　　　　　　　　　　表 3.4-1

材料类型	厚度/直径(mm)	屈服强度 f_y(MPa)	受拉强度 f_u(MPa)	伸长率 δ(%)
Q235	16	260	421	30.5
Q345	16	331	496	27.7
HRB400	12	466	609	24.1
HRB400	22	424	604	28.9
HRB400	28	456	605	28.4
HPB300	8	387	573	28.8

2. 试验装置

依据子结构模型示意图，按照边界条件相同的原则设计了如图 3.4-5 所示的试验装置。点 A 是柱反弯点，点 C 为上柱反弯点，点 D 是梁反弯点（通过高强螺栓与横梁相连）。横梁两端连接两个 25t 的作动器，作动器锚固在试验室地梁上，作动器两端为平面内的铰，模拟梁的链杆支座，使其可以水平运动和转动，而不能发生其他方向的变形。BRB 两端焊有端板，通过 12.9 级的高强度螺栓将 BRB 与节点板连接在一起。BRB 下端的底座和柱脚的底座均通过高强度螺栓连接到地梁上。为了还原子系统在原结构中内力，在梁右端和柱上端分别用 300t 和 100t 的作动器以等层间位移施加位移荷载。上柱用 2000t 的作动器施加 1080kN 的压力以此来模拟实际结构当中柱子的轴力，试验轴压比为 0.2。

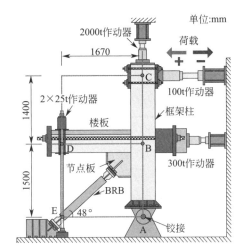

图 3.4-5　试验装置

试验采用拟静力滞回加载，以层间位移角（以下简称 IDR）作为控制量分级加载，加测制度和测点布置如图 3.4-6 所示。加载制度分为 2 个阶段，第 1 阶段为分级加载，第 2 阶段为低周疲劳加载。分级加载过程中，共包括 6 级加载，每一级循环加载两圈。第 1 级对应的 IDR 为 1/1200，第 2 级对应的 IDR 为 1/550，第 3 级对应的 IDR 为 1/200，第 4 级对应的 IDR 为 1/100。第 5 级对应的 IDR 为 1/50，第 6 级对应的 IDR 为 3/100。第 6 级加载完成后进行第二阶段加载，返回到 1/50 的 IDR 进行低周疲劳加载，直达结构破坏或者 BRB 断裂。为了便于叙述，将作动器向左施加位移称为正向加载，此时 BRB 受压；作动器向右施加位移称为负向加载，此时 BRB 受拉。

3. 试验现象

图 3.4-7 给出了 PBL 节点在分级加载中的混凝土裂缝发展过程。在第 1 级加载过程（1/1200）中，没有出现裂缝。在第 2 级加载（1/550）时，出现的裂缝较小。在第 2 级正向加载（+1/550）时，节点板外出现了一条裂缝（图 3.4-7a）。在第 2 级负向加载（-1/550）时，楼板距离梁端 450mm 处出现了一条贯穿楼板全截面的裂缝，在节点核心区楼板出现了一条裂缝（图 3.4-7b）。在第 3 级加载时（1/200），正向加载和负向加载都出现了很多新增的裂缝。其中，正向加载时，新增裂缝主要分布在节点板区域外的梁侧面和底面，节点板

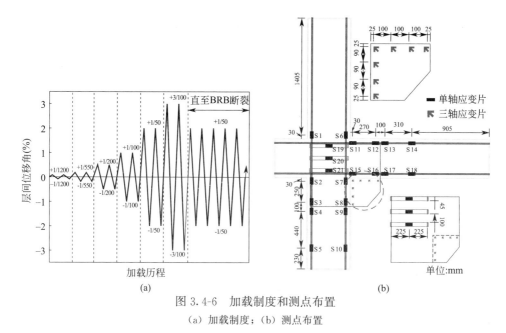

图 3.4-6　加载制度和测点布置

(a) 加载制度；(b) 测点布置

区域梁侧出现了一些短小裂缝。同时，核心区混凝土表面出现了短的弯曲裂缝，由梁端角部裂缝发展到节点核心区。负向加载时，全楼板新增了 5 条裂缝，从裂缝的间距来看，PBL 楼板在此阶段发展的裂缝分布均匀，间距 100～150mm，梁负弯矩裂缝有一定程度向梁下侧发展。PBL 节点在 1%IDR 加载时新增的裂缝较少，并在正向加载时在节点板交界面附近形成了一条主裂缝，裂缝宽度 2mm 左右，且梁节点板区域内形成了贯穿整个梁侧的裂缝；在负向加载时，梁端出现了新的斜裂缝，之前的斜裂缝向下发展到梁侧中心处。在 2%IDR 正向加载时，主裂缝发展更加充分，宽度增加到 4.5mm 左右，离节点板的第 2 条裂缝宽度增加明显，为 1.5mm 左右；第 1 条主裂缝梁侧边缘有小块混凝土剥落，正弯矩裂缝发展到梁楼板下表面。楼板负弯矩裂缝宽度增加明显，梁截面的负弯矩裂缝大多为斜裂缝，且越远，离节点板的裂缝倾角就越小；新增裂缝减少，之前的斜裂缝发展深度继续增加，部分斜裂缝发展到节点板区域以内。同时，节点板边界以上 300mm 左右区段的混凝土裂缝最为密集，混凝土损伤最严重。节点板区域的梁下表面，裂缝较多，尤其是靠近节点板边界的地方，但其裂缝较小，发展不充分。在 3%IDR 加载时，正向加载时节点板区域内梁侧斜裂缝末尾和梁下表面裂缝之间混凝土剥落；在正向加载时，有 3 条宽度比较明显的裂缝，第 1 条为弯曲主裂缝，在节点板交界面处，其他两条则在节点板交界面 100mm 左右的位置，宽度大致相等。在负向加载时，楼板的裂缝宽度增加明显，最宽的裂缝达到了 6mm，梁侧的负弯矩向下发展，宽度增加不明显。

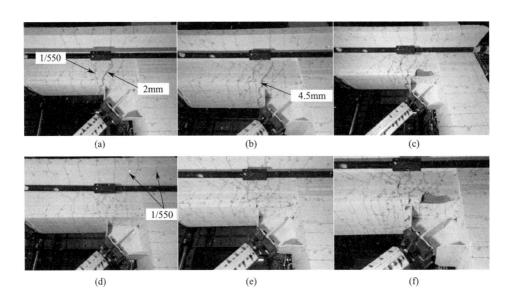

图 3.4-7　PBL 节点在分级加载中的混凝土裂缝发展过程

(a) IDR=+1%；(b) IDR=−1%；(c) IDR=+2%；(d) IDR=−2%；(e) IDR=+3%；(f) IDR=−3%

在 3%IDR 加载完成后，回到 2%层间位移角进行低周疲劳加载，图 3.4-8 给出了加载完成后 PBL 节点损伤状态。在加载过程中，梁节点板区域有大量的混凝土剥落，使得最外层纵筋裸露部分增加，部分箍筋裸露，纵筋由于没有混凝土的约束将更容易屈曲。同时，由于梁节点板区域的箍筋与节点板焊接，纵筋发生较大完全变形时，使得箍筋脱离了节点板，箍筋脱落的过程中会使得箍筋外层的混凝土剥落，由于箍筋脱落，导致其不再具有约束混凝土和纵筋的作用，使得该区域混凝土的剥落严重。节点板在加载过程中一直保持弹性，没有发生损伤。在低周疲劳加载中，由于箍筋脱离节点板带来了一系列连锁反应：箍筋脱离、纵筋和混凝土没有得到有效约束、纵筋屈曲、混凝土剥落更严重、纵筋屈曲更严重、结构刚度降低。

图 3.4-8　加载完成后 PBL 节点损伤状态

焊钉节点在分级加载中的破坏过程见图 3.4-9。试件在（1/550）IDR 时出现了微裂缝，在正向加载时，梁侧裂缝出现在节点板与梁柱的交界面处，距离梁端部 350mm 左右；在负向加载时，楼板在距离梁端 100mm 和 400mm 处，分别出现了 1 条微裂缝，如图 3.4-9(a) 和图 3.4-9(b) 所示。焊钉节点在 1% IDR 正向加载时，裂缝向受压区发展，主裂缝宽度增加明显，最宽处约为 2mm，节点板梁翼缘板边界处混凝土开裂，并与主裂缝贯通，同时，节点板区域内梁下表面从节点板与混凝土的交界面处有多条微裂缝。在负向加载时，有新裂缝产生，裂缝向下发展，且倾斜 40°。在负向加载时，楼板开展的裂缝较为均匀；在正向加载时，裂缝出现得较为杂乱，主裂缝是弯曲裂缝的特征明显，离节点板较远处的裂缝均斜向上发展。在 2% IDR 正向加载时，梁几乎没有产生新的裂缝，主裂缝宽度发展到 5mm 左右，且主裂缝周围的裂缝宽度也达到了 1mm 左右，混凝土柱节点板区域外开始出现新的微小裂缝。在负向加载时，弯曲主裂缝闭合，通过裂缝发展的趋势，可以得出梁塑性铰出现在节点板交界面处。因为额外设置了转移塑性铰纵筋，与纵筋平行的整体节点板可以一定程度地提高节点板内梁截面的抗弯承载能力，所以梁节点板内的混凝土的损伤明显比梁节点板外混凝土的损伤要小。在 3% IDR 正向加载时，负弯矩裂缝闭合，梁正弯矩裂缝宽度增加，节点板外梁裂缝超过 2mm 的裂缝有 3 条，其中，越靠近节点板的裂缝宽度越大，最宽的为 6.5mm，梁下表面节点板的混凝土部分剥落。在负向加载时，梁最远处增加了 1 条斜裂缝，之前的裂缝继续向下发展，部分裂缝渗透至梁底，且其中 1 条裂缝发展到节点板以内的区域。

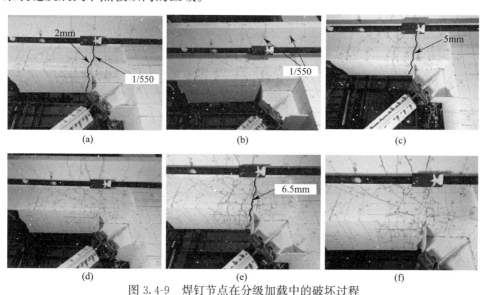

图 3.4-9　焊钉节点在分级加载中的破坏过程

(a) IDR＝＋1%；(b) IDR＝−1%；(c) IDR＝＋2%；(d) IDR＝−2%；(e) IDR＝＋3%；(f) IDR＝−3%

图 3.4-10 是加载完成后焊钉节点损伤状态。梁底靠近节点板处的两条裂缝间的保护层混凝土剥落，纵筋和箍筋裸露。在加载过程中，在第 2 圈负向加载时，斜裂缝的宽度较大，且延伸到节点板以内的裂缝发展较为充分。在加载到第 10 圈时，裂缝间混凝土保护层有大量的剥落；在加载到第 16 圈时，节点板外两裂缝之间混凝土已完全剥落，梁侧主裂缝周围混凝土大部分剥落，可以发现：节点板区域内梁整体性完好。节点板区域内的混凝土完整性较好，损伤很小。在加载到 26 圈时，结构破坏形式表现为 BRB 被拉断，结构承载力急剧下降。在整个加载历程中，纵筋没有发生屈曲，塑性铰成功地转移至节点板区域外，节点板一直保持弹性。

图 3.4-10 加载完成后焊钉节点损伤状态

4. 试验结果分析

PBL 节点和焊钉节点分级加载下的滞回曲线见图 3.4-11，横坐标取位移加载对应的层间位移角。两节点正向荷载最大值分别为 914kN 和 868kN，负向荷载最大值分别为 1104kN 和 1035kN，负向荷载均大于正向荷载，其比值分别为 1.21 和 1.19。图 3.4-12 是 PBL 节点和焊钉节点骨架分级加载曲线。

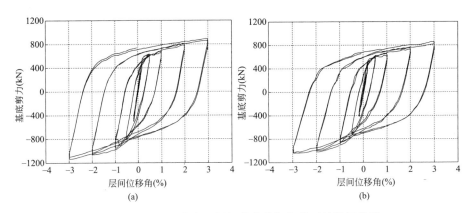

图 3.4-11 PBL 节点和焊钉节点分级加载下的滞回曲线

(a) PBL 节点；(b) 焊钉节点

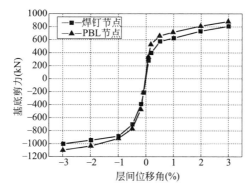

图 3.4-12　PBL 节点和焊钉节点骨架分级加载曲线

PBL 和焊钉节点在低周疲劳荷载下的滞回曲线见图 3.4-13。在低周疲劳加载时，焊钉节点和 PBL 节点每一圈的承载能力都有一定的下降，焊钉节点正向和负向承载能力分别下降了 6%、16.7%；PBL 节点正向和负向承载能力分别下降了 6.3%、10.6%。

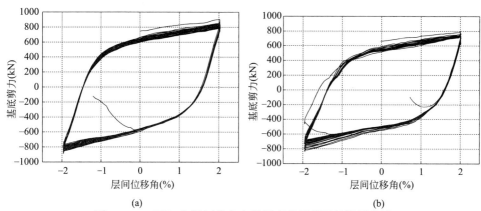

(a)　　　　　　　　　　　　　(b)

图 3.4-13　PBL 和焊钉节点在低周疲劳荷载下的滞回曲线

（a）PBL 节点；（b）焊钉节点

PBL 和焊钉节点梁纵筋的应力分布见图 3.4-14。为了便于描述，将梁应变测点编号为 $B_{top1} \sim B_{bot4}$，其中，下标 top 表示上部钢筋，下标 bot 表示下部钢筋。由于在 3% 层间位移角下应变片失效较多，所以对于梁纵筋测点处的应力只分别比较 0.5%、1%、2% 层间位移角加载时的响应。PBL 和焊钉节点梁下部纵筋，在正向荷载时梁纵筋受拉，在负向荷载时梁纵筋受压，上部钢筋与之相反。PBL 和焊钉节点钢筋应力发展趋势大致相同，梁端（B_{top1} 和 B_{bot1}）纵筋的应力较小，均小于 200MPa，钢筋处在弹性阶段，这与破坏阶段的梁节点板区域内的混凝土保存较完整相对应。焊钉节点板以内 50mm 处纵筋（B_{top2} 和 B_{bot2}）正向加载

0.5％层间位移角下屈服，之后的应力增加不大，负向加载 1％层间位移角开始屈服。焊钉节点对节点板以外（B_{top3} 和 B_{bot3}）点，正向加载 0.5％层间位移角下屈服，负向加载 0.5％层间位移角应力水平很小，1％正向加载层间位移角应力基本达到了极限强度，此后的应变片变形较大，受压的时候其变形无法恢复。对 B_{top4} 和 B_{bot4} 点，1％正向加载层间位移角时屈服，之后应力增长不大，负向加载时，其应力保持在弹性阶段，塑性铰由梁端转移到节点板交界面处。PBL 与焊钉节点的不同处主要在于：①梁下侧纵筋 B_{bot2} 点在正向加载 1％层间位移角时才屈服；②梁上侧纵筋在正向荷载时纵筋受压应力总体比焊钉节点小；③梁下侧纵筋 B_{bot2} 在这三级荷载下均没有受压屈服，在整个加载阶段正向加载层间位移角时，纵筋受拉屈服段为 $B_{bot2} \sim B_{bot4}$，负向加载层间位移角纵筋受拉屈服段为 $B_{top2} \sim B_{top4}$，与 $B_{top2} \sim B_{top4}$ 段的梁混凝土损伤较严重的现象对应。

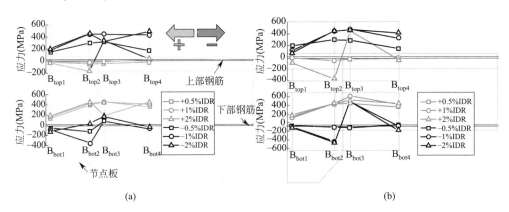

图 3.4-14　PBL 和焊钉节点梁纵筋应力分布
（a）PBL 节点；（b）焊钉节点

图 3.4-15 给出了 PBL 和焊钉节点柱纵筋的应力分布，为了便于描述，对柱纵筋的 5 个应变测点进行编号，字母 C 下标 l 表示左侧钢筋，r 表示右侧钢筋。正向加载时，柱左侧上柱底纵筋受拉，下柱纵筋受压；负向加载时，柱左侧上柱底纵筋受压，下柱纵筋受拉。PBL 和焊钉节点的柱纵筋应力分布趋势一致，正、负向加载时，应力分布基本对称，PBL 和焊钉节点柱应力最大值分别为 250MPa 和 160MPa，处在弹性阶段。节点板附件的纵筋应力相对较大，这与试验现象对应，柱在整个加载阶段只在节点板附近及核心区出现了一些微裂缝。

图 3.4-16 给出了 PBL 和焊钉节点钢板箍筋的应力分布，PBL 和焊钉节点钢板箍筋应力关系具有基本一致的规律。钢板箍筋在加载过程保持弹性，说明 BRB-RC 框架节点试件的核心区具有很好的抗剪承载能力，可以保证其核心区不发生抗剪破坏，这与试验现象相吻合。混凝土框架梁柱的核心区的裂缝开展较少，完整性保持较好，说明钢板箍筋可以有效地提高节点核心区

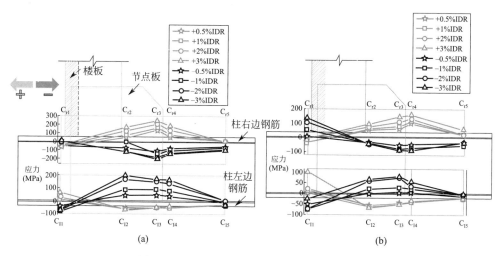

图 3.4-15 PBL 和焊钉节点柱纵筋应力分布
（a）PBL 节点；（b）焊钉节点

的抗剪承载能力，使用钢板箍筋的方式来代替普通箍筋的方式是有效的。

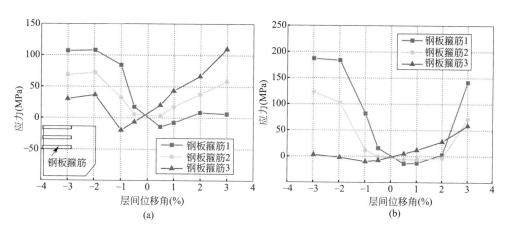

图 3.4-16 PBL 节点和焊钉节点钢板箍筋应力分布
（a）PBL 节点；（b）焊钉节点

图 3.4-17 和图 3.4-18 给出了分别 PBL 和焊钉节点 BRB 在分级加载和低周疲劳加载过程中的滞回曲线。两者的 BRB 滞回曲线饱满，PBL 节点的 BRB 正负方向上基本对称，焊钉节点的 BRB 拉压不均匀系数为 1.104，小于规范限值1.3。图 3.4-19 为 PBL 和焊钉节点 BRB 的内破坏模式，两者的断裂位置均为BRB 与节点板连接的端部。在 2‰IDR 的低周疲劳加载下，PBL 节点的 BRB 在第 25 圈时 BRB 被完全拉断，丧失其承载力，焊钉节点 BRB 在第 27 圈时被直接

拉断，结束加载后，BRB 约束件的外表轻微发烫。PBL 和焊钉节点 BRB 的累积塑性变形分别为 1043 和 973。可见，BRB 在 PBL 和焊钉节点中能充分发挥其滞回性能。

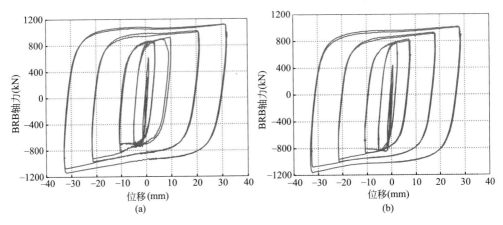

图 3.4-17　PBL 和焊钉节点 BRB 分级加载的滞回曲线
（a）PBL 节点；（b）焊钉节点

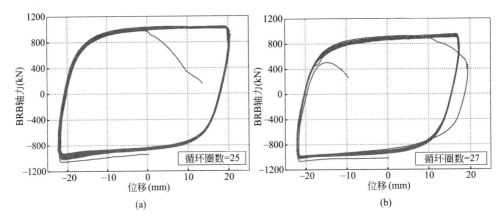

图 3.4-18　PBL 节点和焊钉节点 BRB 在低周疲劳荷载下的滞回曲线
（a）PBL 节点；（b）焊钉节点

图 3.4-20 是 PBL 节点和焊钉节点板在 2%IDR 下的内力分布。PBL 节点和焊钉节点板在加载过程中总体上保持弹性状态，由此说明对剪力键节点板进行设计时仅考虑 BRB 作用是可取的。此外，由于在节点板自由边设置了焊接板，节点板没有发生明显的应力集中现象，平面外的稳定性也得到了保证。

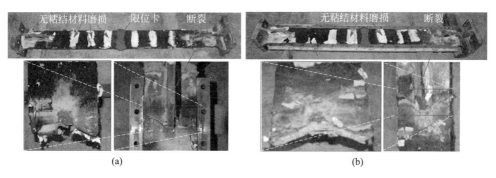

图 3.4-19　PBL 和焊钉节点 BRB 的破坏模式

（a）PBL 节点；（b）焊钉节点

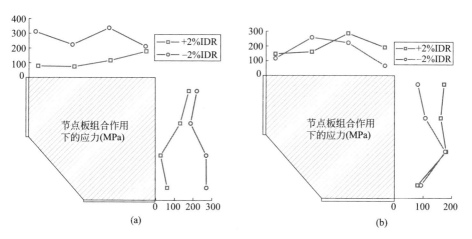

图 3.4-20　PBL 节点和焊钉节点板在 2%IDR 下的内力分布

（a）PBL 节点；（b）焊钉节点

3.5　BRB-RC 框架韧性连接节点数值模拟

1. 数值分析模型

在进行 Abaqus 建模时，为了提高计算的效率，进行了一些简化和假设。不考虑钢筋骨架同混凝土之间的粘结滑移作用，试验装置中的地梁不进行 Abaqus 建模，柱底座设置为一个刚性体，刚性体的参考点为柱销轴处，模拟试验中的柱铰。BRB 下节点板、节点板同 BRB 的连接理想化为铰接，不进行精细化的建模。BRB 通过桁架单元进行简化模拟。节点数值模型如图 3.5-1 所示，通过 Abaqus 前处理模块建立了 PBL 节点和焊钉节点的实体模型，其中一体式节点板、混凝土梁柱、贯穿钢筋、焊钉采用三维实体建模。两模型的钢筋骨架与混凝土梁柱之间通过相互作用模块的嵌入来模拟钢筋和混凝土之间的相互作用。由于PBL剪力键的设计承载能力对应的滑移非常小，所以在模拟中，整体式节点板埋在混凝土里面的部分同样采用嵌入来模拟。焊钉则通过固接连接到节点板，模拟焊钉与节点板的对接焊缝连接。

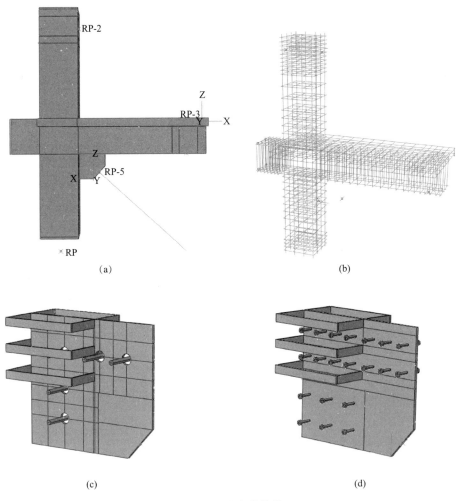

(a)   (b)

(c)   (d)

图 3.5-1　节点数值模型

(a) 整体模型；(b) 钢筋骨架；(c) PBL 节点板；(d) 焊钉节点板

　　模型的边界条件与试验的边界条件吻合，柱底采用铰支座，不能传递弯矩，限制其水平和竖向的位移，梁反弯点则只限制其竖向位移，上柱反弯点在平面内自由，BRB 下端点与地面采用铰支座的形式。所有的控制点均为刚体板的参考点，在施加边界条件和荷载时，只用对控制点施加。PBL 和焊钉节点的加载方式为：(1) 先解除梁反弯点约束，对上柱反弯点约束水平方向位移后再在上柱施加轴力，轴力为 1080kN；（2）解除上柱约束，施加梁反弯点约束，施加 BRB 下端点约束，然后在梁加载点和上柱反弯点按加载模式施加水平位移荷载，直到结构计算完成。

2. 材料本构关系

对于 BRB 的简化模型，在 Abaqus 中一般采用三种方法模拟：用连接件进行模型，通过梁单元模拟，通过桁架单元模拟。用连接件单元模拟可以有效地提高计算效率，但是，BRB 滞回曲线的分析结果不理想，BRB 屈服后，没有平滑的过渡段。为了解决这个问题，采用了桁架单元对 BRB 进行简化。Abaqus 提供的材料库无法准确地模拟出 BRB 的滞回性能。因此，参考 OpenSees 官网提供的 Steel02 本构关系[24] 模拟 BRB 的滞回性能，Steel02 材料的滞回曲线见图 3.5-2。

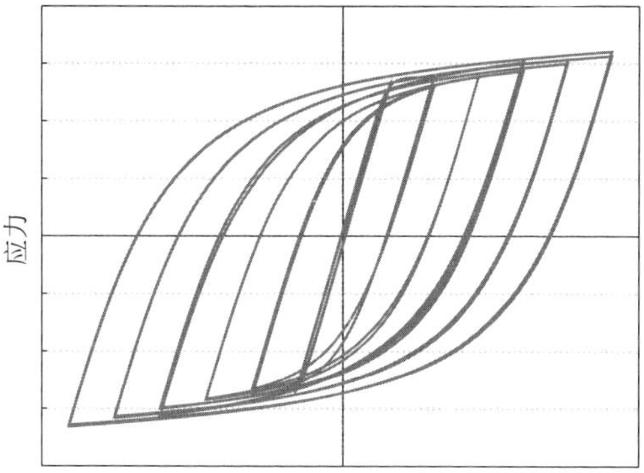

图 3.5-2　Steel02 材料滞回曲线

3. 模型结果验证

如图 3.5-3 所示，在正向加载中，有限元模拟结果与试验结果较为吻合，而在负向加载中，有限元模拟结果的承载力略小于试验数值，模拟结果与试验结果吻合较好；对比滞回曲线，有限元模拟结果与试验结果相差不大，可见，Abaqus 有限元模型能较好地模拟 PBL 节点的受力性能。

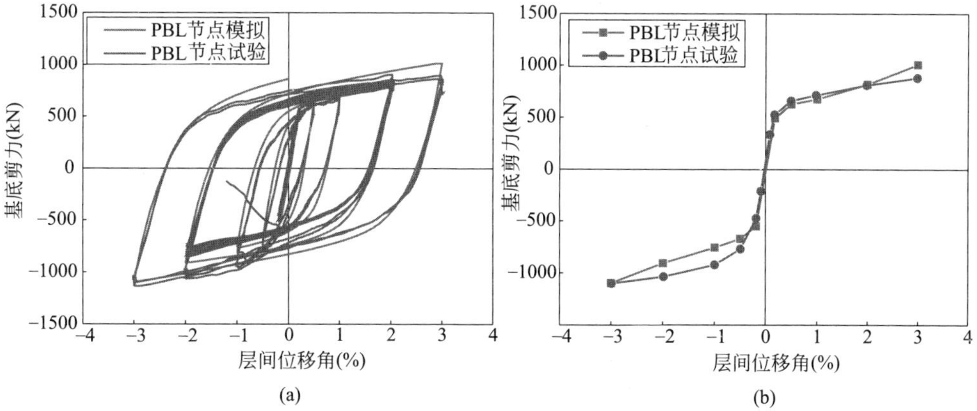

图 3.5-3　PBL 节点有限元模型的有效性
（a）滞回曲线对比；（b）骨架曲线对比

焊钉节点有限元分析滞回曲线与试验滞回曲线的对比如图 3.5-4 所示。由图中可以看出，有限元分析的刚度与试验结果的刚度基本一致，正向加载时有限元的结果比试验的结果大，在 2%IDR 前，两者相差不大，加载到最后一圈时，有限元的结果比试验结果大 14.6%；负方向加载时，有限元结果与试验结果相差不大，有限元滞回模拟与试验吻合较好。

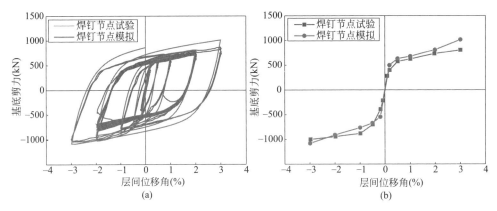

图 3.5-4　焊钉节点有限元分析滞回曲线与试验滞回曲线的对比
(a) 滞回曲线对比；(b) 骨架曲线对比

4. 关键部位破坏分析

节点板在极限荷载下的内力分布云图示意图见图 3.5-5。两节点板在 3%IDR 下总体保持弹性，除了部分角部由于应力集中而屈服。在负向荷载下，两节点板保持着基本相似的应力规律，梁角部和外节点板中部，梁交界处焊钉的应力最大，这是因为在设计初期将柱的性能设计得较强，所以在较大荷载下，梁有较大损伤，所以埋在梁部分的应力偏大；在正向荷载作用下，其规律与负向加载基本一致，不同点时梁角部应力不再有应力集中，最大应力为外节点板区域的角部。

图 3.5-6 是 PBL 节点钢筋骨架各阶段应力云图，节点板外的纵筋在 0.5%IDR 时开始屈服，正向加载时为梁下纵筋受拉屈服，负向加载时梁上纵筋受拉屈服。在 1%IDR 时，梁节点板外钢筋的屈服段逐渐增加，梁上下侧中间的两根纵筋的屈服段最长。在 2%IDR 时，梁中部两根纵筋达到了极限强度，除了转移塑性铰纵筋外，其余梁纵筋都屈服但是没有达到其极限强度。这说明了在梁节点板内额外配置纵筋，可以有效地降低节点板内区段纵筋的应力，从而达到控制梁损伤的目的，使其塑性铰转移到节点板以外的区域，进而提高一体化 PBL 节点的连接性能。

焊钉节点的钢筋骨架的应力发展规律与 PBL 节点的一致，都是梁节点板外纵筋开始屈服，最后塑性铰出现在节点板区域外，这很好地保证了梁节点板区域

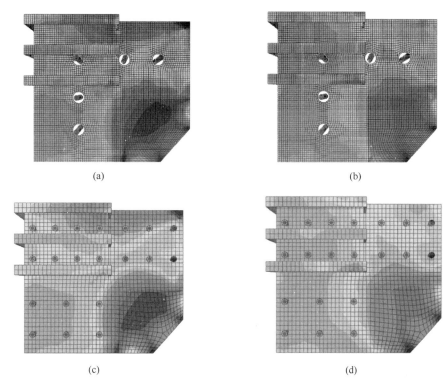

图 3.5-5　节点板在极限荷载下的内力分布云图示意图

（a）PBL 节点负向；（b）PBL 节点正向；（c）焊钉节点负向；（d）焊钉节点正向

的混凝土的完整性，提高了节点板连接件的稳定性。图 3.5-7 是焊钉节点钢筋骨架各阶段应力云图示意图，从图中可以看出，梁中间的两根纵筋在节点板外两根箍筋间距内达到了极限强度，梁外侧的两根纵筋在节点板外一根箍筋间距内达到了极限强度。表明在配有梁转移塑性铰纵筋时，梁纵筋的应力主要向梁跨方向发展。

通过 PBL 节点说明节点的混凝土的破坏模式，由混凝土的受拉损伤可以看到初始裂缝出现在梁节点板交界面处，随着荷载的增加裂缝逐渐发展，由楼板的裂缝可以看出，裂缝主要集中在混凝土梁的节点板之外。图 3.5-8（c）、图 3.5-8（d）为混凝土梁、楼板的受压损伤，由此可以看出混凝土压缩损伤集中在节点板交界面处，最后发展为混凝土被压坏。

5. 大吨位 PBL 节点性能

PBL 节点可在节点板上灵活布置，适用于不同吨位的 BRB 节点连接。为了进一步分析大吨位 PBL 节点的力学性能，根据前述的节点设计方法，设计了 54504kN 的 PBL 节点，大吨位 PBL 节点尺寸见图 3.5-9。其中，贯穿钢筋的直

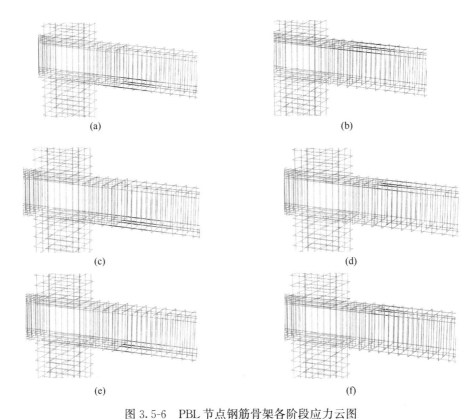

图 3.5-6 PBL 节点钢筋骨架各阶段应力云图

（a）+0.5%IDR；（b）−0.5%IDR；（c）+1%IDR；（d）−1%IDR；（e）+2%IDR；（f）−2%IDR

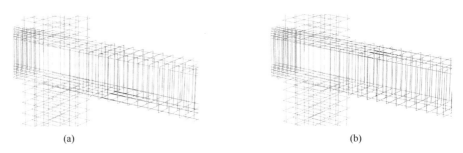

图 3.5-7 焊钉节点钢筋骨架各阶段应力云图示意图

（a）+3%IDR；（b）−3%IDR

径为 40mm，钢板开孔直径为 100mm，单个 PBL 的抗剪承载力设计值为 851.64kN，PBL 节点的布置数量为 16 个。

大吨位 PBL 节点力-位移曲线见图 3.5-10。从图 3.5-10（a）中可以看出，

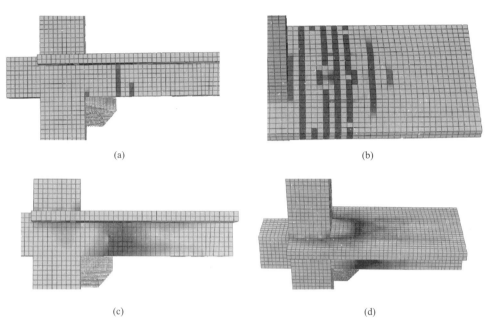

图 3.5-8　混凝土破坏模式

（a）初始裂缝；（b）楼板裂缝开展；（c）梁混凝土损伤；（d）楼板塑性损伤

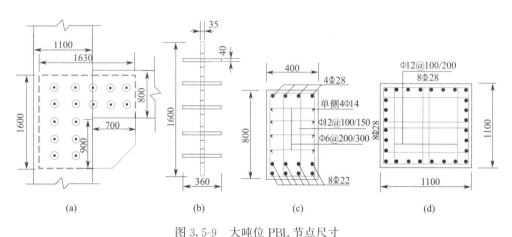

图 3.5-9　大吨位 PBL 节点尺寸

（a）节点尺寸信息；（b）节点板剖面尺寸；（c）梁配筋；（d）柱配筋

曲线可分为 3 段，当加载层间位移角小于 0.18% 时，整个子结构处于弹性段；此后，BRB 开始屈服。由于 BRB 在整个节点中的抗侧刚度占比较大，是主要的抗侧力构件。因此，BRB 屈服后整个节点的刚度变化明显，曲线变得平缓。子结构加载的层间位移角超过 0.8% 后，结构开始屈服，整体刚度有所下降，结构进入强化阶段。图 3.5-10（b）给出了 BRB 轴力-位移曲线。可以发现，BRB 在较小的层间位移角下进入屈服阶段，是抗震的第一道防线。

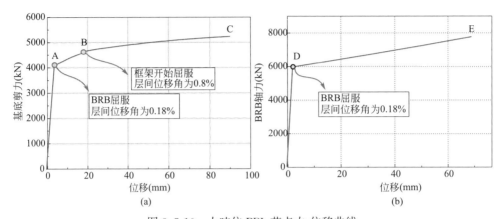

图 3.5-10　大吨位 PBL 节点力-位移曲线

（a）总水平剪力-位移曲线；（b）BRB轴力-位移曲线

　　节点板作为 PBL 节点传力部件，应满足承载力和稳定性要求。节点板应力情况如图 3.5-11 所示。从图 3.5-11（a）中可以看出，节点板外置部分承担的应力明显大于埋入混凝土部分的应力。这是由于裸露部分的节点板与 BRB 相连，直接承受 BRB 所传来的轴力；而埋入混凝土部分的节点板，由于其与混凝土的粘结作用，再加上贯穿钢筋分担剪力，节点板的应力能够有效地传入混凝土。在加载过程中，随着侧向位移的增加，应力不断向节点核心区扩散，在节点板上表现为沿 BRB 轴向方向的应力逐渐增大。整个节点板在 4.0% 的侧向位移下仍然保持为弹性，表明该节点具有较好的安全储备。从图 3.5-11（b）可以看出，贯穿钢筋整体处于弹性，承受的应力水平较小。贯穿钢筋的应力分布表明，节点板最右侧角部贯穿钢筋的应力较其余部分大，这是因为 BRB 与梁的水平夹角大于

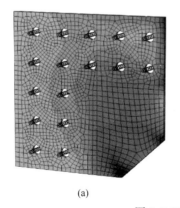 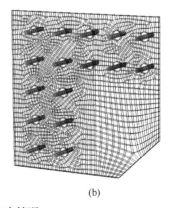

图 3.5-11　节点板应力情况

（a）节点板；（b）贯穿钢筋

45°，节点板在受到 BRB 压力作用时有逆时针旋转的趋势，进而使得此处贯穿钢筋的应力水平稍大。

钢筋骨架的应力分布如图 3.5-12 所示。在 0.5%IDR 时，除梁底纵筋有局部屈服外，整个骨架基本处于弹性阶段。在 1%IDR 时，节点板边缘部分梁底纵筋基本屈服，并且梁顶纵筋部分区域也受压屈服。在 2%IDR 时，纵筋屈服区域不断向两端扩散，同时，梁受到的剪力较大，箍筋的应力增加较快，梁变形逐渐加剧。当加载到 4%IDR 时，梁变形十分明显，整个节点板区域以外梁的钢筋应力水平较大，部分箍筋已经屈服，进入强化阶段。在 4%IDR 时，梁在节点板边缘处产生了集中变形，说明节点板的存在，使节点域内的刚度变大，梁的刚度相对较弱，因此产生更大的变形。

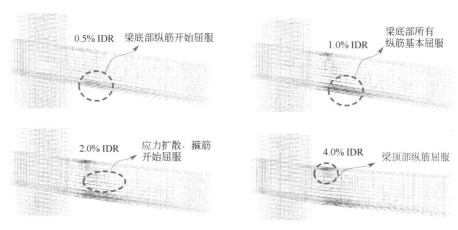

图 3.5-12　钢筋骨架的应力分布

大吨位 PBL 节点滞回曲线如图 3.5-13 所示。可以看出，框架节点的滞回曲线饱满，节点的耗能能力较强，当承受地震作用的时候，采用大吨位 PBL 节点的 BRB-RC 框架能够有效地抵抗地震作用。

节点内部应力分布如图 3.5-14 所示。当节点承受单向（受拉或受压）荷载时，节点内部受力机理与推覆分析相同，随着加载位移的增大，应力分布沿 BRB 轴线方向往节点核心区

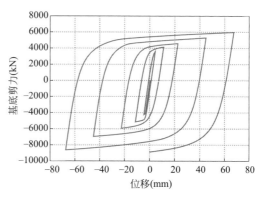

图 3.5-13　大吨位 PBL 节点滞回曲线

不断扩散。在相同侧向位移的情况下，BRB 受拉和受压对节点板的影响不同。在 BRB 受压时，开合效应使节点板与梁中混凝土产生挤压作用，导致该部分应力较大。

在 BRB 受拉时，混凝土的约束作用会使其产生向内的挤压，即框架对节点板产生的附加作用力与对传统梁柱节点产生的附加作用力不同，PBL 节点将其从节点板外置部分转移到了混凝土的内部，这相当于其产生的附加作用力在框架梁柱内部的自平衡，对节点板外置部分产生的影响较小，从而有效地减小开合效应的不利影响。

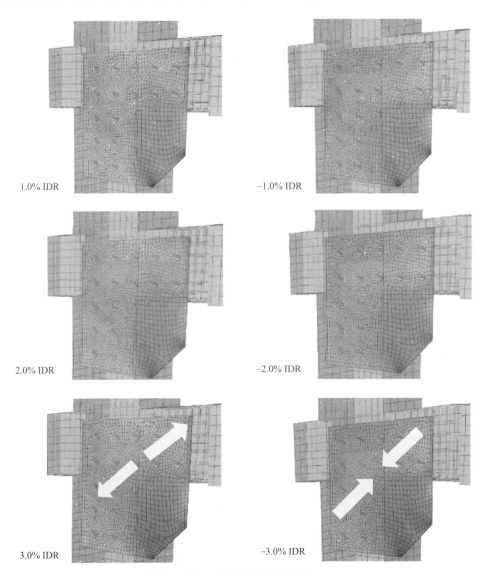

1.0% IDR   −1.0% IDR

2.0% IDR   −2.0% IDR

3.0% IDR   −3.0% IDR

图 3.5-14　节点内部应力分布

节点内部混凝土受拉损伤如图 3.5-15 所示。对于梁柱节点区域，混凝土的损伤较小，这是由于 PBL 节点按照弹性设计，BRB 的轴力主要依靠贯穿钢筋和混凝土榫共同承担，节点板与周围混凝土之间无相对滑移，整个节点协同共同受力。因此，所提出的 PBL 一体化节点具有较高的承载能力，节点核心区作为受力较为复杂的区域，具有一定的安全储备，可保证节点的可靠连接。

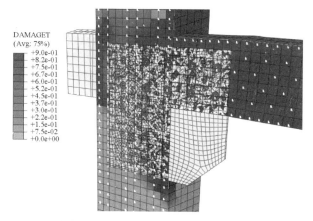

图 3.5-15　节点内部混凝土受拉损伤

参考文献

［1］　广州大学. 建筑消能减震技术规程：JGJ 297—2013 ［S］. 北京：中国建筑工业出版社，2013：12.

［2］　中国建筑科学研究院. 建筑抗震设计规范：GB 50011—2010 ［S］. 北京：中国建筑工业出版社，2010：12.

［3］　陕西省建筑科学研究院有限公司. 屈曲约束支撑应用技术规程：DB 61/T5014—2021 ［S］. 西安：陕西省建筑标准设计站，2021.

［4］　广州大学. 屈曲约束支撑应用技术规程：T/CECS 817—2021 ［S］. 北京：中国建筑工业出版社，2021：7.

［5］　中冶京诚工程技术有限公司. 钢结构设计规范：GB 50017—2017 ［S］. 北京：中国建筑工业出版社，2018：6.

［6］　中国建筑科学研究院. 混凝土结构设计规范：GB 50010—2010 ［S］. 北京：中国建筑工业出版社，2011：7.

［7］　中国建筑科学研究院. 混凝土结构后锚固技术规程：JGJ 145—2013 ［S］. 北京：中国建筑工业出版社，2013：12.

［8］　Thornton W A. On the analysis and design of bracing connections ［C］. Proceedings AISC National Steel Construction Conference. 1991：26-1.

［9］　Muir L S. Designing compact gussets with the uniform force method ［J］. Engineering journal，2008，45（1）：13.

［10］　Chou C C，Liu J H，Pham D H. Steel buckling-restrained braced frames with single and dual corner gusset connections：seismic tests and analyses ［J］. Earthquake Engineering

&. Structural Dynamics，2012，41（7）：1137-1156.

[11] Lin P C，Tsai K C，Wu A C，et al. Seismic design and test of gusset connections for buckling-restrained braced frames［J］. Earthquake Engineering&.Structural Dynamics，2014，43（4）：565-587.

[12] Kaneko K，Kasai K，Motoyui S，et al. Analysis of beam-column-gusset components in 5-story value-added frame［C］. Proceedings of the 14th world conference on Earthquake Engineering，Beijing，China. 2008.

[13] Yu Q S K，Uang C M，Gross J. Seismic rehabilitation design of steel moment connection with welded haunch［J］. Journal of Structural Engineering，2000，126（1）：69-78.

[14] Lin P C，Tsai K C，Wu A C，et al. Seismic design and experiment of single and coupled corner gusset connections in a full-scale two-story buckling-restrained braced frame［J］. Earthquake Engineering&.Structural Dynamics，2015，44（13）：2177-2198.

[15] Berman J W，Bruneau M. Cyclic testing of a buckling restrained braced frame with un-constrained gusset connections［J］. Journal of Structural Engineering，2009，135（12）：1499-1510.

[16] Zhao J，Chen R，Wang Z，et al. Sliding corner gusset connections for improved buckling-re-strained braced steel frame seismic performance：Subassemblage tests［J］. Engineering Structures，2018，172：644-662.

[17] Shariati A，RamliSulong N H，Shariati M. Various types of shear connectors in com-posite structures：A review［J］. International Journal of Physical Sciences，2012，7（22）：2876-2890.

[18] Molkens T，Dobrić J，Rossi B. Shear resistance of headed shear studs welded on welded plates in composite floors［J］. Engineering Structures，2019，197：109412.

[19] Kruszewski D，Wille K，Zaghi A E. Push-out behavior of headed shear studs welded on thin plates and embedded in UHPC［J］. Engineering Structures，2018，173：429-441.

[20] 中交公路规划设计院有限公司. 公路钢混组合桥梁设计与施工规范：JTG/T D64-01—2015［S］. 北京：人民交通出版社，2016：1.

[21] Wu A C，Tsai K C，Yang H H，et al. Hybrid experimental performance of a full-scale two-story buckling-restrained braced RC frame［J］. Earthquake Engineering&.Structural Dynamics，2017，46（8）：1223-1244.

[22] Abaqus V. 6. 9，Dassault Systemes Simulia Corp. Providence［J］. 2011.

[23] Di J，Zou Y，Zhou X，et al. Push-out test of large perfobond connectors in steel-con-crete joints of hybrid bridges［J］. Journal of Constructional Steel Research，2018，150：415-429.

[24] Menegotto M. Method of analysis for cyclically loaded RC plane frames including chan-ges in geometry and non-elastic behavior of elements under combined normal force and bending［C］. Proc. of IABSE symposium on resistance and ultimate deformability of structures acted on by well defined repeated loads. 1973：15-22.

第4章

BRB 框架抗震设计

4.1 结构设计的一般原则

1. BRB 的布置原则

BRB 结构设计应满足现行国家标准《建筑抗震设计规范》GB 50011 的规定[1]；采用屈曲约束支撑对既有建筑结构进行抗震加固时，尚应满足现行国家和行业标准《建筑抗震鉴定标准》GB 50023[2] 和《建筑抗震加固技术规程》JGJ 116[3] 的规定，且在罕遇地震下不应失效。当结构高度超过现行国家《建筑抗震设计规范》GB 50011 的规定时，应进行专项论证[4]。

BRB 在结构中的布置，应符合下列原则：

（1）BRB 的水平夹角宜控制在 30°～60°，常见的 BRB 布置类型见图 4.1-1。支撑轴线宜与梁柱轴线交汇，不宜对梁柱产生偏心弯矩效应。

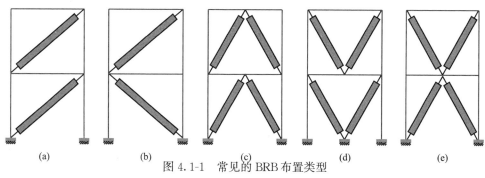

图 4.1-1　常见的 BRB 布置类型
（a）单斜撑；（b）Z 形；（c）人字形；（d）V 形；（e）多层 X 形

（2）BRB 在结构中所分担的内力不应过于集中，应采用分散式布置方案。

（3）宜沿结构两个主轴方向分别设置，形成均匀合理的结构体系。

（4）BRB 的布置宜使结构具有合理的刚度和承载力分布，避免结构产生刚度和承载力突变。

（5）设置数量应根据抗侧刚度需求或减震目标确定。

（6）宜布置在层间相对位移较大的位置。

（7）应便于检查、维护和替换。

结构中沿不同方向布置的 BRB 不宜与同一根柱或同一梁柱节点同时相连。

当 BRB 设置在填充墙位置时，应把填充墙设置在 BRB 的外侧；当 BRB 与填充墙共面设置时，应在两者之间设置适当的平面内间隙。

2. BRB 的设计原则

（1）在结构布置消能部件的楼层中，BRB 的最大阻尼力在水平方向分量之和不宜大于楼层层间屈服剪力的 60%[5]。

（2）消能减震结构在多遇和罕遇地震作用下的总阻尼比应分别计算，消能部件附加给结构的有效阻尼比超过 25% 时，宜按 25% 计算。

（3）底层的支撑框架按刚度分配的地震倾覆力矩应大于结构总地震倾覆力矩的 50%[1]。

（4）双重抗侧力体系中，框架体系至少承担 25% 的设计水平地震作用[6]。

4.2　BRB 的等效刚度

BRB 内芯由连接段、过渡段和屈服段组成，BRB 沿长度方向截面是变化的，其中连接段和过渡段的截面积大于屈服段，因此，在轴力作用下，塑性变形只集中于屈服段，根据串联弹簧原理，BRB 的等效弹性模量 E_{eff} 和等效刚度 K_{eff} 可由式（4.2-1）确定[7]：

$$E_{eff} = K_{eff} \cdot \frac{L_w}{A_c} = \frac{EA_j A_c A_t}{A_j A_t L_c + 2A_c A_t L_j + 2A_c A_j L_t} \cdot \frac{L_w}{A_c} \quad (4.2\text{-}1)$$

式中　E——内芯单元的材料弹性模量；

$\quad\quad A_j$——内芯单元连接段的截面面积；

$\quad\quad A_t$——内芯单元过渡段的截面面积；

$\quad\quad A_c$——内芯单元屈服段的截面面积；

$\quad\quad L_j$——内芯单元连接段的长度；

$\quad\quad L_t$——内芯单元过渡段的长度；

$\quad\quad L_c$——内芯单元屈服段的长度；

$\quad\quad L_w$——内芯单元工作点到工作点的长度。

4.3　BRB 的变形需求

在水平荷载作用下，BRB 的变形机制如图 4.3-1 所示，根据几何变形关系，

BRB 内芯应变与结构变形关系为：

$$\varepsilon = \frac{\sqrt{1+\theta \sin 2\alpha + \theta^2 (\sin \alpha)^2} - 1}{L_y / L_w} \tag{4.3-1}$$

式中，ε——BRB 内芯应变；

　　　α——BRB 的倾角（图 4.3-1）；

　　　θ——结构的层间位移角（见图 4.3-1）。

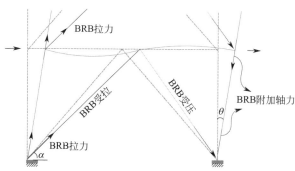

图 4.3-1　BRB 的变形机制

4.4　BRB 的数值模型

1. OpenSees 模型

（1）双线性模型

随动强化双线性模型在 OpenSees 平台[8] 中被称为 Steel01 模型，如图 4.4-1 所示。需要定义的材料参数有：钢材的弹性模量 E_0、屈服强度 f_y、应变强化系数 b。它一般用来模拟钢材，骨架线是双折线，由于两条折线间无过渡曲线，与 BRB 实际滞回特性存在一定差异。

（2）Giuffre-Menegotto-Pinto 模型

Giuffre-Menegotto-Pinto 模型[9] 在 OpenSees 中被称为 Steel02 模型，它的示意图如图 4.4-2 所示。Steel02 模型用一段过渡曲线连接屈服前和屈服后的两段直线，Steel02 模型除了可以考虑随动强化，还可以通过平移屈服渐近线来考虑钢材的等向强化特点。Steel02 模型计算简单，调整参数合适后与试验结果吻合较好，能够有效地模拟 BRB 的滞回行为。

（3）Ramberg-Osgood 模型

Ramberg-Osgood 模型[10] 在 OpenSees 中被称为 RambergOsgoodSteel 模型，常用来模拟钢材和钢构件，它的示意图如图 4.4-3 所示，它是一种完全由数学表达式描述的光滑曲线模型，与 BRB 实际滞回特性存在一定差异。

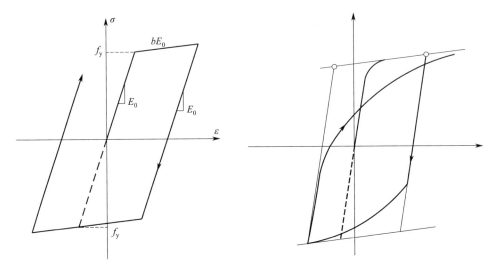

图 4.4-1　Steel01 模型　　　　　　图 4.4-2　Steel02 模型

（4）修正的 Steel02 模型

Kolozvari 等[11] 对 Steel02 模型进行了修正，使得模型能够定义不等的拉、压屈服应力和屈服后刚度。在 OpenSees 平台被称为 SteelMPF 模型，示意图如图 4.4-4 所示。图中，横坐标为应变，纵坐标为应力。σ_{yp} 为受拉屈服应力、σ_{yn} 为受压屈服应力、E_0 为弹性模量、b_p 为受拉屈服后刚度系数、b_n 为受压屈服后刚度系数、R_0 为过渡段曲线控制参数。此模型能够准确地模拟出 BRB 滞回过程中的各个特性，适用于作为 BRB 的滞回模型。

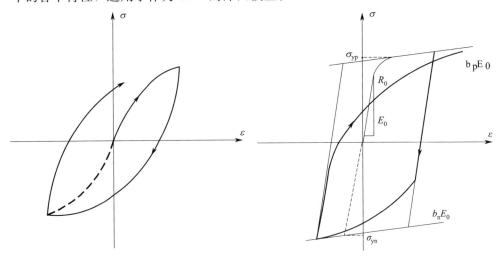

图 4.4-3　Ramberg Osgood 模型　　　　图 4.4-4　修正的 Steel02 模型

（5）Coffin-Manson 疲劳模型

Coffin-Manson 疲劳模型[12,13] 在 OpenSees 平台可通过 Fatigue 材料实现，通过引入描述钢材疲劳寿命的 Coffin-Manson 公式和 Miner 损伤累积法则，可计算出构件在荷载作用下的损伤因子。当构件的损伤因子达到 1 时，构件达到疲劳强度，Fatigue 材料使构件的恢复力变为 0，相当于构件从结构中被移除。采用 Fatigue 材料与上述的本构模型串联，可模拟 BRB 的疲劳断裂行为。

2. SAP2000 模型

（1）Bouc-Wen 模型

Bouc-Wen 模型首先由 Bouc[14] 提出，后经过 Wen 的修正，已被证明具有极好的通用性，可以用来模拟钢材、混凝土、木材等。其受力行为可通过并联弹簧进行描述，其中一个是线性弹簧，另一个是非线性弹簧，示意图如图 4.4-5 所示，模型中的总应力等于线性弹簧的应力和非线性弹簧的应力之和。Bouc-Wen 模型用一个微分方程就能体现滞回特性，通过调整不同的系数可产生一系列不同的滞回曲线，具有很强的适应能力，因此在结构分析中的使用比较广泛。

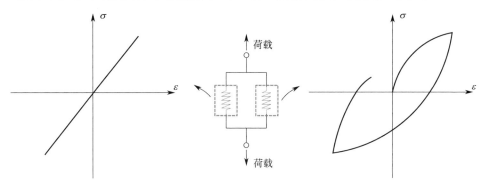

图 4.4-5　Bouc-Wen 模型示意图

（2）塑性铰模型

SAP2000 提供了弯矩、剪力、轴力、轴力和弯矩相关四种塑性铰，塑性铰的本构模型如图 4.4-6 所示，整个曲线分为四个阶段，弹性段（AB）、强化段（BC）、卸载段（CD）、塑性段（DE）。其中 B 点表示出现塑性铰，C 点为倒塌点。B 点有杆件屈服力和屈服位移，确定方法主要有两种：一种是通过输入某一具体值自定义，另外一种是

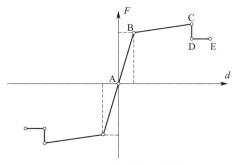

图 4.4-6　塑性铰的本构模型

由程序自动计算给出。A. F. Ghpwsi 等[15] 用轴力塑性铰模拟屈曲约束支撑的非线性行为，把其布置在屈曲约束支撑的中部，轴力铰没有设置峰值后下降行为，

BRB 的非线性性能需通过将轴力铰布置在屈曲约束支撑的中间长度位置来模拟，BRB 的有效轴向弹性刚度应该考虑两端的刚度贡献，可以通过三个弹性的弹簧单元串联在一起模拟。

4.5　BRB 框架双重抗侧力体系

在小震作用下，BRB 在为结构提供抗侧刚度并承担部分的水平剪力，随着水平地震荷载的增加，结构进入弹塑性阶段内力重新分布。目前已有的认识认为，支撑-框架体系在强震下进入非线性状态时，框架结构以剪切变形为主，而支撑体系以弯曲变形为主，双重体系呈现弯剪变形。对于 BRB-RC 结构，BRB 体系的受力机制与总结构体系的变形形式尚未明确。

1. 双重抗侧力体系离散化

为了探究和量化 BRB 和 RC 框架在 BRB-RC 框架双重抗侧力体系中的相互作用，将 BRB-RC 框架体系离散成 BRB-RC 框架离散体系，见图 4.5-1，其中，F、F^F、F^B 为总结构体系、框架体系和 BRB 体系承担的水平地震作用，i 为楼层位置，V、V^F、V^B 为总结构体系、框架体系和 BRB 体系的基底剪力。框架体系为 BRB-RC 框架结构中的框架部分，梁柱的连接形式、杆件截面尺寸、材料以及单元一致。对于 BRB 体系，只选取了 BRB-RC 框架中的 BRB 跨，BRB 和 RC 构件的材料、单元等保持不变，BRB 和 RC 梁柱为铰接。结构分析时，BRB 体系只考虑水平作用，不施加重力。

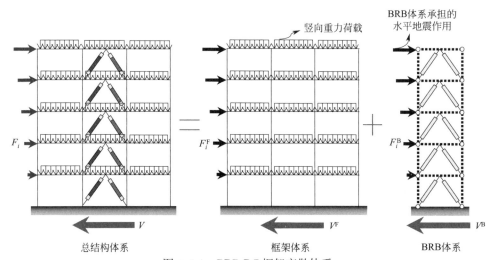

图 4.5-1　BRB-RC 框架离散体系

2. BRB-RC 相互作用

设计了 3 种不同层数的 BRB-RC 框架体系（后面简称 3 种框架体系），见

图 4.5-2，结构层数从低矮层逐步过渡到高层，涵盖了 5 层、7 层、11 层。选取剪力比 p 从 0.15（递增 0.15）到 0.75 共取 5 个值，侧力比是结构设计的重要参数，反映了 BRB 抗剪力所占 BRB-RC 框架楼层抗侧力的关系，可以通过改变 BRB 内芯的面积来调整剪力比的大小，所有 BRB 的内芯采用 Q235 钢材。BRB 布置为人字形，在中间跨采用上下连续布置，所有的 BRB-RC 框架分析模型具有相同的平面布置。所有结构底层层高为 3.6m，其他层层高为 3.3m，5 层结构中梁柱尺寸分别为 0.5m×0.25m 和 0.5m×0.5m，7 层结构中梁柱尺寸分别为 0.5m×0.25m 和 0.55m×0.55m，11 层结构梁柱尺寸分别为 0.55m×0.3m 和 0.6m×0.6m，梁柱中的箍筋和纵筋分别采用 HRB3355 和 HRB400 级钢筋，5 层和 7 层结构采用 C30 混凝土，11 层结构采用 C40 混凝土。结构设计基于现行国家标准《建筑抗震设计规范》GB 50011[1]，抗震设防烈度为 8 度，场地特征周期为 0.35s。结构的楼（屋）面横荷载和活荷载分别取 6.0kN/m² 和 2.0kN/m²。

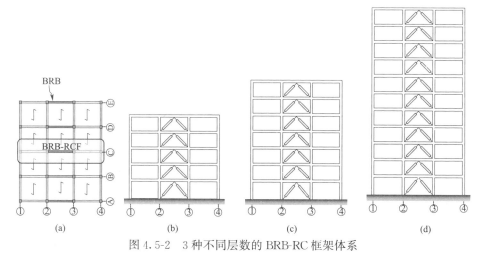

图 4.5-2　3 种不同层数的 BRB-RC 框架体系
（a）结构平面布置图；（b）5 层结构；（c）7 层结构；（d）11 层结构

分别对 3 种框架体系进行非线性静力推覆分析和低周往复分析，3 种框架体系均采用相同的侧向力模式。对结构进行静力推覆分析时，将结构推覆到 3% 顶点位移得到结构的能力曲线。利用等能量法[16] 求得屈服点，即通过等面积原则将理想弹塑性双折线代替实际的能力曲线，双折线拐点的位移为屈服位移（δ_y），其在能力曲线上对应的点为屈服点，与屈服位移对应的强度为屈服强度（V_y），能力曲线中峰值点对应的强度为峰值强度（V_{max}）。

为了对比 3 种框架体系的受力性能，图 4.5-3 给出了 3 种框架体系典型的能力曲线图，其中，总体系（BRB-RCF）中的框架部分［简称为 BRB-RCF（框架）］和 BRB 部分［简称为 BRB-RCF（BRB）］的能力曲线从总结构体系的能力曲线中分离获得，框架体系和 BRB 体系的能力曲线则通过离散体系的推覆分析获得，将两者线性相加得到叠加体系能力曲线（框架体系＋BRB 体系）。可以看出，由于布置了 BRB，BRB-RCF 的强度和刚度明显高于 RC 框架。3 种框架体系的能力曲线在 BRB 屈服前有明显的差异，相比于框架体系，BRB-RCF（框架）的初始刚度和强度有所提高，这一现象在 11 层结构中更为明显。对比 BRB-RCF（BRB）和 BRB 体系，两者的能力曲线较为接近，均为双折线型；对比 BRB-RCF 和框架体系＋BRB 体系可以看出，BRB-RCF 相对于 RC 框架性能的提高，不仅仅是附加 BRB 的单独贡献，BBR 和 RC 框架的相互作用也是不可忽视的一部分。

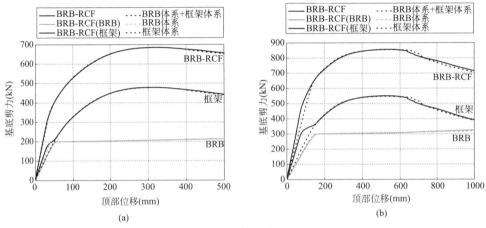

图 4.5-3　3 种框架体系典型能力曲线图
（a）5 层结构，$p=0.6$；（b）11 层结构，$p=0.6$

为了进一步了解 BRB 和 RC 框架的相互作用机理，图 4.5-4 给出了 BRB 和 RC 框架在不同状态下楼层剪力的分配关系。在 5 层结构中，BRB-RCF（框架）和框架体系所承担的剪力基本一致，由于最小配筋率的限值和钢筋混凝土材料超强等原因，即使剪力比 $p=0.6$，RC 框架承担的剪力仍大于 BRB。在弹性阶段，11 层结构上部和底部的 BRB-RCF（框架）剪力大于框架体系，而在结构的中部，BRB-RCF（BRB）承担的剪力更大，甚至大于 BRB-RCF（框架）承担的剪力，此时两者的叠加之和（BRB 体系＋框架体系）与 BBR-RCF 的剪力也相差较大。而进入塑性阶段后，结构发生内力重新分布，总体系中的 BRB 和框架与离散体系的内力基本一致。

图 4.5-5 给出了典型的 BRB-RCF（框架）和框架体系中的柱轴力分配关系，其中，BRB-RCF-C1 表示 BRB-RCF 结构的 1 号轴线上的柱子（图 4.5-2），RCF-C4 表示框架体系结构 4 号轴线的柱子，其他编号以此类推可得。在框架体系中，梁的剪力使柱产生附加轴力，因此，RCF-C4 的轴力大于 RCF-C1 的轴力，中柱因其两边梁的剪力相互抵消，附加轴力较小，中柱（RCF-C2 和 RCF-C3）的轴力基本相等。对比 BRB-RCF 和框架体系，BRB-RCF 和框架体系的边柱（C1 和

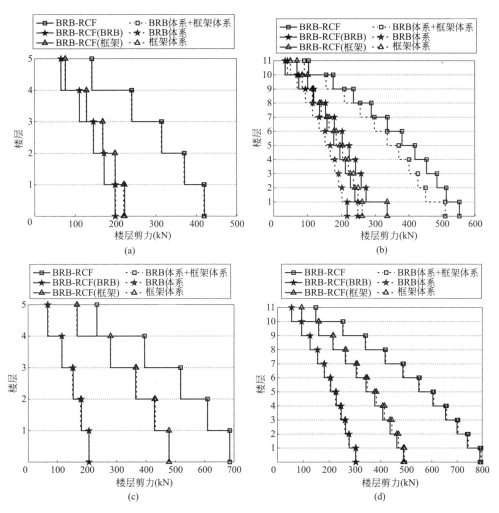

图 4.5-4　BRB 和 RC 框架在不同状态下楼层剪力的分配关系

(a) 弹性阶段 5 层结构，$p=0.6$；(b) 弹性阶段 11 层结构，$p=0.6$；

(c) 峰值荷载下的 5 层结构，$p=0.6$；(d) 峰值荷载下的 11 层结构，$p=0.6$

C4）轴力基本相等，可见 BRB 对不与之直接相连的柱子的轴力影响不大；对比与 BRB 直接相连的中柱（C2 和 C3），可以发现 BRB-RCF-C3 的轴力明显大于相应的 BRB-RCF-C2、RCF-C2 和 RCF-C3 的轴力。由此可见，在水平荷载作用下，BRB-RCF 结构中 BRB 受压时，使得与之相连的柱产生附加压力；BRB 受拉时，则使得与之相连的柱产生附加拉力。因此，BRB 会增加柱子的轴力和弯曲需求，结构设计时应考虑 RC 框架柱的实际需求，对与 BRB 直接相连的柱子可以适当地进行加强。

图 4.5-6 给出了 5 层、7 层和 11 层结构 3 种框架体系在剪力比 p 为 0.15、

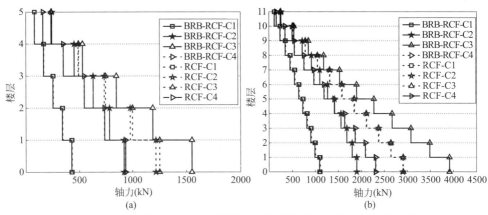

图 4.5-5 典型 BRB-RCF（框架）和框架体系中的柱轴力分配关系

(a) 5 层结构，$p=0.6$；(b) 11 层结构，$p=0.6$

0.3、0.45、0.6 和 0.75 时强度对比，图 4.5-6（a）为 3 种框架体系屈服强度随剪力比的变化关系，可以发现，在 RC 框架结构中布置 BRB 可以显著提高结构的屈服强度。在 7 层和 11 层结构中，剪力比 p 大于 0.30 时，BRB-RCF 的屈服强度大于框架体系的屈服强度，并且随着剪力比的增加，两者差值随之增加。而在 5 层结构中，BRB-RCF 和框架体系的屈服强度差异不大。对比 BRB-RCF（BRB）和 BRB 体系，两者的屈服强度基本相等；对比 BRB-RCF 和框架体系＋BRB 体系，在 7 层和 11 层中，BRB-RCF 的屈服强度大于框架体系＋BRB 体系的屈服强度，且随剪力比 p 的增加差值越明显，而在 5 层结构中，两者的屈服强度差异不大。由此可见，BRB-RCF 结构的屈服强度不是 RC 框架和 BRB 两者

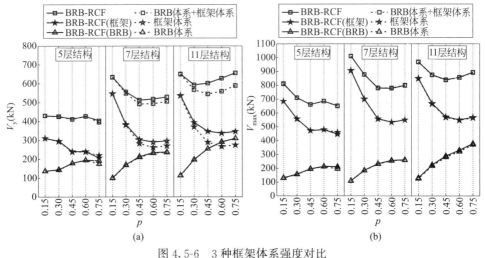

图 4.5-6 3 种框架体系强度对比

（a）屈服强度随侧力比的变化关系；（b）峰值强度对比

的独立贡献，BRB 与 RC 框架的相互作用会增加 RC 框架的屈服强度，从而使得 BRB-RCF 的屈服强度进一步增加，特别是在结构层数较高和剪力比较大时，BRB 和 RC 框架的相互作用更为显著。图 4.5-6（b）是峰值强度对比图，相对于框架体系，BRB-RCF 结构的峰值强度因结构中布置了 BRB 而得到提高；而相比于框架体系和 BRB-RCF，两者的峰值强度基本相等，可见 BRB 对 RC 框架峰值强度的提高影响较小。结合 3 种框架体系的能力曲线，可以发现，BRB 屈服后，BRB-RCF（框架）与框架体系的强度基本相等。

为了进一步了解 BRB 对 RC 框架刚度变化的影响，图 4.5-7 给出了 3 种框架体系典型的刚度变化曲线，可以发现，3 种框架体系的刚度在荷载较小时均处于弹性阶段；随着荷载的增加，各体系的刚度随着构件的逐步屈服而下降。对比 BRB-RCF 和框架体系，可以发现，在 RC 框架中布置 BRB 提高了结构的初始刚度。对比 BRB-RCF（框架）和框架体系，由于 RC 框架和 BRB 的相互作用，BRB-RCF（框架）的初始刚度有所提高。BRB-RCF 作为双重抗侧力体系，结构在弹性阶段时，水平荷载由构件的刚度比分配，由于 BRB 屈服后刚度较小，因此，BRB 完全屈服后，BRB 不再为 BRB-RCF 结构提供抗侧刚度，此时 BRB-RCF 的刚度逐渐退化成框架体系的刚度。

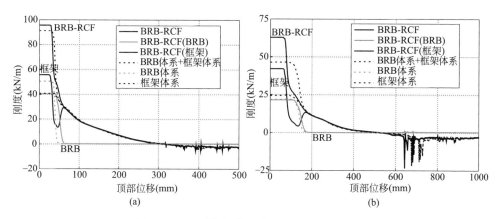

图 4.5-7　3 种框架体系典型的刚度变化曲线
（a）5 层结构，$p=0.6$；（b）11 层结构，$p=0.6$

图 4.5-8 给出了在剪力比 p 为 0.15、0.3、0.45、0.6 和 0.75 下 3 种框架体系刚度的对比。在体系的弹性阶段，BRB-RCF 的初始刚度随结构层数的增加而减少，随着剪力比的增加，BRB-RCF 的弹性刚度逐渐增加，在 5 层和 11 层结构中，当剪力比等于 0.60 时，结构初始刚度达到峰值。随着剪力比的增加，RC 框架的刚度逐渐减小，BRB 的刚度逐渐增加。对比 BRB-RCF 和 RC 框架，BRB 显著提高了 BRB-RCF 的初始刚度，且随着剪力比的增加，提高的效率更加

明显。对比 BRB-RCF（框架）和框架体系，BRB-RCF（框架）比框架体系的刚度大，且这一现象在剪力比 p 较大时更为明显。由此可见，在结构弹性阶段，BRB-RCF 的初始刚度不仅为 RC 框架和 BRB 两者刚度的线性叠加，BRB 与 RC 框架的相互作用使得 RC 框架的初始刚度有所提高，特别在剪力比较大时，两者的相互作用对初始刚度的影响不可忽视。

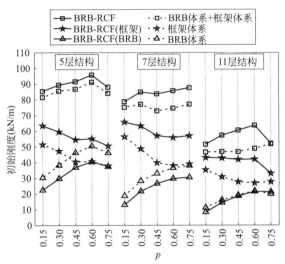

图 4.5-8　3 种框架体系刚度对比（p 为 0.15、0.3、0.45、0.6 和 0.75）

图 4.5-9 给出了各体系在不同状态下的侧移曲线，可以看出，5 层结构中 BRB-RCF 和框架体系的变形曲线呈弯剪状，11 层结构 BRB-RCF 和框架体系的

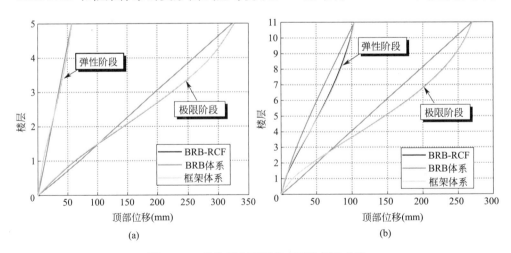

图 4.5-9　各体系在不同状态下的侧移曲线

（a）5 层结构，$p=0.6$；（b）11 层结构，$p=0.6$

变形曲线以剪切型为主；由于结构的侧向力分布模式由 BRB 的设计剪力决定，因此，BRB 体系变形曲线几乎呈直线。值得注意的是，如图 4.5-10 所示，在水平荷载作用下，BRB 的轴力作用使得 BRB-RCF 的两根中柱轴力不相等，从而导致其中一根柱子受拉伸长，另一根柱子受压缩短，在结构中，对称布置 BRB 会使结构产生弯曲变形。已有研究表明，在结构高度不大于 150m 时，由 BRB 引起的整体弯曲变形在结构层间位移中所占的比例极小，故 BRB-RCF 的变形曲线接近于框架体系。值得注意的是，结构的整体弯曲变形与结构高度呈三次方关系，剪切变形与结构高度呈一次方关系[17]，因此，当 BRB-RCF 结构高度较高时，由 BRB 引起的整体弯曲变形不可忽略。

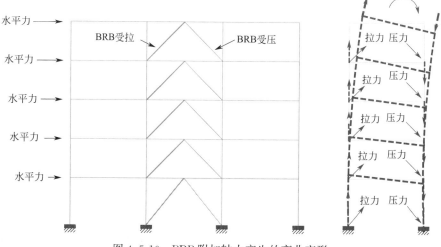

图 4.5-10　BRB 附加轴力产生的弯曲变形

为了进一步了解 BRB 和 RC 框架往复荷载下的相互作用，图 4.5-11 给出了 3 种框架体系滞回曲线对比。可以看出，BRB 作为良好的耗散元件其滞回曲线饱满，相比于框架体系，BRB-RCF 的滞回曲线更为饱满，可见 BRB 显著提高了结构的耗散能力，而 BRB-RCF（框架）和框架体系的滞回曲线差异不大。对比 5 层和 11 层结构，由于 11 层结构布置了更多的 BRB 构件，BRB 和 BRB-RCF 的耗散性能更明显。

图 4.5-12 是结构能量耗散对比图，其中耗散能量（E）通过滞回曲线每一圈所围成的面积求得。在 BRB-RCF 结构屈服前 BRB 和 RC 框架大部分构件处于弹性阶段，基本无能量耗散；BRB-RCF 屈服后，BRB 作为耗散元件，每一圈加载都耗散大量的能量，从而能够在地震作用下保护主体结构构件。对比 BRB-RCF（框架）和框架体系，在往复荷载作用下，由于 BRB 和 RC 框架的相互作用，BRB 提高了 RC 框架的能量耗散能力，这一现象在 11 层结构中更为明显。

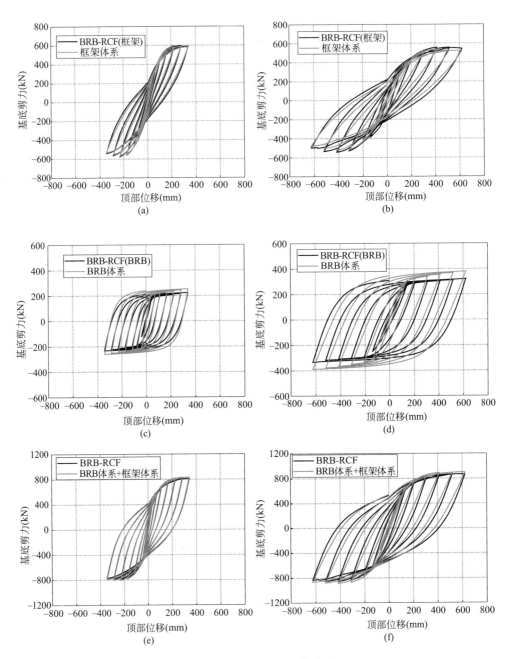

图 4.5-11 三个体系滞回曲线对比

(a) 5 层结构框架体系；(b) 11 层结构框架体系；(c) 5 层结构 BRB 体系；
(d) 11 层结构 BRB 体系；(e) 5 层结构总体系；(f) 11 层结构总体系

图 4.5-13 是在不同剪力比下 BRB 和框架耗能比例柱状图。可以看出，在结

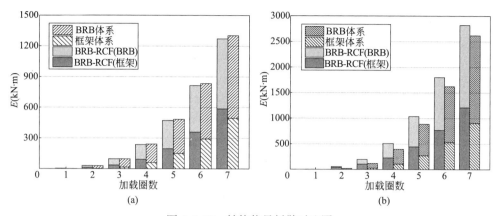

图 4.5-12　结构能量耗散对比图

（a）5 层结构，$p=0.6$；（b）11 层结构，$p=0.6$

构中布置 BRB 将显著提高结构的耗能性能，且随着层数的增大，BRB-RCF 的总耗能随之增大，而剪力比对 BRB-RCF 的总耗能影响不大；BRB 的耗能随着剪力比的增大而增大，RCF 框架的耗能则相应减少；对比 BRB-RCF（框架）和框架体系，BRB-RCF（框架）的耗能能力有所提高。

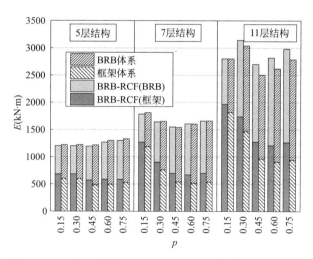

图 4.5-13　在不同剪力比下 BRB 和框架耗能比例柱状图

4.6　基于剪力比的结构抗震设计

1. 设计剪力比

在屈曲约束支撑混凝土框架结构设计中，选择屈曲约束支撑的参数是设计过程中重要的一步，剪力比 p 是指屈曲约束支撑承担的层剪力与整体结构承担的层剪力的比值：

$$p = \frac{V_B}{V_D} \tag{4.6-1}$$

式中：V_B——BRB 承担的层剪力；

V_D——整体结构承担的层剪力。

2. 基于剪力比的设计方法

结构的总侧向力确定后，由于加入了剪力比的概念，就可以把施加在结构总体系上的侧向力离散化为框架体系和 BRB 体系。V_B 及 V_F 的计算见式（4.6-2）和式（4.6-3）：

$$V_B = p V_D \tag{4.6-2}$$
$$V_F = (1-p) V_D \tag{4.6-3}$$

图 4.6-1 是人字形支撑的受力图，层剪力 V_D 完全由屈曲约束支撑承担，层剪力 V_D 在 BRB 框架中的关系可以用式（4.6-4）表示，BRB 芯材的横截面面积 A_c 用式（4.6-5）表示。

$$V_D = F_c \cos\theta + F_t \cos\theta = \beta \phi_c f_y A_c \cos\theta + \phi_t f_y A_c \cos\theta = (\beta \phi_c + \phi_t) f_y A_c \cos\theta \tag{4.6-4}$$

$$A_c = \frac{V_D}{(\beta \phi_c + \phi_t) f_y \cos\theta} \tag{4.6-5}$$

式中：ϕ_c——BRB 拉伸抗力系数；

ϕ_t——BRB 压缩抗力系数；

θ——BRB 倾角；

β——BRB 拉压不均匀系数；

f_y——内芯单元钢材屈服强度；

F_c——BRB 受压承载力；

F_t——BRB 受拉承载力。

人字形布置的框架结构在考虑了 BRB 拉伸和压缩抗力系数与芯材超强系数后，BRB 屈服后的受力状态如图 4.6-2 所示。除了顶层的柱不产生附加的拉压作用力外，每层结构中与 BRB 相邻梁柱节点的柱的作用附加轴力。

设计流程：

（1）根据项目要求及工程经验，按照相关规范要求进行混凝土框架的初步设计。

（2）确定 BRB 的布置方式，根据剪力比的建议取值范围确定剪力比，计算 BRB 参数配置。屈曲约束支撑的连接段、过渡段、屈服段的长度及面积、等效刚度、芯材的面积，并根据现行国家标准《钢结构设计标准》要求[18]，屈服工

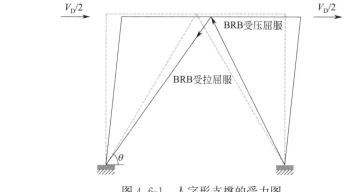

图 4.6-1　人字形支撑的受力图

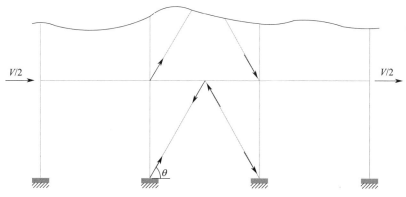

图 4.6-2　BRB-RC 框架受力机制

作段应变应小于 3%。

（3）确定 BRB 的非线性参数。

（4）计算考虑 BRB 最大拉压附加给框架结构的附加作用力。

（5）将布置好屈曲约束支撑的框架结构进行一体化设计。

（6）迭代 2）～5）步，直至相邻两次结构的周期相近时，完成设计。

3. 剪力比的影响规律

为了研究剪力比的分布对结构的影响规律，根据现行国家标准《建筑抗震设计规范》GB 50011[1] 要求及实际工程情况分别建立了不同剪力比（0.1、0.2、0.3、0.4、0.5、0.6、0.7）下的 5 层、10 层、15 层的 21 个屈曲约束支撑混凝土三维框架模型，结构布置示意图见图 4.6-3。该结构位于抗震设防烈度 8 度区，Ⅱ场地类型，场地特征周期为 0.35s，地震设计分组为第一组。梁板采用 C30 混凝土、柱采用 C40 混凝土，BRB 采用 Q235 钢材。结构的梁间线荷载为 5kN/m、楼板恒荷载为 3.5kN/m²、活荷载为 2kN/m²，开间、进深均为 5m，结构层高为 3.9m。SAP2000 程序中有 OTHER 荷载类型[19]，这种荷载类型不参加任何荷载的组合，可以把 OTHER 添加到新的荷载组合中使其转变为对框架结构的附加作用力，从而代替 BRB 对结构产生的最大拉压力。按照现行国家标准《建筑抗震设计规范》GB 50011 第 5.1.2 条要求及 PEER 的调幅方法选取 15 条地震波，根据我国规范将所有地震动调幅到 400gal。

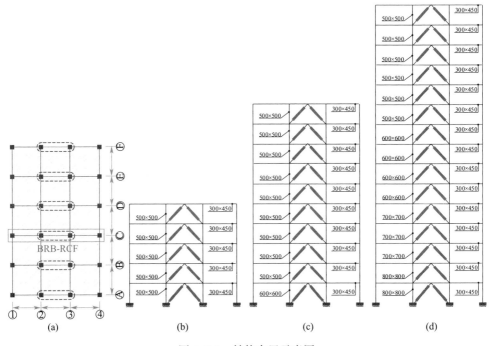

图 4.6-3　结构布置示意图

（a）结构布置图；（b）5 层结构；（c）10 层结构；（d）15 层结构

结构各部分承担的简力如图 4.6-4 所示。由图可知，随着剪力比的增加，结构总体系的刚度增加、周期变小，基于规范加速度反应谱获得的拟速度谱值增加，使得结构总体系地震输入能增加，结构总体系的基底剪力逐渐变大。但由于剪力比的增加，结构中框架体系所承担的基底剪力被 BRB 分担，从而降低了框架部分的内力，进而框架结构中的配筋也会相应减少。可以使用 25% 的原则，即框架部分至少承担 25% 的地震作用，相应的 BRB 支撑体系最多承受 75% 的地震作用[6]。而 BRB 部分随着剪力比的增加，承担的基底剪力变大，对纯框架结构体系所连接梁柱的要求越高，所以不能一味地增大结构的剪力比。

4. 反应谱分析

随着剪力比的增加，结构的层间位移角也明显减小，小震作用下的层间位移角见图 4.6-5。可以看出，当剪力比较小时，框架结构的弹性层间位移角不满足 1/550 的限值要求；当剪力比为 0.3 左右时，各结构的最大层间位移角均满足规

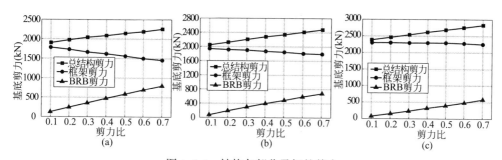

图 4.6-4　结构各部分承担的剪力

（a）5 层结构；（b）10 层结构；（c）15 层结构

范要求，之后，随着剪力比的增大，结构的层间位移角逐渐变小，即随着剪力比的增加，减震效果越显著。

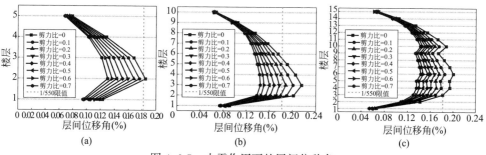

图 4.6-5　小震作用下的层间位移角

（a）5 层结构；（b）10 层结构；（c）15 层结构

5. 地震下结构抗震性能

大震作用下结构最大层间位移角见图 4.6-6，由于地震动的频谱特性及持续时间的差异，各地震动对结构产生的最大层间位移角也不相同，具有一定的离散性。从图 4.6-6 中可以看出随着剪力比的增加，结构的最大层间位移角逐渐变小，BRB 对结构的减震明显，表明基于剪力比设计的 BRB-RC 框架抗震性能良好。当剪力比较小时，最大层间位移角的减幅相对较大；当剪力比较大时，层间位移角过小，整体结构过于保守，经济性差。所以剪力比在 0.3~0.5 适中时，不仅能够满足规范对于层间位移角的要求，还能使 BRB 的减震性能得到经济且有效的发挥。

滞回耗能比为 BRB 所耗散的地震能与结构地震总耗能之间的比值，结构滞回耗能比随剪力比变化情况见图 4.6-7。结构的滞回耗能比随着剪力比的增加逐渐变大，结构 BRB 的耗能效率越来越高，在 0.4~0.6 时达到最大耗能情况，随后滞回耗能能力开始下降或平缓，结构有较高的滞回耗能比保证有效耗能，耗能能力基本位于最佳状态。

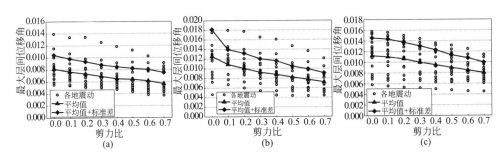

图 4.6-6　大震作用下结构最大层间位移角

（a）5 层结构；（b）10 层结构；（c）15 层结构

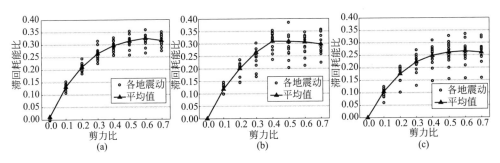

图 4.6-7　结构滞回耗能比随剪力比变化情况

（a）5 层结构；（b）10 层结构；（c）15 层结构

　　最大位移延性系数是指屈曲约束支撑的最大轴向变形与轴向屈服变形的比值，可用以量化 BRB 的变形性能。不同地震动下最大位移延性系数见图 4.6-8，从图中可以看出不同地震动下最大位移延性系数在 2.2～5.8 浮动。已有研究表明 BRB 的最大位移延性系数可达到 10～25，表明所设计的结构 BRB 性能能得到充分发挥。

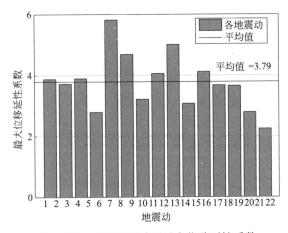

图 4.6-8　不同地震动下最大位移延性系数

　　5 层结构实际剪力比和设计剪力比对比图见图 4.6-9。可以看出地震动下所有的楼层的剪力比离散性较小，顶层的实际剪力相较于中层小，说明中间楼层的 BRB 发挥的耗能较充分。在设计剪力比为 0.1 时，结构的实际剪力比，较设计剪力比更接近；在设计剪力比为 0.3 和 0.5 时，结构的实际剪力比与设计剪力比较接近；在设计剪力比为 0.7 时，结构的实际剪力比，明显小于设计剪力比。在设计剪力比为 0.1 时，结构的大震下实际剪力比和反应谱分析下实际剪力比比较吻合，设计剪力比越大，其实际剪力比与设计剪力比的相差越大；当设计剪力比为 0.7 时，大震下实际剪力比和反应谱下实际剪力比相差较大。

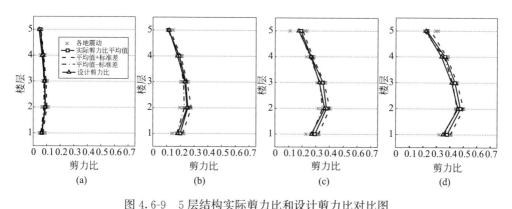

图 4.6-9　5 层结构实际剪力比和设计剪力比对比图
（a）设计剪力比 0.1；（b）设计剪力比 0.3；（b）设计剪力比 0.5；（d）设计剪力比 0.7

　　结构实际剪力比和设计剪力比的关系见图 4.6-10。随着设计剪力比的变化，实际剪力比的变化幅度较小，设计剪力比在 0.1～0.7 变化时，实际剪力比增加平缓，基本位于 0～0.5 的范围。说明随着设计剪力比的增加，实际剪力比不会一直增大，最终会趋于缓和。在一体化设计中，混凝土框架由于最小配筋率的约束，其实际分担的侧向地震作用远大于设计地震作用，而 BRB 承担侧向地震力随着设计剪力

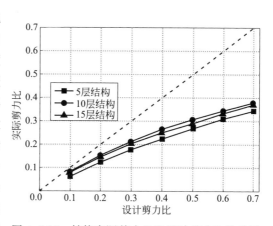

图 4.6-10　结构实际剪力比和设计剪力比的关系

比的增加，而越来越小于其设计剪力。当剪力比较小时，混凝土框架起主导作用；当剪力比较大时，混凝土框架受支撑传来的力和最小配筋率的约束，实际所受的剪力比明显小于设计剪力比。

4.7 基于刚度比的结构抗震设计

1. 设计刚度比

BRB 可以在地震中有效地减小结构层间位移和耗散地震能量，BRB 的刚度对结构的抗震性能有显著的影响。若刚度过小，则无法达到预期的抗震效果，甚至会形成薄弱层，反而加大结构的损坏；若刚度过大，则会有强支撑弱框架的现象，两者不协调，与支撑相连的梁柱容易遭到破坏而退出工作。为了获得 BRB 与 RC 框架的最优刚度匹配关系，定义了刚度比 λ 这一参数，即 BRB 侧向刚度与 RC 框架抗侧刚度的比值：

$$\lambda = \frac{K_D}{K_f} \tag{4.7-1}$$

式中：K_D——BRB 侧向刚度；

K_f——RC 框架抗侧刚度。

此处研究考虑刚度比沿楼层线性变化，即抗侧刚度比沿层高线性减小。相对于较低层而言，较高层抗侧刚度通过 BRB 的加强较弱。另外，当楼层数较多时，BRB 的尺寸类型也随之增加，为了避免 BRB 的尺寸繁多，将楼层沿高度分为若干楼层段，同一楼层段内的抗侧刚度比相同，其变化由式(4.7-2)计算：

$$K_D = \left[\frac{(N-i)(1-t_k)}{N-1} + t_k \right] \lambda K_f \tag{4.7-2}$$

式中：K_D——BRB 侧向刚度；

K_f——框架层间抗侧刚度；

t_k——顶层与底层抗侧刚度比的比值；

N——楼层分段数；

i——楼层段数（$i=1, 2, 3, \cdots, N$）；

λ——刚度比。

2. 基于刚度比的设计方法

对结构施加一个微小位移，通过 BRB 的几何尺寸和 BRB 与框架的几何关系来计算其侧向刚度，根据不同的支撑布置方式，其侧向刚度 K_D 计算见式（4.7-3）：

$$K_D = 2K_{eff} \cos^2\theta \tag{4.7-3}$$

式中：K_D——BRB 侧向刚度；

θ——BRB 的倾角；

K_{eff}——BRB 轴向刚度，计算见式（4.7-4）：

$$K_{eff} = \frac{E_{eff}A_c}{L_w} = \frac{QEA_c}{L_w} \tag{4.7-4}$$

式中：E_{eff}——BRB 等效弹性模量；

$\quad A_c$——BRB 屈服段的截面面积；

$\quad L_w$——BRB 内芯单元工作点到工作点的长度；

$\quad E$——BRB 内芯材料弹性模量；

$\quad Q$——BRB 的尺寸参数，表示为：

$$Q = \frac{L_w}{L_c + L_t \dfrac{A_c}{A_t} + L_j \dfrac{A_c}{A_j}} > 1 \qquad (4.7\text{-}5)$$

式中：A_j——BRB 内芯单元连接段的截面面积；

$\quad A_t$——BRB 内芯单元过渡段的截面面积；

$\quad A_c$——BRB 内芯单元屈服段的截面面积；

$\quad L_j$——BRB 内芯单元连接段的长度；

$\quad L_t$——BRB 内芯单元过渡段的长度；

$\quad L_c$——BRB 内芯单元屈服段的长度；

$\quad L_w$——BRB 内芯单元工作点到工作点的长度。

其侧向屈服承载力 F_y 可由式(4.7-6) 计算：

$$F_y = 2R_y f_{ay} A_c \cos\theta \qquad (4.7\text{-}6)$$

式中：R_y——内芯单元屈服段钢材的材料超强系数；

$\quad f_{ay}$——内芯单元屈服段钢材的屈服强度标准值；

$\quad A_c$——BRB 内芯单元屈服段的截面面积；

$\quad \theta$——BRB 的倾角。

结构屈服位移 μ_y 可由式(4.7-4) 计算：

$$\mu_y = \frac{F_y}{K_D} = \frac{L_w R_y f_{ay}}{QE\cos\theta} \qquad (4.7\text{-}7)$$

式中：F_y——结构侧向屈服承载力；

$\quad K_D$——BRB 侧向刚度；

$\quad L_w$——BRB 内芯单元工作点到工作点的长度；

$\quad R_y$——内芯单元屈服段钢材的材料超强系数；

$\quad f_{ay}$——内芯单元屈服段钢材的屈服强度标准值；

$\quad Q$——BRB 的尺寸参数；

$\quad E$——BRB 内芯材料弹性模量；

$\quad \theta$——BRB 的倾角。

BRB 屈服时对应的位移层间位移角 θ_y 为：

$$\theta_y = \frac{\mu_y}{h} = \frac{R_y f_{ay}}{QE\cos\theta\sin\theta} \qquad (4.7\text{-}8)$$

式中：μ_y——结构屈服位移；

$\quad h$——楼层层高；

$\quad R_y$——内芯单元屈服段钢材的材料超强系数；

$\quad f_{ay}$——内芯单元屈服段钢材的屈服强度标准值；

$\quad Q$——BRB 的尺寸参数；

$\quad E$——BRB 内芯材料弹性模量；

$\quad \theta$——BRB 的倾角。

由式(4.7-7)可以看出，BRB 的屈服位移仅与芯材的强度、几何形状、BRB 与楼层的夹角以及支撑总长或层高有关，与支撑的布置形式无关。因此，在设计 BRB 时，需综合考虑各个方面的因素。在 BRB 设计时，层高已经固定，可通过调节 BRB 芯材的屈服强度和几何形状比例，使得 BRB 能够在框架屈服之前屈服，以充分利用 BRB 耗能减震的优点，即保证：

$$\frac{R_y f_{ay}}{QE\cos\theta\sin\theta} < \frac{1}{550} \tag{4.7-9}$$

式中：R_y——内芯单元屈服段钢材的材料超强系数；

$\quad f_{ay}$——内芯单元屈服段钢材的屈服强度标准值；

$\quad Q$——BRB 的尺寸参数；

$\quad E$——BRB 内芯材料弹性模量；

$\quad \theta$——BRB 的倾角。

由式(4.7-2)～式(4.7-4) 可导出各楼层的芯材屈服段面积 $A_{c,i}$ 为：

$$A_{c,i} = \left(\frac{(N-i)(1-t_k)}{N-1} + t_k\right)\lambda K_{f,i}\frac{L_w}{2\cos^2\theta QE} \tag{4.7-10}$$

式中：N——楼层分段数；

$\quad i$——楼层段数（$i = 1, 2/3, \cdots, N$）

$\quad t_k$——顶层与底层抗侧刚度比的比值；

$\quad K_{f,i}$——第 i 层框架层间抗侧刚度；

$\quad \theta$——BRB 的倾角；

$\quad Q$——BRB 的尺寸参数；

$\quad E$——BRB 内芯材料弹性模量；

$\quad \lambda$——刚度比；

$\quad L_w$——BRB 内芯单元工作点到工作点的长度。

设计流程：

（1）根据相应规范和工程经验对结构进行初步设计，层间位移角可不满足要求，但不宜过大。

（2）选定顶层与低层抗侧刚度比的比值 t_k，并根据层间位移角的大小初步

确定刚度比 λ（两者正相关）。计算 RC 框架楼层刚度，根据选定的 t_k 和 λ 计算各楼层屈曲约束支撑的刚度。

（3）确定 BRB 的几何参数比值 Q。选择支撑芯材材料，确定 BRB 的布置方式，各项参数需满足式(4.7-5)的要求。根据 BRB 的轴向刚度，计算 BRB 屈服段长度、面积和屈服强度等参数。

（4）确定 BRB 的抗拉强度调整系数、屈服后刚度比、芯材超强系数、抗压强度调整系数等。将 BRB 布置于结构中，计算 BRB 对结构的附加力，并施加于结构。

（5）对结构进行反应谱分析，提取层间位移角、轴压比以及配筋设计值，验算是否满足规范要求。若层间位移角不满足规范要求，则可通过加大刚度比来解决。若轴压比和配筋不满足规范要求，一般是与 BRB 相连的柱轴压过大造成，可加大其截面面积。若其余构件也存在超限问题，则应对结构进行重新设计。

（6）对满足要求的结构进行大震下的动力时程分析，进一步验证结构抗震响应。

3. 刚度比的影响规律

针对顶层与底层抗侧刚度比比值不同的分析，在 8 度地区建立建筑模型，如图 4.7-1 所示。除底层层高为 4.2m 外，其余层高均为 4m。见图 4.7-1 (a)，t_k 为 0.2、0.4、0.6、0.8、1.0 五个值，λ 取 0.25、0.5、0.75、1.00、1.25、1.50、1.75、2.00 共八种情况进行小震作用下的时程分析。地震分组为第一组，场地类

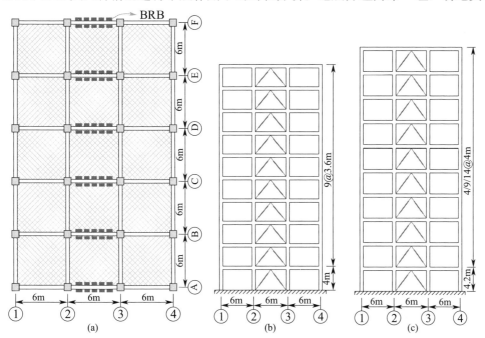

图 4.7-1　8 度地区建立建筑模型

(a) 结构立面布置图；(b) 9 层结构；(c) 5 层、10 层、15 层结构

别为Ⅱ类，场地特征周期为0.35s。梁间线荷载取8kN/m，板恒荷载取4kN/m²，活荷载取2kN/m²。采用1倍恒荷载+0.5倍活荷载的地震作用组合进行分析。

非线性时程分析时采用Rayleigh阻尼，结构阻尼比取0.045，通过第一、第二振型周期和结构阻尼比确定。BRB采用Plastic（Wen）单元进行模拟，非线性参数取值分别为：芯材超强系数$\eta_y=1.1$，屈服后刚度比$k=0.02$，抗拉强度系数$\omega=1.1$，抗压强度系数$\beta=1.2$。BRB各段的比值为：屈服段$L_c/L_{wp}=0.7$，过渡段$L_t/L_{wp}=0.06$，连接段$L_j/L_{wp}=0.24$。各段截面面积与屈服段截面面积之比为：过渡段$A_t/A_c=2$，连接段$A_j/A_c=3$，内芯采用Q160钢，屈服强度标准值为160MPa。考虑不同结构BRB与结构楼层夹角一般在30°～60°，则由式(4.7-8)得到支撑屈服时层间位移角在1/723～1/626，远远小于框架结构小震下层间位移角限值1/550，故支撑满足要求，能够先于框架屈服。BRB屈服段的截面面积根据式(4.7-10)计算。根据现行国家标准《建筑抗震设计规范》GB 50011第5.1.2的要求，从FEMAP695中选取8条地震动[20]，并将地震动峰值调至400gal，8条地震动的反应谱及其平均值与规范反应谱的比较如图4.7-2所示。由图4.7-2可知，所选地震动反应谱与规范反应谱在6s内能吻合较好。

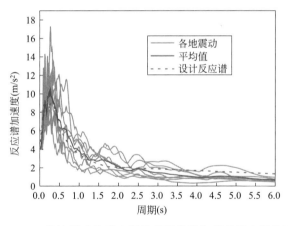

图4.7-2　8条地震动的反应谱及其平均值与规范反应谱的比较

4. 反应谱分析

t_k值为0.2、0.4、0.6、0.8和1.0，λ取0.25、0.5、0.75、1.00、1.25、1.50、1.75、2.00进行小震作用下的时程分析。8度地区结构弹性层间位移角平均值与刚度比的关系见图4.7-3。8度地区结构顶层与底层的刚度比比值的变化对结构小震下的层间位移角最大值影响不大，主要对层间位移角沿楼层分布影响较大。t_k取0.2时，刚度比增大，顶层层间位移角基本不变，顶层相对越弱。随着t_k的增大，顶层层间位移角逐渐减小，t_k较大时，随着刚度比的增加，顶层层间位移角减小趋势明显。由于结构层高较低，层间位移角沿楼层分布较为均匀，总体呈现刚度比越大越均匀的趋势。

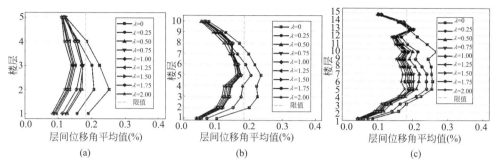

图 4.7-3　8 度地区结构弹性层间位移角平均值与刚度比的关系

(a) 5 层结构；(b) 10 层结构；(c) 15 层结构

8 度地区结构刚度比和 t_k 的关系见图 4.7-4，当刚度比小于 0.75 时，t_k 对 IDR 的影响较小；当刚度比对大于 0.75 时，γ 值（定义为层间位移角的中位值＋标准差）的差距逐渐变大，而 10 层结构的响应与 5 层结构相似。在 15 层结构中，随着刚度比的增加，t_k 越小，γ 越大。主要是由结构的高阶模态和整体弯曲行为引起的，最大层间位移角出现在结构下部，结构下部可以选择较小的 t_k 值。另一方面，降低 t_k 值可以节省钢材用量，如图 4.7-5 所示，因此，建议 t_k 取 0.4～1.0，并且低层结构选取的 t_k 值小于高层结构选取的 t_k 值。

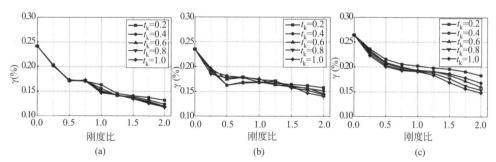

图 4.7-4　8 度地区结构刚度比和 t_k 的关系

(a) 5 层结构；(b) 10 层结构；(c) 15 层结构

5. 地震下结构抗震性能

5 层地区结构弹性层间位移角平均值与刚度比的关系见图 4.7-6。刚度比的增加可以明显地减小结构的层间位移角。在 7 度地区，刚度比大于 0.5 才能使结构层间位移角满足规范要求；在 8 度地区的 5 层结构，刚度比大于 0.5 才能使结构层间位移角满足规范要求，对于 15 层结构，结构设计较为薄弱，刚度比为 1.75 才能使结构层间位移角满足规范要求；在 9 度地区，地震响应较大，5 层结构刚度比要取至 1.50 才能使结构层间位移角满足规范要求。

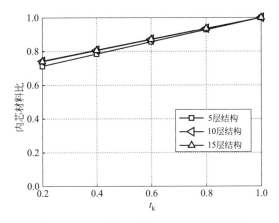

图 4.7-5　8 度地区结构 BRB 内芯材料比

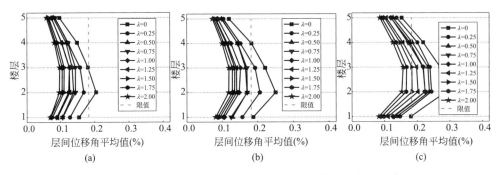

图 4.7-6　5 层地区结构弹性层间位移角平均值与刚度比的关系

（a）7 度地区；（b）8 度地区；（c）9 度地区

　　7 度地区结构配筋与刚度比的关系见图 4.7-7，梁和柱的配筋量变化呈现相反的趋势，柱配筋量随着刚度比的增加而增加，梁配筋量随着刚度比的增加而减少，5 层和 10 层结构的总配筋量在刚度比大于 1.0 以后随刚度比变化不明显，15 层结构配筋量呈现先增大后减小的趋势。8 度地区结构配筋与刚度比的关系如

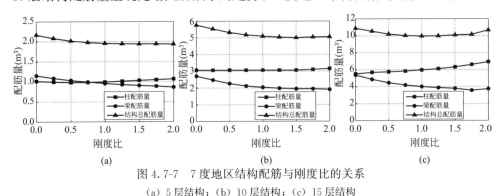

图 4.7-7　7 度地区结构配筋与刚度比的关系

（a）5 层结构；（b）10 层结构；（c）15 层结构

图 4.7-8 所示，8 度地区的结构配筋量随刚度比的变化趋势与 7 度地区的配筋量基本一致。其中 5 层、10 层、15 层结构梁配筋量趋势一致，当刚度比增大到一定值之后就不变。9 度地区结构配筋与刚度比的关系如图 4.7-9 所示，9 度地区所得的结构配筋量随刚度比的变化趋势与前两种工况大体相同。

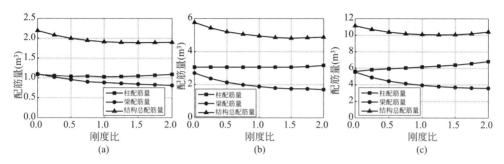

图 4.7-8　8 度地区结构配筋与刚度比的关系

（a）5 层结构；（b）10 层结构；（c）15 层结构

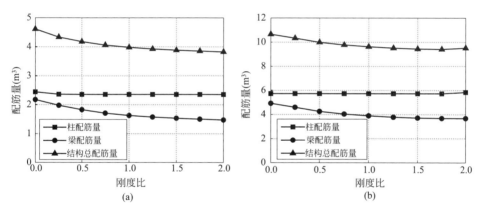

图 4.7-9　9 度地区结构配筋与刚度比的关系

（a）5 层结构；（b）10 层结构

柱对称配筋时轴力-弯矩相关曲线如图 4.7-10 所示。在 AB 段，当刚度比较小时，BRB 承担的地震作用较小，结构侧向位移角较大，由变形产生的弯矩较大，此时柱配筋由弯矩控制，配筋量随刚度比增加呈减少的趋势。随着刚度比的增加，BRB 所承担的地震作用增加，结构层间位移角减小，由结构变形所产生的弯矩减小。与此同时，由于 BRB 截面面积增加，屈服力增大，BRB 对相邻柱产生的轴力逐渐增大，柱配筋进入 BC 段后，主要由最小配筋率控制。当刚度比继续增大时，在 CD 段，轴向力对柱配筋起控制作用，柱配筋随刚度比呈现增加的趋势。对于低层结构，刚度比大于 1.0 时，配筋较为经济。对于高层结构，刚度比为 0.75～1.75 配筋较为经济。

8度地区5层结构最大轴压比与刚度比曲线见图4.7-11。结构初步设计应满足抗震设计规范的要求。在框架中配置BRB后，结构的内力将在地震作用下重新分布。与BRB连接的柱承受上部结构竖向荷载和BRB的附加轴力，这导致柱的轴向压缩显著增大。当刚度比大于1.25时，结构的轴压比将超过相关规范规定的极限，因此，与BRB连接的柱应加被加强设计。

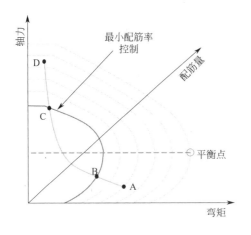

图4.7-10　柱对称配筋时轴力-弯矩相关曲线

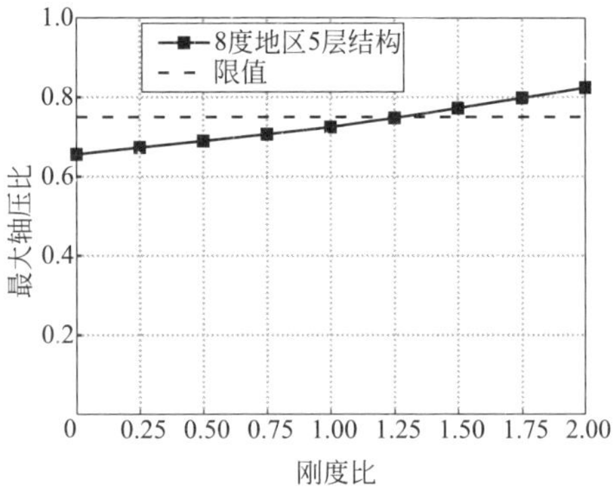

图4.7-11　8度地区5层结构最大
轴压比与刚度比曲线

8度地区5层结构基底剪力与刚度比的关系见图4.7-12。由于结构总刚度随刚度比增大而增加，基底剪力随刚度比而上升，与之相比，在小震作用时基底剪力变化较为平缓，而在大震作用时基底剪力随刚度比线性增加。因此过分地增加BRB的刚度也会增加地震作用，若BRB与结构连接处理不当或在设计中出现不

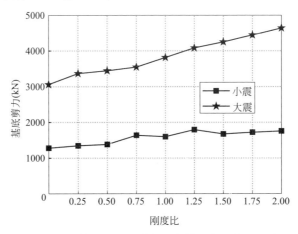

图4.7-12　8度地区5层结构基底剪力与刚度比的关系

合理现象，支撑不能足够发挥其耗能性能，则框架部分所承担的地震作用就会超过设计荷载，在结构破坏时会更加严重，造成重大损失。其余层高及不同地震烈度下的规律与此相同，因此，要将控制刚度比在一定的范围内。

8 度地区结构弹性层间位移角平均值与刚度比的关系见图 4.7-13。8 度地区结构弹性层间位移角最大值与刚度比的关系见图 4.7-14。由平均值＋标准差的结果可知：未布置 BRB 时，结构的层间位移角最大值均不满足要求，而加入 BRB 以后，层间位移角最大值便显著减小。刚度比取 0.5 时，在所有地震动下，结构基本能够满足 1/50 层间位移角的限值要求；当刚度比小于 1.0 时，减小趋势明显，随着刚度比的增加逐渐趋于平缓，故增大 BRB 的刚度并不能无限增大结构抗震效果，在大震下仅需刚度比大于 0.5 即可。

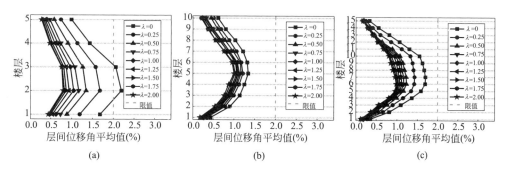

图 4.7-13　8 度地区结构弹性层间位移角平均值与刚度比的关系
（a）5 层结构；（b）10 层结构；（c）15 层结构

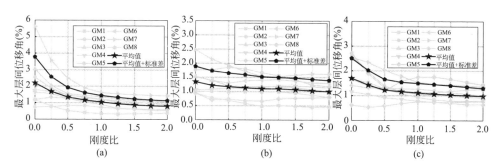

图 4.7-14　8 度地区结构弹性层间位移角最大值与刚度比的关系
（a）5 层结构；（b）10 层结构；（c）15 层结构

框架、BRB 耗能与刚度比的关系见图 4.7-15。刚度比较小时，框架所耗散的能量随刚度比的增加大幅度减小。刚度比越大，随刚度比增加，框架耗能减小的幅度越小，在刚度比大于 1.5 后基本不变。BRB 耗能则与框架相反，刚度比较小时，耗能随刚度比增大而大幅度增加，刚度比增大到 1.5 后，基本保持不变。BRB 滞回耗能比与刚度比的关系如图 4.7-16 所示。BRB 滞回耗能比随刚度比增大而逐渐增加，其增加的幅度随刚度比的增大逐渐减小，当刚度比大于 1.5 后变化不大。由图 4.7-16 可知，BRB 滞回耗能比在 0.5 附近，不随刚度比的增大而增大。

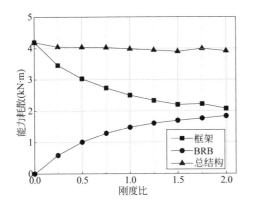 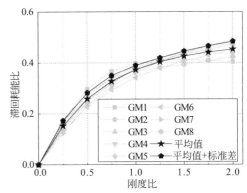

图 4.7-15　框架、BRB 耗能与刚度比的关系　图 4.7-16　BRB 滞回耗能比与刚度比的关系

图 4.7-17 给出了三种地区下各结构 BRB 最大位移延性系数平均值随刚度比变化的关系。所有结构的最大位移延性系数随刚度比增加的变化趋势基本一致，刚度比较小时，该平均值大幅度减小，刚度比继续增加时，其增加的幅度逐渐减小，刚度比大于 1.75 后，基本不随刚度比增加而变化，说明 BRB 在地震作用下具有良好的变形能力。此外，不同层高的结构变化幅度不同，5 层周期结构的减小幅度较 10 层、15 层周期结构的减小幅度大，刚度比越大，BRB 的变形能力越差，其塑性耗能能力越不能充分发挥。因此，对于低层结构，在刚度比较小时，BRB 变形较为充分；而高层结构在刚度比较大时，BRB 依然能发挥良好的变形能力，故低层结构刚度比宜取较小值，高层结构刚度比宜取较大值。

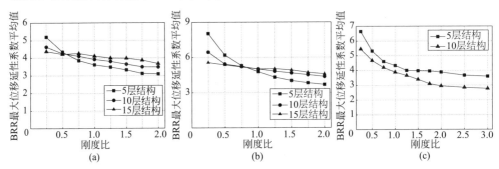

图 4.7-17　BRB 最大位移延性系数平均值随刚度比变化的关系

(a) 7 度地区；(b) 8 度地区；(c) 9 度地区

地震作用时，BRB 在结构中主要承担一部分侧向荷载，减小结构损伤。8 度地区 5 层结构塑性铰分布见图 4.7-18。当未布置 BRB 时，结构在大震作用下所有梁均出现塑性铰，底层梁、柱均进入破坏阶段。柱的塑性铰较少，底层柱的破坏最严重，无法满足大震不倒的要求。当以 0.5 的刚度比加入 BRB 之后，部分梁和少量柱进入屈服阶段，集中于较低楼层，能够满足大震不倒的要求。随着刚度比的增大，梁柱的塑性铰转动减小，结构逐渐趋于安全。当刚度比大于 1.5 以后，刚度比增大，结构塑性铰的变化不大。由于 BRB 分担了一部分地震作用，减小了结构损伤，刚度比越大，损伤减小的效果越明显。当刚度比增大到一定程度时，BRB 截面面积较大，屈服力随之增大，地震作用时屈服段变形较小，通过增大刚度比减小结构损伤的作用不再明显。

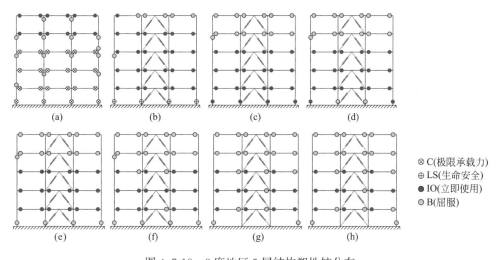

图 4.7-18　8 度地区 5 层结构塑性铰分布

（a）刚度比为 0；（b）刚度比为 0.25；（c）刚度比为 0.50 和刚度比为 0.75；（d）刚度比为 1.00；
（e）刚度比为 1.25；（f）刚度比为 1.50；（g）刚度比为 1.75；（h）刚度比为 2.00

通过对顶层与底层抗侧刚度比的比值 t_k 为 0.2、0.4、0.6、0.8 和 1.0 共五种情况下的 5 层、10 层、15 层结构小震作用下的层间位移角平均值进行分析，得出了 $0.4 < t_k < 1.0$，不同层高有着不同的规律，低层结构 t_k 取较小值，高层结构 t_k 取较大值。根据不同地震烈度下结构的配筋设计结果得出刚度比的经济取值范围，其与地震烈度和结构的层高有关。位于 7 度地区和 8 度地区的框架，考虑配筋量和 BRB 用量，层数较低时，$1.0 < t_k < 1.5$ 较为经济；较高层时，$0.75 < t_k < 1.75$ 较为经济。9 度地区地震作用较强，层数较低时，$1.0 < \lambda < 2.0$，较高层时，$1.0 < \lambda < 1.75$ 时较为经济。从各地区的结构的响应来看，在满足抗震规范要求的情况下，7 度地区和 8 度地区时，低层框架时，$0.5 < t_k < 1.5$，高层结构时，$\lambda > 1.0$。9 度地区时，低层框架，$1.0 < t_k < 2.0$，高层结构时，1.5

$<t_k<2.5$。

参考文献

[1] 中国建筑科学研究院. 建筑抗震设计规范：GB 50011—2010 [S]. 北京：中国建筑工业出版社，2010：9.

[2] 中国建筑科学研究院. 建筑抗震鉴定标准：GB 50023—2009 [S]. 北京：中国建筑工业出版社，2009：6.

[3] 中国建筑科学研究院. 建筑抗震加固技术规程：JGJ 116—2009 [S]. 北京：中国建筑工业出版社，2009：8.

[4] 陕西省建筑科学研究院有限公司. 屈曲约束支撑应用技术规程：DB 61/T 5014—2021 [S]. 西安：陕西省建设标准设计站，2022.

[5] 广州大学. 建筑消能减震技术规程：JGJ 297—2013 [S]. 北京：中国建筑工业出版社，2013：12.

[6] American Society of Civil Engineers. Minimum design loads for buildings and other structures [S]. American Society of Civil Engineers，2000.

[7] 付康. 屈曲约束支撑构件（BRB）滞回和低周疲劳性能数值模拟 [J]. 建筑结构，2018，48（S1）：368-371.

[8] OpenSees. Open system for earthquake engineering simulation，Version 2. 4. 2. Pacific Earthquake Engineering Research Center，University of California，Berkeley；2013. http：//opensees. berkeley. edu.

[9] Menegotto M. Method of analysis for cyclically loaded RC plane frames including changes in geometry and non-elastic behavior of elements under combined normal force and bending [C]. Proc. of IABSE symposium on resistance and ultimate deformability of structures acted on by well defined repeated loads. 1973：15-22.

[10] Ramberg W，Osgood W R. Description of stress-strain curves by three parameters [R]. 1943.

[11] Kolozvari K，Orakcal K，Wallace J W. Shear-flexure interaction modeling for reinforced concrete structural walls and columns under reversed cyclic loading [J]. Pacific Earthquake Engineering Research Center，University of California，Berkeley，PEER Report，2015（2015/12）.

[12] Uriz P. Towards earthquake resistant design of concentrically braced steel structures [M]. University of California，Berkeley，2005.

[13] Ballio G，Castiglioni C A. A unified approach for the design of steel structures under low and/or high cycle fatigue [J]. Journal of Constructional Steel Research，1995，34（1）：75-101.

[14] Haukaas T. Finite element reliability and sensitivity methods for performance-based engineering [M]. University of California，Berkeley，2003.

［15］　Ghowsi A F, Sahoo D R. Performance of medium-rise buckling-restrained braced frame under near field earthquakes ［M］. Advances in structural engineering. Springer, New Delhi, 2015: 841-854.

［16］　Park R. Ductility evaluation from laboratory and analytical testing ［C］. Proceedings of the 9th world conference on earthquake engineering. Tokyo-Kyoto Japan, 1988, 8: 605-616.

［17］　Miranda E. Approximate seismic lateral deformation demands in multistory buildings ［J］. Journal of structural engineering, 1999, 125 (4): 417-425.

［18］　中冶京诚工程技术有限公司. 钢结构设计标准: GB 50017—2020 ［S］. 北京: 中国建筑工业出版社, 2018: 6.

［19］　Wilson E L. CSI Analysis Reference Manual For SAP 2000, ETABS, SAFE and CS I Bridge ［J］. Berkeley: Computer&Structures Inc, 2015.

［20］　FEMA P695. Quantification of building seismic performance factors ［M］. Federal emergency management agency 2009. Washington, DC.

第 5 章

BRB 框架韧性抗震设计

5.1　基于能量平衡的韧性抗震设计方法

　　对于 BRB-RC 框架体系，在自重作用和设计水平地震作用下，总结构体系可用 RC 框架体系和 BRB 体系的组合近似。BRB-RC 框架体系整体屈服机制如图 5.1-1 所示，RC 框架结构将抵抗竖向自重作用和部分侧向水平作用 F_i^F，而 BRB 体系将抵抗剩余的侧向地震作用 F_i^B，V_y^F、V_y^B、V_y 的解释见式（5.1-2）相关字母解释。在设计竖向荷载和水平地震作用下，结构将形成整体屈服机制，即全部 BRB 发生屈服，所有梁端和首层柱底发生屈服。

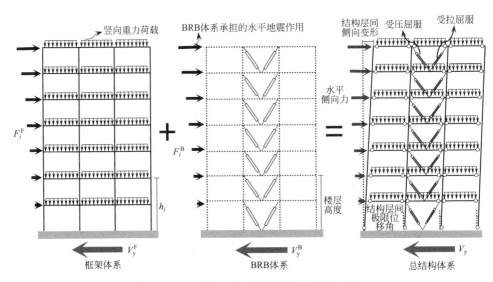

图 5.1-1　BRB-RC 框架体系整体屈服机制

BRB-RCF 体系能力曲线及其双线性近似图见图 5.1-2。对于 RC 框架体系和

BRB 体系，可分别用双线性能力曲线来近似，总体系为三线性能力曲线。总体系的设计基底剪力、BRB 体系基底剪力以及 RC 框架体系基底剪力分别为：

$$V_y = V_y^B + V_y^F \tag{5.1-1}$$

$$V_{By} = pV_y \tag{5.1-2}$$

$$V_{BF} = (1-p)V_y$$

式中：V_y——总结构体系的基底剪力；

　　　V_y^F——RC 框架结构的基底剪力；

　　　V_y^B——BRB 体系的基底剪力；

　　　p——BRB 体系承担的层剪力占该层剪力的比值。

可以看出 p 的大小与 BRB 体系和 RC 体系承载力相对贡献有直接相关，是 BRB-RC 框架结构抗震设计的关键参数。又设 RC 框架体系和 BRB 体系的屈服位移分别为 Δ_y^F 和 Δ_y^B。总结构体系的屈服位移通过 RC 框架体系能力曲线和 BRB 体系能力曲线之和所形成的三线性能力曲线依据能量守恒表征双线性能力曲线来确定，结构的屈服位移 Δ_y 为：

$$\Delta_y = \Delta_y^F(1 - p + p\rho) \tag{5.1-3}$$

式中：ρ——框架屈服位移与屈曲约束支撑体系屈服位移的比值，即 $\rho = \Delta_y^B / \Delta_y^F$；其余字母解释见式(5.1-1) 和式(5.1-2) 相应字母解释。

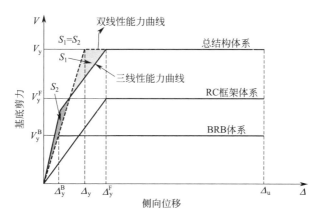

图 5.1-2　BRB-RCF 体系能力曲线及其双线性近似图

图 5.1-2 中，S_1、S_2 为双线性能力曲线与三线性能力曲线的包络面积。其余字母解释见式(5.1-1) 和式(5.1-2) 相应字母解释。

1. 能量平衡方程

能量平衡的抗震设计理念早在 1956 年就被 Housner[1] 提出，后来经过诸多学者的努力和发展[2,3]，现已成为结构抗震设计的重要手段。当结构受到地震作用时，地震动以能量的形式输入到结构体系中，致使结构产生损伤、进而失效。

多自由度结构体系的运动微分方程为[4]：

$$[M]\{\ddot{X}\}+[C]\{\dot{X}\}+\{F(\{X\},\{\dot{X}\})\}=-[M]\{l\}\{\ddot{x}_{\mathrm{g}}\} \tag{5.1-4}$$

式中：　　　$[M]$——体系的质量矩阵；

　　　　　$[C]$——体系的阻尼矩阵；

$\{F(\{X\},\{\dot{X}\})\}$——体系的恢复力向量；

　　　　　$\{X\}$——体系的相对位移向量；

　　　　　$\{\dot{X}\}$——体系的相对速度向量；

　　　　　$\{\ddot{X}\}$——体系的相对加速度向量；

　　　　　$\{l\}$——单位列向量；

　　　　　$\{\ddot{x}_{\mathrm{g}}\}$——地震动加速度向量。

式(5.1-4)两边同时左乘 $\mathrm{d}\{X\}^{\mathrm{T}}=\{\dot{X}(t)\}^{\mathrm{T}}\mathrm{d}t$，并对其在整个持时 t_0 内积分得到：

$$\int_0^{t_0}\{\dot{X}(t)\}^{\mathrm{T}}[M]\{\ddot{X}(t)\}\mathrm{d}t+\int_0^{t_0}\{\dot{X}(t)\}^{\mathrm{T}}[C]\{\dot{X}(t)\}\mathrm{d}t+\int_0^{t_0}\{\dot{X}(t)\}^{\mathrm{T}}\{F\{X\},\{\dot{X}\}\}\mathrm{d}t$$

$$=-\int_0^{t_0}\{\dot{X}(t)\}^{\mathrm{T}}[M]\{l\}\{\ddot{x}_{\mathrm{g}}(t)\}\mathrm{d}t \tag{5.1-5}$$

式中：左边第一项为结构动能 E_{k}，即 $E_{\mathrm{k}}=\int_0^{t_0}\{\dot{X}(t)\}^{\mathrm{T}}[M]\{\ddot{X}(t)\}\mathrm{d}t$；左边第二项为阻尼耗能 E_{ξ}，即 $E_{\xi}=\int_0^{t_0}\{\dot{X}(t)\}^{\mathrm{T}}[C]\{\dot{X}(t)\}\mathrm{d}t$；左边第三项为结构的应变能 E_{T}，即 $E_{\mathrm{T}}=\int_0^{t_0}\{\dot{X}(t)\}^{\mathrm{T}}\{F(\{X\},\{\dot{X}\})\}\mathrm{d}t$；右边为结构的地震输入能 E_{I}，即 $E_{\mathrm{I}}=-\int_0^{t_0}\{\dot{X}(t)\}^{\mathrm{T}}[M]\{l\}\{\ddot{x}_{\mathrm{g}}(t)\}\mathrm{d}t$。

结构的应变能 E_{T} 包括弹性应变能 E_{s} 和滞回耗能（非弹性应变能）E_{p}，式(5.1-5)可变为：

$$E_{\mathrm{k}}+E_{\xi}+E_{\mathrm{s}}+E_{\mathrm{p}}=E_{\mathrm{I}} \tag{5.1-6}$$

将结构的动能 E_{k} 和弹性应变能 E_{s} 组合成为结构的弹性振动能 E_{e}，即 $E_{\mathrm{e}}=E_{\mathrm{k}}+E_{\mathrm{s}}$[2]，式(5.1-6)变为：

$$E_{\mathrm{e}}+E_{\mathrm{p}}+E_{\xi}=E_{\mathrm{I}} \tag{5.1-7}$$

式(5.1-7)建立起了结构能量平衡方程。在地震作用下，输入到结构的能量 E_{I} 是引起结构损伤的原因，但由于结构阻尼的存在，使振动体系的能量不断耗散，因此能量 $E_{\mathrm{d}}=E_{\mathrm{I}}-E_{\xi}$，是引起结构损伤的根本原因[2]，从而有：

$$E_{\mathrm{e}}+E_{\mathrm{p}}=\lambda E_{\mathrm{I}} \tag{5.1-8}$$

式中：λ——考虑阻尼耗能的输入能修正系数。

Housner[1] 认为对弹塑性系统，结构的能量需求-供给关系可用如下方程来表示：

$$E_e + E_p = E_I \tag{5.1-9}$$

式中：$E_I = MV_{max}^2/2$，为地震输入能；

　　　M——系统质量；

　　V_{max}——系统的最大速度响应（拟速度谱）。

对于基于能量平衡的结构抗震设计来说，由于需要进行结构设计，其具体的配置信息未知，为此采用如图 5.1-3 所示的能量平衡示意图（图中 M 是系统质量，K 是系统刚度，V_e 是 E-SDOF 系统最大弹性力，V_y 是设计基底剪力，Δ_y 是屈服位移，Δ_e 是 E-SDOF 系统最大位移，Δ_u 是极限位移，V 是力，Δ 是位移）。从图中可以看出基于能量平衡的整体失效模式设计有三个假设[5,6]：

（1）在侧向地震作用下，将多自由度结构体系（MDOF）从静止推覆到目标位移的能力曲线可近似为理想弹塑性单自由度体系（EPP-SDOF），且侧向力所做的功（弹性振动能和非弹性应变能）等于结构的地震输入能。

（2）MDOF 弹塑性体系的地震输入能可用其等效的多个弹性单自由度体系的地震输入能来表征，并可近似为后者的 γ 倍。

（3）结构的非弹性应变能 E_p 将完全由结构的塑性屈服机制来耗散。

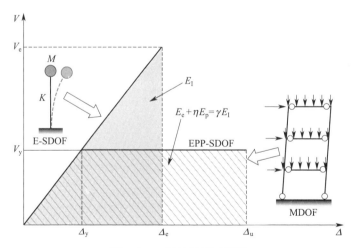

图 5.1-3　能量平衡示意图

考虑到图 5.1-3 中 MDOF 体系耗散的能量为把结构从静止推覆到目标位移 Δ_u 过程中侧向力做功，此单向推覆分析假定了结构的能力曲线为理想弹塑性，且单向推覆分析不能考虑结构的滞回性能。由于具有不同滞回性能的结构体系的耗能能力不同，考虑到弹性振动能是可恢复的，与结构的滞回特性无关，而非弹性应变能与结构滞回特性相关，为此提出如下修正的能量平衡方程：

$$E_e + \eta E_p = \gamma E_I \tag{5.1-10}$$

式中：E_e——弹性振动能；

E_p——非弹性应变能；

E_I——地震输入能；

γ——能量修正系数；

η——滞回耗能修正系数。

Lee 和 Goel 等根据结构抗震设计中弹性系统与弹塑性系统响应之间的关系，推导出了能量修正系数的表达式[7]：

$$\gamma = \frac{2\mu_s - 1}{R_\mu^2} \tag{5.1-11}$$

式中：R_μ——响应修正系数；

μ_s——延性系数。

目前诸多学者提出了不同的 R_μ-μ_s-T 关系曲线，采用 Newmark-Hall 提出的关系式，得到的能量修正系数曲线，如图 5.1-4 所示。

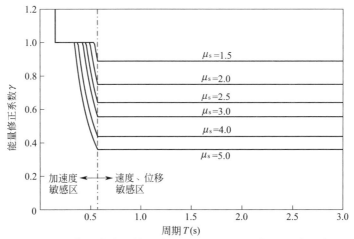

图 5.1-4　能量修正曲线系数（采用 Newmark-Hall 提出的关系式所得）

多自由度弹塑性体系的地震输入能可用其对应的弹性 MDOF 体系的地震输入能来近似。由于系统保持弹性，MDOF 体系的响应可离散成对应的多个 SDOF 体系的响应，如图 5.1-5 所示，图中 m_1、c_1 和 k_1 分别为第 1 层楼层质量、阻尼和层间刚度，M_1、C_1 和 K_1 分别为第 1 阶模态的质量、阻尼和刚度，i、n 为第 i 层、第 n 层楼层，是变量。

MDOF 体系的输入能 E_I 可用其对应的所有弹性 SDOF 体系的能量之和近似，式(5.1-12)给出了 MDOF 体系的地震输入能[2,3]：

$$E_I = \sum_{n=1}^{N} E_{I,n} = \sum_{n=1}^{N} \frac{V_{e,n} \cdot \Delta_{e,n}}{2} = \sum_{n=1}^{N} \frac{M_n^* S_{a,n} \cdot S_{d,n}}{2} = \sum_{n=1}^{N} \frac{M_n^* S_{v,n}^2}{2}$$

$$\tag{5.1-12}$$

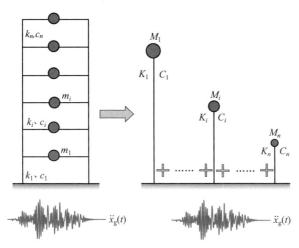

图 5.1-5　MDOF 体系及其对应的等效 SDOF 体系

式中：$V_{e,n}=M_n^* S_{a,n}$ 为第 n 阶 SDOF 体系所经受的最大弹性力，其值为第 n 阶有效模态质量与其对应的谱加速度的乘积；$\Delta_{e,n}=S_{d,n}$ 为弹性 SDOF 的最大位移，即第 n 阶模态的谱位移；$M_n^*=\Gamma_n^2 \cdot M_n$ 为第 n 阶模态的有效模态质量；$S_{v,n}=S_{a,n}/\omega_n$ 为谱速度，可根据大震加速度反应谱计算获得，而加速度反应谱可根据我国规范的罕遇地震影响系数曲线计算获得。

从式(5.1-12)可以看出，求解地震输入能需要获得结构的振动特性（周期和模态向量）。对于钢筋混凝土结构，由于混凝土开裂会使得构件的刚度降低，进而影响结构的振动特性，因此，在进行模态分析时，对构件的弹性刚度进行一定的折减。不同国家的规范对此有不同的要求，美国相关规范[8] 和欧洲相关规范[9] 根据不同的结构类型和轴向力大小给出了单元截面刚度的降低系数，一般取值为 50%，而新西兰混凝土设计规范推荐梁刚度降低值低至 35%[10]。我国抗震规范推荐混凝土构件的有效刚度为毛截面刚度的 85%[11]，采用此推荐值。

必须注意的是，式(5.1-12)的能量方程能考虑结构所有模态的地震输入能量。由于地震输入能量与不同振动周期下的速度谱直接相关，当速度谱为水平直线时，地震输入能与 Housner[1] 和 Akiyama[2] 的能量方程一致。然而真实地震动下的速度谱非水平直线，这与前面的假设不相符，同时从结构设计角度考虑，速度谱是根据加速度谱换算而成的，也非水平直线，因此采用式(5.1-12)计算其可靠度更高。采用前 2 阶或 3 阶模态的地震输入能可较好地估算结构的总地震输入能[3]。

结构的弹性振动能表征储存 E_e 在结构中的能量并在振动过程中逐渐释放，可根据式(5.1-13)中的屈服力和屈服位移来计算：

$$E_e=\frac{1}{2}V_y\Delta_y=\frac{1}{2}V_y\times\frac{V_y}{M\omega^2}=\frac{1}{2}M\left(\frac{T_e}{2\pi}\cdot\frac{V_y}{W}\cdot g\right)^2 \tag{5.1-13}$$

式中：V_y——设计基底剪力；

    ω——频率；

    Δ_y——屈服位移；

    W——结构的总抗震重量；

    M——结构的抗震质量；

    T_e——结构的弹性基本周期；

    g——重力加速度。

非弹性应变能是结构耗散的能量，根据外力功等于内力功，非弹性应变能可根据作用在结构上的侧向力做功来计算。图 5.1-6 给出了结构在竖向重力代表值和水平地震作用下形成的整体失效模式，即结构塑性机制。

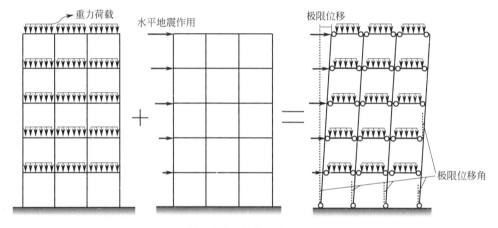

图 5.1-6 结构塑性机制

结构设计的侧向力分布有倒三角分布、指数分布和考虑振型的多模态分布。与结构自振周期和振型相关的侧力模式，均是建立于结构的弹性状态基础上，已有研究表明，基于弹性振动状态建立的侧向力模式不能很好地预测结构在强震下的非线性响应[12-14]。Chao 等根据大量非线性时程分析结果获得的多个结构最大层间剪力分布，提出了一种新的侧向力模式，该模式能更好地预测结构的抗震响应[12]，如式（5.1-14）和式（5.1-15）所示。结构在大震下进入非线性状态，采用此侧力模式与结构的非线性状态一致。

$$F_i = \lambda_i V_y = (\beta_i - \beta_{i+1}) \left(\frac{w_i h_i}{\sum_{j=1}^n w_j h_j} \right)^{0.75 T_e^{-0.2}} \cdot V_y \tag{5.1-14}$$

$$\beta_i = \left(\sum_{j=i}^n w_j h_j / w_n h_n \right)^{0.75 T_e^{-0.2}} \tag{5.1-15}$$

式中：λ_i——第 i 层的侧向力分布系数；

    β_i——第 i 层的楼层剪力分布系数；

w_i——第 i 层的楼层抗震质量；

w_j——第 j 层的楼层抗震质量；

V_y——设计基底剪力；

T_e——结构的弹性基本周期；

w_n——顶层的楼层抗震质量；

h_i——第 i 层离地面的高度；

h_j——第 j 层离地面的高度；

h_n——顶层离地面的高度。

在结构塑性设计时，采用塑性机制，此机制中全部梁端和仅底层柱下端出现塑性铰，且各层的层间位移角完全相同。目标塑性位移角 θ_p 可按照式(5.1-16)计算。

$$\theta_p = \theta_u - \theta_y \tag{5.1-16}$$

式中：θ_u——极限位移角；

θ_y——屈服位移角。

大震作用下结构处于弹塑性状态，较多局部构件的失效可能导致整个结构的倒塌失效，建筑抗震设计规范通过限定结构的层间变形来确保结构的"大震不倒"，并给出了不同结构类型的层间位移角限值[11]。按结构失效机制进行结构设计，应满足抗震设计中"大震不倒"的设防要求，因此结构的层间位移角 θ_u 可取抗震规范规定的弹塑性层间位移角限值，即对钢筋混凝土框架和多高层钢结构 θ_u 取 1/50。当然，由于基于性能的结构抗震设计方法具有多目标性能，θ_u 也可以采用与其性能目标一致的数值。文献 [15] 对我国 80 多根钢筋混凝土柱的试验结果进行统计分析，结果表明大多数柱的屈服位移角 θ_y 都超过 1/550，占总数的 92%，平均值接近 1/145，最大屈服位移角甚至达到了 1/54，同时指出 θ_y 与轴压比和配箍率等有关。结构的侧移和试验柱的侧移虽然有一些差异，但柱侧移与由其构成的结构层间侧移基本一致，取 θ_y 为 0.6% (1/167)，从而 θ_p 为 1.4%。

根据外力功等于内力功，非弹性应变能 E_p 等于侧向力在结构屈服后位移上所做的功 W_e，见式(5.1-17)。

$$E_p = W_e = \sum_{i=1}^{n} F_i h_i \theta_p = V_y \theta_p \sum_{i=1}^{n} \lambda_i h_i \tag{5.1-17}$$

图 5.1-3 和式(5.1-10) 中假定设计侧向力对结构单向推覆所做的功等于结构的非弹性应变能，即结构塑性铰单向转动所耗散的能量。同时假定结构的能力曲线为理想弹塑性，即侧向力在结构屈服后保持大小不变。由于单向推覆分析不能考虑结构的滞回性能，而不同结构体系具有不同的滞回性能，因而其耗能能力是不同的。饱满滞回体系及其近似的双线性模型如图 5.1-7 所示，其中，K_I 为体系初始刚度，α 为屈服后刚度比，Δ_y 为屈服位移，Δ_{max} 为最大位移，A_F 为

饱满滞回环面积，A_{RPP} 为每个滞回环所对应的刚塑性滞回环面积。退化滞回体系及其滞回模型如图 5.1-8 所示。

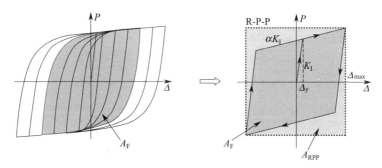

图 5.1-7　饱满滞回体系及其近似的双线性模型

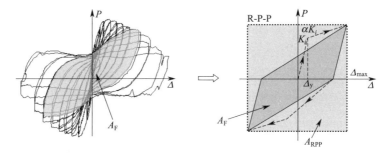

图 5.1-8　退化滞回体系及其滞回模型

为考虑不同滞回体系的耗能能力，定义滞回耗能修正系数如下：

$$\eta = \frac{A_P}{A_F} \qquad (5.1\text{-}18)$$

式中：A_P——捏缩滞回环面积；

　　　A_F——饱满滞回环面积。

根据等效滞回阻尼比的基本定义，饱满滞回体系和捏缩滞回体系的等效滞回阻尼比为：

$$\zeta_F = \frac{A_F}{4\pi \dfrac{A_{RPP}}{8}} = \frac{2A_F}{\pi A_{RPP}} \qquad (5.1\text{-}19a)$$

$$\zeta_P = \frac{A_P}{4\pi \dfrac{A_{RPP}}{8}} = \frac{2A_P}{\pi A_{RPP}} \qquad (5.1\text{-}19b)$$

式中：ζ_F——饱满滞回体系的等效滞回阻尼系数；

　　　ζ_P——捏缩滞回体系的等效滞回阻尼系数；

　　　A_{RPP}——每个滞回环所对应的刚塑性滞回环面积。

将式(5.1-19a)和式(5.1-19b)代入式(5.1-18)可得:

$$\eta = \frac{A_P}{A_F} = \frac{2A_P}{\pi A_{RPP}} \cdot \frac{\pi A_{RPP}}{2A_F} = \frac{\zeta_P}{\zeta_F} \tag{5.1-20}$$

根据以上推导可知,滞回耗能修正系数与不同结构体系的等效滞回阻尼比密切相关。必须看到的是,对于图 5.1-7 和图 5.1-8 中不同幅值的滞回环,即在不同延性时,结构的滞回环面积是不一样的。因此如何准确合理地计算等效滞回阻尼系数至关重要。Dwairi 等根据等效线性化方法[16],采用 100 条地震动对 4 种滞回模型(Elasto-plastic 模型,Ring-Spring 模型,Large Takeda 模型和 Small Takeda 模型)进行了不同延性下的非线性分析,并给出了等效黏滞阻尼表达式:$\zeta_{eq} = \zeta_e + \zeta_H = \zeta_e + C(\mu_s - 1)/\pi\mu_s$,其中 ζ_e 和 ζ_H 分别为弹性黏滞阻尼比和滞回阻尼比,C 是依赖于滞回模型的修正系数,μ_s 为延性系数。

对于混凝土类结构体系,无粘结后张预应力结构可用 Ring-Spring 模型来表征,钢筋混凝土框架(剪力墙)结构可用 Small Takeda 来表征,BRB-RC 框架结构等可以用 Large Takeda 来表征。根据所获得的滞回阻尼表达式,可得到不同体系的滞回耗能修正系数,如表 5.1-1 所示。

滞回耗能修正系数 η　　　　　　　　　　表 5.1-1

结构有效周期	模型		
	Ring-Spring	Small Takeda	Large Takeda
$T_{eff} < 1s$	$\dfrac{0.3 + 0.35(1 - T_{eff})}{0.85 + 0.6(1 - T_{eff})}$	$\dfrac{0.5 + 0.4(1 - T_{eff})}{0.85 + 0.6(1 - T_{eff})}$	$\dfrac{0.65 + 0.5(1 - T_{eff})}{0.85 + 0.6(1 - T_{eff})}$
$T_{eff} \geq 1s$	0.353	0.588	0.765

注:$T_{eff} = T_e\sqrt{\mu/(1 + \alpha\mu - \alpha)}$,$\alpha$ 为屈服后刚度比,T_e 为结构周期,μ 为延性系数。

从表 5.1-1 可以看出,当结构的等效周期小于 1s 时,滞回耗能修正系数与结构延性系数和滞回模型有关,而当等效周期大于 1s 时,仅与滞回模型有关。不同滞回体系、不同周期下的滞回耗能修正系数如图 5.1-9 所示,从图 5.1-9 中可以看出,对于某一特定的延性系数,Large Takeda 模型的 η 值最大,而 Ring-Spring 模型的 η 值最小。当 T_{eff} 小于 1s 时(如 $T_e = 0.3s$),η 随延性的增加而逐渐降低,而当 T_{eff} 大于 1s 时(如 $T_e = 1.5s$),η 为常数,与结构的延性无关。对于 $T_e = 0.8s$ 的情况,η 先随延性系数的增加逐渐降低,当等效周期达到 1s 时,η 再保持不变。因此,从以上分析可以看出,将滞回耗能修正系数进行了量化,结构工程师可根据不同结构体系很容易从表 5.1-1 中查出滞回耗能修正系数,进而开展基于能量平衡的结构塑性设计。

2. 结构塑性内力设计

采用 Goel 等[12] 提出的侧向力模式,根据功能关系,结构的设计基底剪力

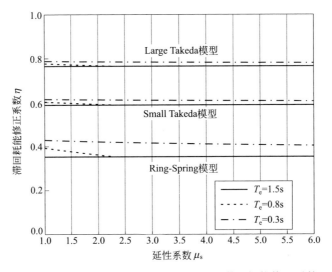

图 5.1-9　不同滞回体系、不同周期下的滞回耗能修正系数

可算出为：

$$V_y = \frac{-B + \sqrt{B^2 - 4AC}}{2A} \tag{5.1-21}$$

式中：$A = T_e^2 / (8M\pi^2)$，$B = \eta \left(\sum_{i=1}^{n} \lambda_i h_i \right) (\theta_u - \theta_y)$，$C = -\gamma E_I$。

上述字母的解释：

M——机构系统的总质量；

θ_u、θ_y——分别为设计位移和屈服位移；

λ_i、h_i——分别为第 i 楼层的设计侧向力系数和楼高。

$E_I = \sum_{i=1}^{n} M_i^* S_{v,i}^2 / 2$，其中 $M_i^* = \Gamma_i^2 \cdot M_i$，为第 i 阶模态的有效模态向量，且 $M_i = \phi_i^T M \phi_i$ 和 $\Gamma_i = \phi_i^T M l / \phi_i^T M \phi_i$，$\phi_i$ 为第 i 阶模态向量，M 为结构体系质量矩阵，l 为单位列向量，$S_{v,i} = T_i S_{a,i} / (2\pi)$ 为速度谱，可按规范给出的加速度反应谱值 $S_{a,i}$ 和结构周期 T_i 计算得出。

在计算出设计基底剪力 V_y 后，考虑 P-Δ 效应后的楼层侧向力为：

$$F_i^D = F_i + \Delta F_i = \lambda_i V_y + w_i \theta_u \tag{5.1-22}$$

式中：F_i——第 i 层设计侧向力；

F_i^D——第 i 层总设计侧向力；

ΔF_i——考虑 P-Δ 效应的附加侧向力；

w_i——第 i 层的楼层重量；

V_y——结构基底剪力；

λ_i——第 i 层楼的设计侧向力系数。

在结构的总设计侧向力 F_i^{D} 计算出后，根据 BRB 体系承担的楼层剪力比 p，可分别计算出纯框架体系和 BRB 体系承担的楼层剪向力 F_i^{F} 和 F_i^{B}：

$$F_i^{\mathrm{B}}=pF_i^{\mathrm{D}};F_i^{\mathrm{F}}=(1-p)F_i^{\mathrm{D}} \tag{5.1-23}$$

这表明施加在总结构体系上的侧向力可以分解为两部分，且每部分单独作用在各自的体系上来形成预期的屈服模式，这为基于能量平衡的塑性设计方法在双重抗侧力体系中的应用提供了思路。

底层柱弯矩计算简图见图 5.1-10。对于不等跨的对称结构，须将其离散为每跨单独进行计算。考虑结构在底层形成薄弱层，二层及以上结构不发生任何破坏，具有相同的水平位移即形成刚体[6,17]，根据虚位移原理可以有：

$$M_{cj}=\frac{\Psi V_{\mathrm{y}}^{j}h_1}{4} \tag{5.1-24}$$

$$V_{\mathrm{y}}^{j}=\frac{L_j}{L}V_{\mathrm{y}} \tag{5.1-25}$$

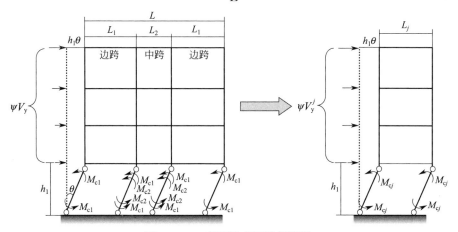

图 5.1-10　底层柱弯矩计算简图

式(5.1-24)、式(5.1-25)、图 5.1-10 中：

M_{cj}——隔离出的单跨首层柱底弯矩需求，下标 j 表示对称结构从外跨到内跨的跨数；

θ——底层层间位移角；

h_1——底层楼高；

V_{y}——结构基底剪力；

V_{y}^{j}——第 j 跨承担的基底剪力；

L_j、L——分别为第 j 跨跨度和结构总跨度；

Ψ——考虑高阶振型效应和超强等引起的放大系数，其值取为 1.1。

须指出的是，式(5.1-25)是按照结构每跨分担的竖向重力比例来分配地震动作用的，同时首层薄弱层机制仅是用来计算柱底弯矩，而首层柱顶弯矩是根据后面的"柱树"方法来计算的，其设计出来的弯矩比柱底弯矩大，因而在真实情况下，底层不会形成薄弱层机制。在计算出每跨的柱端弯矩后，结构柱最终的弯矩为各跨弯矩的叠加，对于外柱，柱端弯矩 $M_c = M_{c1}$，而对于内柱 $M_c = M_{c1} + M_{c2}$。

梁端弯矩计算如图 5.1-11 所示，其中，Δ_p 为结构塑性侧移变形，θ_p 为结构塑性位移角，M_b 和 M_c 分别为梁端和柱端弯矩，θ_p^* 为梁端塑性转角，L_j^* 为分析跨（跨度方向第 j 跨）梁端两塑性铰之间的长度，L_j 为分析跨跨度，β_i 为第 i 层的楼层剪力分布系数。取结构的任一跨作为分析结构，作用在该分析结构上的侧向力为 $F_i^j = \lambda_i V_y^j$，根据侧向力做的外力功等于结构的内力功[6,17]，即所有梁端塑性铰和首层柱底端塑性铰耗散的能量，并假定塑性铰为机械铰，具有相同的转动能力，则：

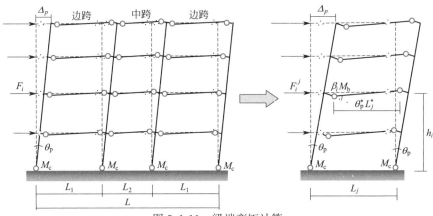

图 5.1-11　梁端弯矩计算

$$\sum_{i=1}^n F_i^j h_i \theta_p = 2M_c \theta_p + \sum_{i=1}^n \beta_i (|M_b^+| + |M_b^-|)\theta_p^* \tag{5.1-26}$$

将 $\theta_p^* = L_j / \theta_p$ 代入式(5.1-26) 有：

$$\sum_{i=1}^n F_i^j h_i = 2M_c + \sum_{i=1}^n \beta_i (|M_b^+| + |M_b^-|) \cdot L_j / L_j^* \tag{5.1-27}$$

式中：M_b^+ 和 M_b^- ——分别为分析跨梁端底部和顶部截面标准弯矩设计值；

L_j^* ——分析跨（跨度方向第 j 跨）梁端两塑性铰之间的长度，可取 $L_j^* = L_j - h_c - h_{oB}$（$h_c$ 为柱截面高度，h_{oB} 为梁端塑性铰区长度）；

h_i ——第 i 层楼层层高

θ_p ——结构塑性位移角；

L_j ——分析跨跨度；

M_c ——柱端弯矩；

h_c ——柱截面高度；

F_i^j——侧向力；

β_i——第 i 层的楼层剪力分布系数；

θ_p^*——梁端塑性转角；

h_{oB}——梁端塑性铰区长度，取其值为梁截面的有效高度。

设 $x=|M_b^+|/|M_b^-|$，混凝土设计规范根据结构的抗震等级给出了截面顶部和底部纵向受力钢筋的截面面积比值的大小，近似认为 x 与截面底顶部钢筋面积的比值相同[18]，即一级抗震等级时不应小于 0.5，二、三级抗震等级时不应小于 0.3，式(5.1-27) 可以转化为：

$$\sum_{i=1}^n F_i^j h_i = 2M_c + \sum_{i=1}^n \beta_i(1+x)|M_b^-| \cdot \frac{L_j}{L_j^*} \tag{5.1-28}$$

根据式(5.1-28) 可以求出 M_b^-，进而求出 M_b^+：

$$M_b^- = -\frac{\sum\limits_{i=1}^n F_i^j h_i - 2M_c}{\sum\limits_{i=1}^n \beta_i(1+x)\cdot\frac{L}{L_i^*}} ; M_b^+ = -x\cdot M_b^- = x\cdot\frac{\sum\limits_{i=1}^n F_i^j h_i - 2M_c}{\sum\limits_{i=1}^n \beta_i(1+x)\cdot\frac{L}{L_i^*}} \tag{5.1-29}$$

式中：L——结构总跨度，其他字母解释见图 5.1-11 的字母解释。

为实现"强柱弱梁"失效模式和确保结构不发生剪切破坏，在确定柱端内力及梁端剪力时，需将梁端弯矩乘以放大系数 ξ 以考虑材料超强和钢筋应变硬化的影响，放大系数值取为 1.25。

在计算出梁端截面的弯矩后，梁端的剪力设计值可按照式(5.1-30) 计算。

$$V_b^{L/R} = (M_b^L + M_b^R)/L_n \pm V_{Gb} \tag{5.1-30}$$

式中：M_b^L、M_b^R——分别为梁左、右端弯矩设计值；

V_{Gb}——梁在重力荷载代表值作用下，按简支梁计算的梁端截面剪力设计值；

L_n——梁净跨。

结构进入屈服状态后，在完全形成整体屈服机制时，框架柱可采用"柱树"的方法进行计算[6,17]，即在楼层处有梁端传来的外荷载、柱自重和设计侧向力，柱底铰接，形成一平衡体系，其分析示意图如图 5.1-12 所示。图中的 $F_{L,e}$ 和 $F_{L,I}$ 是维持"悬臂柱"平衡所需的标准水平侧向力，其大小可根据梁端的内力来计算得到；P_i^I 和 P_i^E 是第 i 层内柱轴力和外柱轴力；其他字母解释见式(5.1-31)~式(5.1-34) 相应字母解释。对于外柱，根据其上的荷载平衡有：

$$F_{L,e} = \frac{\sum\limits_{i=1}^n |M_i^{b-}| + \sum\limits_{i=1}^n V_i^L\cdot(L_i - L_i^*)/2 + M_{c\cdot s}}{\sum\limits_{i=1}^n \lambda_i h_i} \tag{5.1-31}$$

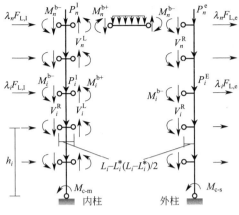

图 5.1-12　柱端弯矩计算

对于内柱，有：

$$F_{\text{L,I}} = \frac{\displaystyle\sum_{i=1}^{n}(|M_i^{\text{b+}}| + |M_i^{\text{b-}}|) + \sum_{i=1}^{n}(V_i^{\text{L}} + V_i^{\text{R}}) \cdot (L_i - L_i^{*})/2 + M_{\text{c-m}}}{\displaystyle\sum_{i=1}^{n}\lambda_i h_i} \quad (5.1\text{-}32)$$

式中：$M_i^{\text{b+}}$、$M_i^{\text{b-}}$——第 i 层梁底端和顶端弯矩设计值；

$\qquad V_i^{\text{L}}$、V_i^{R}——梁左端和右端剪力设计值；

$\qquad\qquad \lambda_i$——第 i 层的设计侧向力系数；

$\qquad\qquad h_i$——第 i 层楼高度；

$\qquad L_i$、L_i^{*}——第 i 层梁跨度和该梁两塑性铰之间的距离；

$\quad M_{\text{c-s}}$、$M_{\text{c-m}}$——为外柱和内柱底部弯矩设计值。

在获得 $F_{\text{L,e}}$ 和 $F_{\text{L,I}}$ 后，可以根据式(5.1-15)计算出外柱和内柱作用的楼层侧向力，进而柱端弯矩、轴力和剪力可按照如下计算：

$$M_{\text{c}}(h) = \sum_{i=1}^{n}\delta_i M_i + \sum_{i=1}^{n}\delta_i V_i \frac{L_i - L_i^{*}}{2} - \sum_{i=1}^{n}\delta_i F_i(h_i - h) \quad (5.1\text{-}33\text{a})$$

$$N_{\text{c}}(h) = \sum_{i=1}^{n}\delta_i V_i + \sum_{i=1}^{n}\delta_i P_{ci} \quad (5.1\text{-}33\text{b})$$

$$V_{\text{c}}(h) = \sum_{i=1}^{n}\delta_i F_i \quad (5.1\text{-}33\text{c})$$

$$\delta_i = \begin{cases} 1 & h < h_i \\ 0 & h > h_i \end{cases} \quad (5.1\text{-}34)$$

式中：$M_{\text{c}}(h)$、$N_{\text{c}}(h)$、$V_{\text{c}}(h)$——离地面高度 h 的柱截面弯矩、轴力和剪力；

$\qquad\qquad \delta_i$——第 i 楼层的影响系数；

$\qquad\qquad M_i$——第 i 层梁端施加给柱树的弯矩，对于外柱 $M_i =$

$M_i^{\mathrm{b-}}$，而内柱 $M_i = M_i^{\mathrm{b-}} + M_i^{\mathrm{b+}}$，$M_i^{\mathrm{b-}}$ 和 $M_i^{\mathrm{b+}}$ 均取正值；

V_i——第 i 层梁端施加给柱树的剪力，对于外柱 $V_i = V_i^{\mathrm{R}}$，内柱 $V_i = V_i^{\mathrm{R}} + V_i^{\mathrm{L}}$；

F_i——第 i 层侧向力，对于外柱 $F_i = F_{i,\mathrm{e}}$，内柱 $F_i = F_{i,\mathrm{I}}$；

P_{ci}——节点的竖向力，对于外柱 $P_{ci} = P_i^{\mathrm{E}}$，内柱 $P_{ci} = P_i^{\mathrm{L}}$；

h——柱截面离地面高度；

h_i——柱截面离地面第 i 层楼高度；

L_i、L_i^*——第 i 层梁跨度和该梁两塑性铰之间的距离。

在计算出柱端内力后，可以根据混凝土结构设计规范对柱构件进行重新设计。理论上，根据前述方法可设计任意规则对称的 RC 框架结构。但必须看到的是，前述设计主要是考虑水平地震作用，在整个设计过程中，对结构自重效应未进行直接的量化计算，仅在考虑 $P\text{-}\Delta$ 效应时，通过增大楼层侧向设计力来间接考虑了竖向重力荷载效应。Leelataviwat 等根据钢框架结构的塑性设计指出重力效应比地震荷载效应小得多，因此重力荷载效应在设计时可以忽略[19]。然而，当建筑结构位于中等烈度，特别是低烈度区域时，地震作用与结构自重的比值将会显著降低，此时若再忽略地震作用，用塑形设计方法获得的结构将明显偏于不安全。

为保证结构在自重作用下的安全性，并满足结构的最小配筋率要求，由塑性设计方法计算出梁端弯矩后，可根据如下公式获得新的梁端弯矩：

$$M_{\mathrm{n}} = \max\left(M_{\mathrm{sn}}, \frac{qL^2}{12}, M_{\mathrm{As1,min}}\right) \tag{5.1-35}$$

式中：M_{sn}——塑性设计方法计算出的梁端负弯矩；

q——作用在梁上的竖向均布荷载；

L——梁跨度；

$M_{\mathrm{As1,min}}$——根据最小配筋率决定的梁端负弯矩。

考虑竖向荷载下的梁端弯矩需求为 $qL^2/12$，该值是梁端完全固定时的梁端弯矩，由于节点非固结，因此该值是偏于保守的。当梁端负弯矩被确定后，梁端正弯矩 M_{p} 也可以被确定：

$$M_{\mathrm{p}} = \max(M_{\mathrm{sp}}, M_{\mathrm{As2,min}}) = \max\left(\frac{M_{\mathrm{sn}}}{R}, M_{\mathrm{As2,min}}\right) \tag{5.1-36}$$

式中：M_{sp}——塑性设计方法确定的梁端正弯矩；

R——梁端负弯矩与正弯矩的比值；

$M_{\mathrm{As2,min}}$——梁端根据最小配筋率确定的梁端正弯矩。梁端荷载、弯矩和配筋如图 5.1-13 所示。

在确定出梁端正弯矩和负弯矩后，根据下式可以算出最大正弯矩的位置，如图 5.1-13 所示：

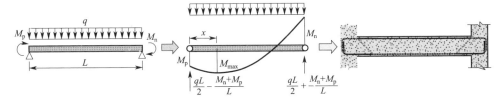

图 5.1-13　梁端荷载、弯矩和配筋

$$x=\frac{L}{2}-\frac{M_{\mathrm{n}}+M_{\mathrm{p}}}{qL} \tag{5.1-37}$$

进而可以算出梁中的最大正弯矩：

$$M_{\max}=\frac{M_{\mathrm{p}}-M_{\mathrm{n}}}{2}+\frac{qL^{2}}{8}+\frac{(M_{\mathrm{p}}-M_{\mathrm{n}})^{2}}{2qL} \tag{5.1-38}$$

式(5.1-37)、式(5.1-38)、图 5.1-13 中：

M_{p}——梁端正弯矩；

M_{n}——梁端负弯矩；

L——梁长；

q——作用在梁上的竖向均布荷载；

x——梁中最大正弯矩点到梁端的距离。

根据梁上的弯矩值大小，当正弯矩出现在梁端时，梁上下端可以配置通长钢筋来抵抗 M_{n} 和 $M_{\max}$，但当最大正弯矩不出现在梁端时，需要配置弯起钢筋来抵抗最大正弯矩，其配置见图 5.1-13。当梁端弯矩被确定后，柱内力可以根据图 5.1-12 "柱树" 的方法来计算。

为展示塑性设计方法中不考虑重力和考虑重力的差异，分别用已有的塑性设计方法和本章发展的塑性设计方法分别设计了两个三层一跨的框架结构，结构的抗震设防烈度分别为 7 度和 8 度，分别代表中等烈度和高烈度区域，且结构分别命名为 M7 和 H8，已有塑性设计方和发展的塑性设计方法的对比如图 5.1-14 所示。从图 5.1-14(a) 和图 5.1-14(c) 的 M7 结构可以看出，已有的塑性设计方法在结构自重作用下，梁端出现了屈服，且图 5.1-14(d) 也显示 Pushover 分析至顶点位移为 2‰楼高时，出现了预期的整体失效模式。对于 H8 结构，已有塑性设计方法设计的结构在 Pushover 分析至 2‰楼高时，三层梁左端塑性铰不能出现在梁端，这与结构预期的屈服机制不一致，而本书提供的塑性设计方法能有效地形成预期的 "强柱弱梁" 整体失效模式。

对于 RC 框架结构，构件塑性内力计算可分为如下 4 步：

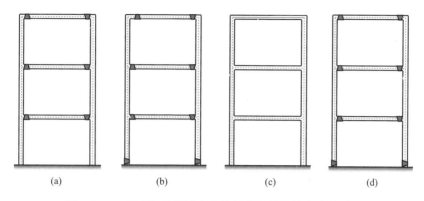

图 5.1-14　已有塑性设计方和发展的塑性设计方法的对比
(a) M7 重力荷载（已有的塑性设计方法）；(b) H8 推覆分析（已有的塑性设计方法）；
(c) M7 重力荷载（发展的塑性设计方法）；(d) M7 和 H8 推覆分析（发展的塑性设计方法）

第 1 步：为防止首层形成薄弱层机制，首层柱端弯矩需求可以根据薄弱层计算得出。基于能量平衡原理，作用在首层薄弱层机制上的侧向力做功等于首层柱端塑性铰耗能的能量，据此可计算出柱端塑性弯矩。

第 2 步：根据功能平衡关系，即设计侧向力做功等于所有梁端塑性铰和首层柱底塑性铰耗散的能量，而首层柱底弯矩在第 1 步中已经算出，根据楼层剪力分布系数 β_i 可以算出每层的梁端塑性弯矩。

第 3 步：由于梁上的竖向荷载没有直接考虑结构的梁端塑性内力设计，在某些情况下，如结构位于中等烈度和低烈度区域时，结构的重力效应将在梁内力设计中占据主导地位，此时按照第 2 步的方法设计，将会导致梁端处于不安全的状态。为确保梁在自重作用下不屈服，且满足最小配筋率要求，需要按照以上设计程序对梁端弯矩进行更新和约束，最终获得三个控制弯矩：梁端正弯矩 M_p、梁端负弯矩 M_n 和梁中最大正弯矩 $M_{\max}$。

第 4 步：在计算出梁端弯矩和首层柱底弯矩后，柱端弯矩需求可以根据"柱树"法计算得出，其原理是根据作用在"柱树"隔离体上的外力平衡来计算柱端弯矩。

对于 BRB 体系的设计，BRB 常以人字形、V 形、单斜撑三种布置形式与框架组合，应分别考察三种不同布置形式的 BRB 体系屈服后的受力性能。侧向地震作用 F_i^B 由 BRB 来承担，据此可计算出每一楼层的支撑截面面积 $A_{c,i}$，见式(5.1-39)：

$$A_{c,i} = \frac{V_i^B}{(\phi_t + \beta\phi_c)f_y\cos\theta_i} \qquad (5.1\text{-}39)$$

式中：ϕ_t——BRB 拉伸抗力系数；

ϕ_c——BRB 压缩抗力系数；

f_y——BRB 内芯屈服强度；

β——压缩强度调整系数；

V_i^B——BRB 体系的楼层剪力；

θ_i——支撑的倾角。

计算得到 BRB 内芯截面面积 A_c 的各层具体数值后，BRB 通过节点传递给框架构件的作用力便可根据不同 BRB 布置形式来计算。计算的作用力还要综合考虑支撑的张拉强度调整系数 ω、压缩强度调整系数 β 和材料超强系数 R_y，这是由于考虑 BRB 在强烈的地震作用下预期的变形极限状态。

单斜撑结构 BRB 屈服后力学性能见图 5.1-15，侧向地震作用 F_i^B 对结构作用产生位移时，结构中的 BRB 会相应地处于受拉或者受压状态，此时就会产生反向作用力。结构由此产生的梁柱内力可分别按照下式来计算：

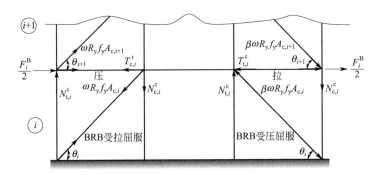

图 5.1-15 单斜撑结构 BRB 屈服后力学性能

图中字母解释见式(5.1-40)、式(5.1-41) 字母解释

$$\begin{cases} N_{t,i}^t = \omega R_y f_y A_{c,i+1} \sin\theta_{i+1} \\ N_{c,i}^t = \omega R_y f_y A_{c,i} \sin\theta_i \\ N_{t,i}^c = \beta\omega R_y f_y A_{c,i} \sin\theta_i \\ N_{c,i}^c = \beta\omega R_y f_y A_{c,i+1} \sin\theta_{i+1} \end{cases} \qquad (5.1\text{-}40)$$

$$\begin{cases} T_{c,i}^t = \omega R_y f_y A_{c,i} \cos\theta_i \\ T_{t,i}^c = \beta\omega R_y f_y A_{c,i} \cos\theta_i \end{cases} \qquad (5.1\text{-}41)$$

式中：$N_{t,i}^t$——BRB 受拉造成的柱中拉力；

$N_{c,i}^t$——BRB 受拉造成的柱中压力；

$N_{t,i}^c$——BRB 受压造成的柱中拉力；

$N_{c,i}^c$——BRB 受压造成的柱中压力；

$T_{c,i}^t$——BRB 受拉产生的梁中压力；

$T_{t,i}^c$——BRB 受压产生的梁中拉力；

β——压缩强度调整系数；

ω——张拉强度调整系数；

R_y——材料超强系数；

f_y——BRB 内芯屈服强度；

$A_{c,i}$——BRB 内芯屈服段面积；

θ_i——第 i 个 BRB 倾角。

对于 V 形 BRB 体系，屈服后力学性能如图 5.1-16 所示。V 形支撑作用于梁的不平衡力以及支撑施加给节点的轴向力引起的柱轴力分别为：

$$\begin{cases} F_{h,i} = (\beta+1)\omega R_y F_y A_{c,i+1}\cos\theta_{i+1} \\ F_{v,i} = (\beta-1)\omega R_y F_y A_{c,i+1}\sin\theta_{i+1} \end{cases} \tag{5.1-42}$$

$$\begin{cases} N_{c,i}^t = \omega R_y f_y A_{c,i}\sin\theta_i \\ N_{t,i}^c = \beta\omega R_y f_y A_{c,i}\sin\theta_i \end{cases} \tag{5.1-43}$$

其中，$F_{h,i}$ 和 $F_{v,i}$ 为由于同一节点屈曲约束支撑的不同的受力状态而产生的水平不平衡力和竖向不平衡力，水平方向上的不平衡力将由半跨梁的受压和半跨梁的受拉来平衡，梁中的轴向拉力 $T_{B,i}$ 和压力 $C_{B,i}$ 视为相等且取总水平力 $F_{h,i}$ 的一半，其他字母解释同式(5.1-40)、式(5.1-41) 字母解释：

$$T_{B,i} = C_{B,i} = F_{h,i}/2 = 0.5(\beta+1)\omega R_y F_y A_{c,i}\cos\theta_i \tag{5.1-44}$$

必须注意的是，顶层跨梁不会产生附加的压力和拉力。

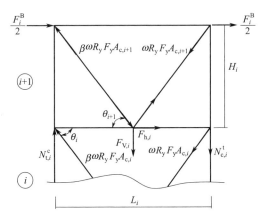

图 5.1-16　V 形 BRB 体系屈服后力学性能

图中字母解释见式(5.1-40)、式(5.1-41) 字母解释

对于人字形 BRB 体系，屈服后力学性能如图 5.1-17 所示。人字形支撑作用于梁的不平衡力以及支撑施加给节点的轴向力引起的柱轴力分别为：

$$F_{h,i} = (\beta+1)\omega R_y F_y A_{c,i}\cos\theta_i$$
$$F_{v,i} = (\beta-1)\omega R_y F_y A_{c,i}\sin\theta_i \tag{5.1-45}$$

$$N_{t,i}^t = \omega R_y f_y A_{c,i+1}\sin\theta_{i+1}$$
$$N_{c,i}^c = \beta\omega R_y f_y A_{c,i+1}\sin\theta_{i+1} \tag{5.1-46}$$

水平方向上的不平衡力与 V 形支撑情况相同，必须指出的是，考虑到作用方向与重力相反且较重力更小，在人字形设计方法中不再考虑竖向不平衡力 $F_{v,i}$ 的影响，使得梁有更多的安全储备，同样的，顶层柱不会产生附加的压力和拉力。

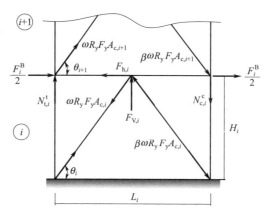

图 5.1-17　人字形 BRB 体系屈服后力学性能

3. 一体化韧性设计

根据以上分析，BRB-RC 框架体系基于能量平衡的塑性设计方法可按照如下流程来进行设计：

（1）根据规范要求和工程经验，选取结构的目标层间位移角 θ_u 和如图 5.1-1 所示的整体屈服机制；选取屈曲约束支撑体系承担的基底剪力比 p。

（2）确定沿楼高分布的 BRB 配置，根据相关规范的要求[20]，支撑的构造满足如下要求：

$$\frac{L_c}{L_w} \geqslant \frac{\sin(2\theta)}{1.5} \tag{5.1-47}$$

式中：L_c——内芯单元屈服段的长度；

　　　L_w——BRB 全长；

　　　θ——BRB 倾角。

必须说明的是，上式主要是控制 BRB 内芯的应变不易过大，即在规范规定 2% 的层间变形情况下，内芯屈服段的应变控制在 3% 的范围内，以防止支撑被拉断。此外，支撑连接段面积 A_j 与内芯屈服段面积 A_c 的比值 A_j/A_c，支撑转换段面积 A_t 与内芯屈服段面积 A_c 的比值 A_t/A_c 可根据生产条件和相关要求预先指定。

（3）计算屈服侧移和设计位移延性。根据第 2 步确定的支撑参数，BRB 体系的屈服位移可由式(5.1-48) 计算：

$$\theta_y^B = \frac{\Delta}{H} = \frac{\Delta'}{H\cos\theta} = \frac{F_y}{E_b H\cos\theta}\left(L_c + L_t \frac{A_c}{A_t} + L_j \frac{A_c}{A_j}\right) \tag{5.1-48}$$

式中：θ_y^B——BRB 体系的屈服位移；

Δ——楼层侧移；

Δ'——支撑轴向变形；

E_b——支撑弹性模量；

H——层高；

θ——BRB 倾角；

F_y——BRB 屈服荷载；

A_j——内芯单元连接段的截面面积；

A_t——内芯单元过渡段的截面面积；

A_c——内芯单元屈服段的截面面积；

L_j——内芯单元连接段的长度；

L_t——内芯单元过渡段的长度；

L_c——内芯单元屈服段的长度。

对于 RC 框架体系，由于梁柱精确的截面配筋信息未知，但截面的尺寸可以预先根据经验指定，因此结构的屈服位移 θ_y^F 可以根据梁构件的曲率分析获得[21]：

$$\theta_y^F = 0.5\varepsilon_y L_b / h_b \tag{5.1-49}$$

式中：ε_y——梁钢筋屈服应变；

L_b——梁跨度；

h_b——梁高。

在计算出 θ_y^B 和 θ_y^F 后，可根据 $\rho = \theta_y^B / \theta_y^F$ 计算出框架屈服位移与 BRB 体系屈服位移的比值，进而按照式(5.1-3) 可以计算出总结构体系的屈服位移 θ_y。进一步，塑性位移 θ_p 和设计位移延性 μ_s 也可以计算出：$\theta_p = \theta_u - \theta_y$，$\mu_s = \theta_u / \theta_y$。

（4）结构进行模态分析。获得弹性结构系统的基本周期 T_e 和刚度折减结构前三阶的模态参数：周期 T_i、频率 ω_i 和振型 ϕ_i。对弹性结构进行刚度折减主要是考虑目标侧移下混凝土会出现开裂和压碎，使得结构的刚度降低，按照抗震设计规范的要求取刚度折减系数为 0.85[11]。

（5）计算能量修正系数 γ，采用 Large Takeda 模型按照表 5.1-1 计算滞回耗能修正系数 η。

（6）按照式（5.1-21）计算结构的设计基底剪力 V_y，并按照式（5.1-22）计算考虑 $P\text{-}\Delta$ 效应的结构总设计侧向力 F_i^D。

（7）根据 BRB 体系承担的剪力比 p，计算出 BRB 体系的楼层剪力，并根据式（5.1-39）计算 BRB 内芯面积的竖向分布，并计算连接段和转换段的截面面积。

（8）迭代上述第 1 步到第 7 步，直到前后两次迭代结构的周期近似不变，此时获得结构最终的 BRB 设计。对于第一次迭代，结构中未添加 BRB，仅需按照纯框架体系来获得结构的设计基底剪力。必须说明的是，本次迭代仅是用来确定 BRB 的截面尺寸，RC 构件截面保持不变，假定其具有近似不变的振动特性。

（9）根据塑性内力方法计算 RC 框架的构件内力需求。

5.2 BRB 框架结构韧性抗震设计

1. 结构参数

为全面了解 BRB-RC 框架抗震性能，通过不同 BRB 体系布置类型、不同结构总层数以及不同的设计剪力比建立了 BRB-RC 框架结构模型（图 5.2-1）。其中 BRB 体系布置类型包括单斜形、人字形或者 V 形。单斜形布置于边跨，人字形和 V 形布置于中间跨，均采用上下连续且对称布置。结构层从低矮层逐步过渡到高层，涵盖了 3、5、7、9、11 五个层数。当 p 取不同的值时，RC 框架体系和 BRB 体系承担的侧向地震作用不同。因此，选取 BRB 体系承担的剪力比 p，从 0.10 递增到 0.05，再递增到 0.75 共 14 个值。结构抗震设防烈度为 8 度，场地特征周期为 0.35s。BRB 体系的过渡段和连接段的面积比为 $A_t/A_c=2.0$ 和 $A_j/A_c=3.0$，连接段、过渡段和屈服段的长度比分别为 $L_j/L_w=0.24$，$L_t/L_w=0.06$ 和 $L_c/L_w=0.70$。支撑内芯屈服强度 $f_y=235\text{N/mm}^2$，抗力系数 ϕ_t 和 ϕ_c 为 0.9。仅选取中间跨的一榀框架作为设计结构，采用 HRB400 级钢筋和 C30 混凝土。结构的楼（屋）面横荷载和活荷载分别取 6.0kN/m^2 和 2.0kN/m^2，其他模型参数见表 5.2-1。将所有模型按照"结构层数-BRB 布置类型-剪力比"的方式进行初始编号，其中单斜形、人字形和 V 形的编号分别为 SD、IV、V，7-SD-0.75 则表示剪力比为 0.75 的 7 层单斜形 BRB-RC 框架结构。

BRB-RC 框架结构模型参数　　　　表 5.2-1

层数	布置形式	跨数×跨长	层高（m）	柱尺寸（m）	梁尺寸（m）	混凝土强度等级	$R_y/\omega/\beta$
3	单斜形	3×5	3.6	0.5×0.5	0.5×0.25	C30	1.15/1.2/1.1
5	人字形	3×6	3.6/3.3	0.5×0.5	0.5×0.25	C30	1.15/1.2/1.1

续表

层数	布置形式	跨数×跨长	层高(m)	柱尺寸(m)	梁尺寸(m)	混凝土强度等级	$R_y/\omega/\beta$
5	V 形	3×6	3.6/3.3	0.5×0.5	0.5×0.25	C30	1.15/1.2/1.1
7	单斜形	3×5	3.9/3.6	0.55×0.55	0.5×0.25	C30	1.15/1.2/1.1
7	人字形	3×6	3.6/3.3	0.55×0.55	0.5×0.25	C30	1.15/1.2/1.1
9	单斜形	3×5	3.9/3.6	0.55×0.55	0.55×0.3	C30	1.15/1.3/1.1
9	V 形	3×6	3.6/3.3	0.55×0.55	0.55×0.3	C40	1.15/1.3/1.1
11	V 形	3×6	3.6/3.3	0.60×0.60	0.55×0.3	C40	1.15/1.3/1.1
11	人字形	3×6	3.6/3.3	0.60×0.60	0.55×0.3	C40	1.15/1.3/1.1

注：R_y 是材料超强系数，ω 是张拉强度调整系数，β 是压缩强度调整系数。

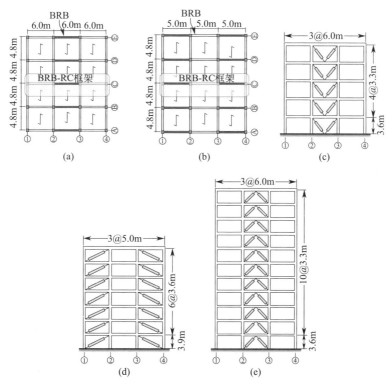

图 5.2-1　BRB-RC 框架结构

（a）单斜形；（b）人字形或者 V 形；（c）5 层结构；（d）7 层结构；（e）11 层结构

结构的非线性分析采用 OpenSees 软件[22] 进行。结构中的屈服 RC 构件，包括所有梁和首层柱，采用 beamWithHinges 单元模拟，其中，塑性铰长度取截面高度。为了考虑混凝土开裂等对构件刚度的影响，将单元中间弹性部分的刚度进行一定的折减，其中，梁的有效刚度取 0.5 倍弹性刚度，柱的有效刚度取 0.7

倍弹性刚度[23]。对于其他非屈服柱（除底层外的其他楼层柱）采用基于分布塑性的 nonlinear 单元进行模拟。采用纤维模型来模拟截面轴力和弯矩的耦合效应。混凝土采用 Concrete01 模型（核心区混凝土强度提高系数统一取 $K=1.15$）；钢筋采用 Steel02 模型。在结构分析时，仅考虑单向水平地震作用，结构崁固在地基上，忽略土-结构动力相互作用；考虑结构的重力二阶 $P\text{-}\Delta$ 效应，在时程分析时，采用 Rayleigh 阻尼，阻尼比取为 5%。

由于 BRB 体系沿支撑长度方向截面是变化的，且仅内芯屈服段截面被模拟，由于屈服段长度与支撑长度不一致，为此，屈服段的弹性模量需取等效弹性模量，以使得两者轴向刚度相等。SteelBRB 材料模型和 Corotational Truss 单元被用来模拟 BRB 体系的滞回性能。为与试验数据进行校准，采用 Merritt 等[24] 试验中的试件 1D，图 5.2-2 给出了 OpenSees 模拟值和 Merritt 试验值的对比。可以看出，OpenSees 模型能很好地模拟试验构件的滞回性能，同时从力-位移曲线也可以看出，BRB 体系的滞回性能饱满，无任何刚度和强度退化。有必要指出的是，在框架体系施加完竖向重力荷载后，再将 BRB 添加进结构体系，模拟支撑仅承受水平地震荷载。

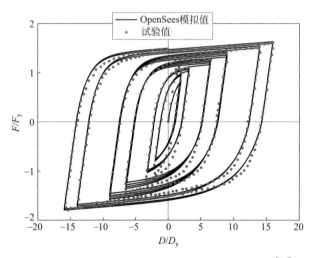

图 5.2-2　OpenSees 模拟值与 Merritt 试验值对比[24]

图 5.2-3 为各个结构在不同剪力比下的弹性基本周期分布。每个结构随着设计剪力比的增加，随着 BRB 体系的屈服段横截面积增加，随着结构刚度增加，阻尼也会有小幅度增加，因此，周期会有小幅度下降。

图 5.2-4 为各个结构在不同剪力比下的最大轴压比分布。可以发现，每个结构随着设计剪力比增加，最大轴压比也呈增加的趋势。这是由于 BRB 体系承担的力会传递给柱，使得与 BRB 体系相连的柱的轴压比较大，其中，设计剪力比

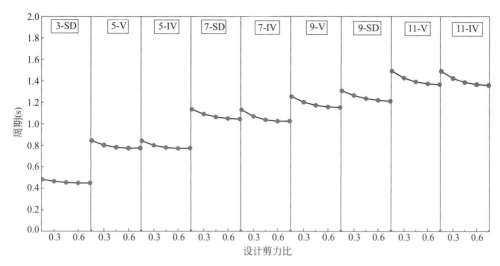

图 5.2-3　各个结构在不同剪力比下的弹性基本周期分布

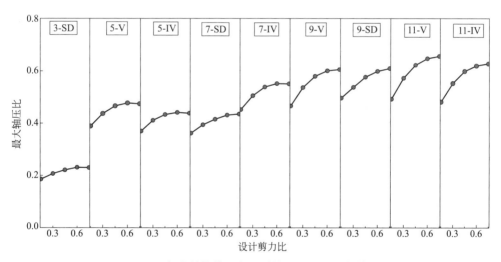

图 5.2-4　各个结构模型在不同剪力比下的最大轴压比

为 0.75 的 11-V 结构的最大轴压比为 0.654，略微超过了框架结构一级抗震最大轴压比限值 0.65。

2. 设计剪力比的影响规律

图 5.2-5 给出了 5-V 模型和 7-SD 模型的 BRB 体系承担不同剪力比时，总结构体系、BRB 体系和纯框架体系承担的基底剪力系数。随着剪力比的增加，两个结构体系所承担的基底剪力比都呈现相同的趋势。总结构体系的基底剪力以及框架体系的基底剪力都随着剪力比增大而减小，BRB 体系基底剪力则呈增加的

趋势，并且增加速度越来越慢。

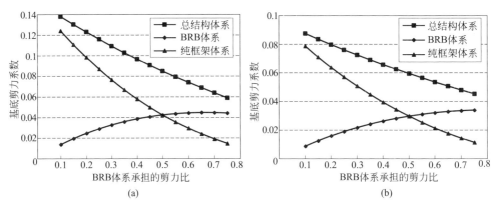

图 5.2-5　BRB 体系承担的剪力比与基底剪力系数

(a) 5-V 模型；(b) 7-SD 模型

5-V 模型和 7-SD 模型在不同剪力比下，结构所有楼层的 BRB 内芯截面面积之和如图 5.2-6 所示。从图中可以看出，对于 5-V 模型，当 BRB 体系承担的剪力比从 0.1 增加到 0.65 时，BRB 截面内芯面积是逐渐增加的，但增长的速度逐渐降低。当剪力比为 0.7～0.75 时，BRB 内芯面积逐渐变小。对于 7-SD 模型，其 BRB 体系承担的基底剪力随着剪力比增加一直在增加，BRB 内芯截面面积也一直增大。

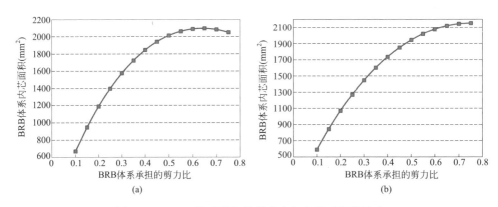

图 5.2-6　BRB 体系承担的剪力比与内芯面积的关系

(a) 5-V 模型；(b) 7-SD 模型

图 5.2-7 给出了 5-V 模型和 7-SD 模型在不同剪力比下 RC 框架所有梁柱纵筋用量情况。从图中可以看出，对于 5-V 模型和 7-SD 模型，当 BRB 承担的剪力比从 0.1 增加到 0.45 时，纯框架体系承担的地震作用逐渐变小。梁柱配筋量也逐渐变小。当剪力比为 0.45 时，梁柱钢筋用量达到最小。随着剪力比的继续增

加，纯框架结构承担的地震作用更小，理论上获得的梁柱内力需求更小，结构部分构件采用最小配筋率。但当从 0.45 增加到 0.65 时，框架梁柱的用钢量开始增加，这是由于 BRB 体系承担的力传导给框架，增加部分梁柱的用钢量。当剪力比大于 0.65 时，尽管 BRB 截面逐渐减小，但由于受侧向力模式的控制，梁柱构件的总配筋有轻微的增加。

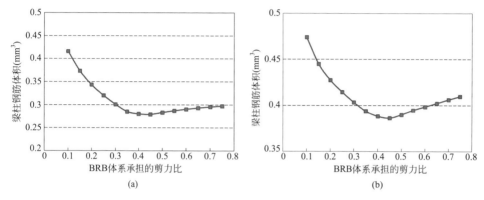

图 5.2-7　BRB 体系承担的剪力比与梁柱纵筋的关系
（a）5-V 模型；（b）7-SD 模型

3. 多遇地震抗震性能

将地震动峰值加速度均调幅至多遇地震水平，如图 5.2-8 所示，图 5.2-8 中给出了 3 层单斜形 5 个剪力比下结构模型在 22 条地震动分析结构的最大层间位移角分布、平均值以及平均值加/减标准差。整体上看，3 层单斜结构的最大层间位移角均集中在中间层。5 个结构最大层间位移角的平均值分别为 0.159%、0.149%、0.143%、0.140%、0.141%，均未超过 1/550。5 个结构只在少数地震动下会出现最大层间位移角超过 1/550 目标值。随着设计剪力比的增大，结构的最大层间位移角变小，且使得结构最大层间位移角超过 1/550 的地震动由 6 条变为 3 条。由于设计方法对结构的最小配筋率的限制，设计剪力比较高时，继续提高设计剪力比（比如从 0.6 提高为 0.75），结构的层间位移角响应没有明显变化。图 5.2-9 给出了 3 层单斜形结构 5 个剪力比下结构的最大层间位移角分布。只有少数地震下的最大层间位移角超过了 1/550 的限值。此外，随着剪力比增加，结构的最大层间位移角响应变化平稳，呈略微减小的趋势，表明不同设计剪力比结构都能稳定地发挥作用。

将地震动峰值加速度均调幅至多遇地震水平，如图 5.2-10 所示，图 5.2-10 中给出了 11 层 V 形 5 个剪力比下结构模型在 22 条地震动分析结果的最大层间位移角分布、平均值以及平均值加/减标准差。整体上看，11 层 V 形结构的最大层间位移角均集中在中下部。5 个结构最大层间位移角的平均值分别为 0.168%、

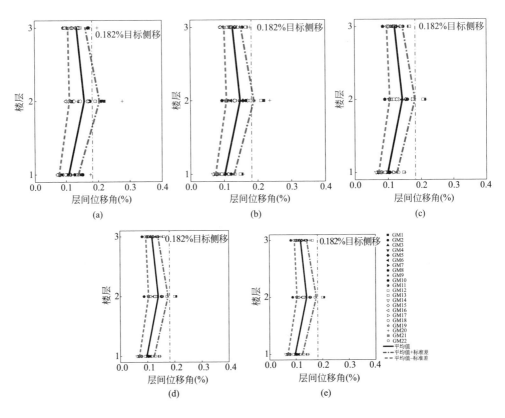

图 5.2-8　3 层单斜形结构层间位移角响应

(a) 3-SD-0.15；(b) 3-SD-0.30；(c) 3-SD-0.45；(d) 3-SD-0.60；(e) 3-SD-0.75

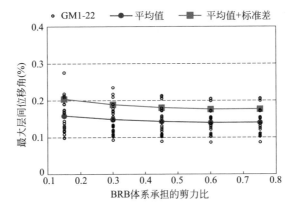

图 5.2-9　3 层单斜形最大层间位移角响应

0.159%、0.156%、0.154%、0.154%，均未超过 1/550 的弹性限值。5 个结构只在部分地震动下出现最大层间位移角超过 1/550 目标值，而进入弹塑性工作状态。随着设计剪力比的增大，结构的最大层间位移角变小，使得结构最大层间位移角超过 1/550 的地震动由 8 条变为 5 条。由于设计方法对结构的最小配筋率的限制，设计剪力比较高时，继续提高设计剪力比（比如从 0.6 提高为 0.75），结构的层间位移角响应没有明显变化。图 5.2-11 给出了 11 层 V 形结构 5 个剪力比下模型的最大层间位移角分布。5 个结构在部分地震动下的最大层间位移角平均值均未超过 1/550 的限值。此外，随着剪力比增加，结构的最大层间位移角响应变化平稳，呈略微减小的趋势，表明不同设计剪力比结构都能稳定地发挥作用。

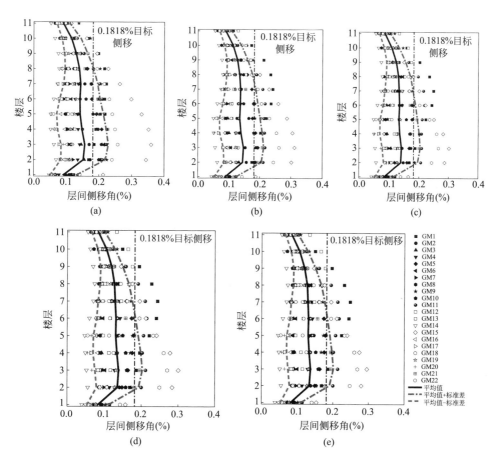

图 5.2-10　11 层 V 形结构层间位移角响应
(a) 11-V-0.15；(b) 11-V-0.30；(c) 11-V-0.45；
(d) 11-V-0.60；(e) 11-V-0.75

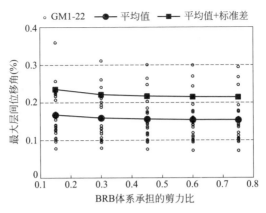

图 5.2-11 11 层 V 形最大层间位移角响应

5.3 BRB 框架结构静力弹塑性分析

结构在设计目标位移下的抗震性能采用 Pushover 分析评估，包括结构的能力曲线和塑性铰分布。采用结构设计时的侧向力模式对结构进行推覆分析至 2% 顶点位移，结构能力曲线和构件屈服顺序见图 5.3-1，同时各结构构件屈服对应的顶点位移也在图中给出。从图中可以看出，两个结构总体上表现出较好的屈服后性能，同时形成了预期的构件屈服顺序：BRB 先于梁和柱屈服，梁端先于底层柱端屈服。

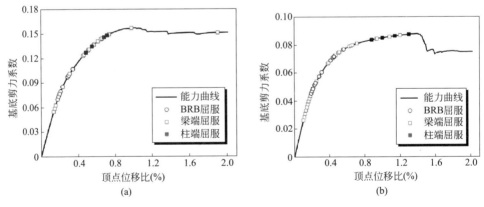

图 5.3-1 结构能力曲线和构件屈服顺序
(a) 5-IV-0.4；(b) 10-IV-0.4

Pushover 分析至 2% 顶点位移时结构塑性铰分布和 RC 构件塑性转角见图 5.3-2。从图中可以看出，结构形成了预期的整体屈服模式，即 BRB 屈服、所有梁端屈服和首层柱底屈服，这表明基于能量平衡的塑性设计方法能实现结构的整体屈服模式。更重要的是，结构梁中塑性转角沿竖向分布比较均匀，这表明结构的损伤分布比较均匀。5 层结构梁柱构件的最大转角出现在第 1 层，其值为 0.026rad，而 10 层结构梁柱构件的最大转角为 0.029rad，出现在第 1 层。

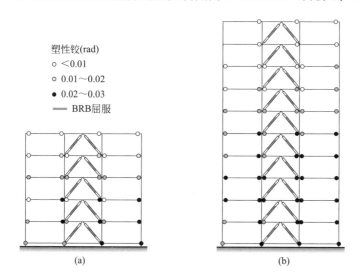

塑性铰(rad)
○ <0.01
○ 0.01~0.02
● 0.02~0.03
— BRB屈服

(a)　　　　　　　(b)

图 5.3-2　Pushover 分析至 2% 顶点位移时结构塑性铰分布和 RC 构件塑性转角
(a) 5-IV-0.4；(b) 10-IV-0.4

5.4　远场地震下结构抗震性能

1. 远场地震动

采用 FEMAP695[25] 中的 22 条远场地震动，地震动信息如表 5.4-1 所示。调幅后地震动的反应谱如图 5.4-1 所示。

地震动信息　　　　　　　　　　　　　　表 5.4-1

编号	地震波名称	震级	台站/分量	PGA(g)
GM1	Northridge	6.7	Beverly Hills-Mulhol/MUL009	0.42
GM2	Northridge	6.7	Canyon Country-WLC/LOS270	0.48
GM3	Duzce	7.1	Bolu/BOL000	0.73
GM4	Hector Mine	7.1	Hector/HEC000	0.27
GM5	Imperial Valley	6.5	Delta/H-DLT262	0.24
GM6	Imperial Valley	6.5	EI Centro Array ♯11/H-E11140	0.38
GM7	Kobe	6.9	Nishi-Akashi/NIS090	0.50

续表

编号	地震波名称	震级	台站/分量	PGA(g)
GM8	Kobe	6.9	Shin-Osaka/SHI000	0.24
GM9	Kocaeli	7.5	Duzce/DZC180	0.31
GM10	Kocaeli	7.5	Arcelik/ARC090	0.15
GM11	Landers	7.3	Yermo Fire Station/YER360	0.15
GM12	Landers	7.3	Coolwater/CLW-TR	0.42
GM13	Loma Prieta	6.9	Capitola/CAP000	0.53
GM14	Loma Prieta	6.9	Gilroy Array ♯3/G03000	0.56
GM15	MANJIL	7.4	Abbar/ABBAR-T	0.50
GM16	Superstition Hills	6.5	El Centro Imp. Co. /B-ICC090	0.26
GM17	Superstition Hills	6.5	Poe Road(temp)/B-POE270	0.45
GM18	Cape Mendocino	7.0	Rio Dell Overpass/RIO360	0.55
GM19	Chi-Chi	7.6	CHY101/CHY101-N	0.44
GM20	Chi-Chi	7.6	TCU045/TCU045-E	0.47
GM21	San Fernando	6.6	LA-Hollywood Stor/PEL090	0.21
GM22	Friuli	6.5	Tolmezzo/A-TMZ270	0.31

注：PGA 是峰值加速度。

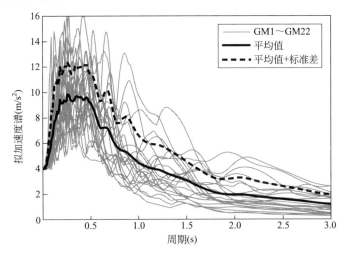

图 5.4-1 调幅后地震动的反应谱（4.5%阻尼比）

2. 层间位移角

图 5.4-2 给出了部分结构模型的层间位移角响应。对于相同层数、相同 BRB 布置方式的结构模型在不同的剪力比下，有相似的最大层间位移角分布。如图 5.4-2(a) 所示，11-V-45 结构在 22 条地震下仅有 1 条地震动的最大层间位移

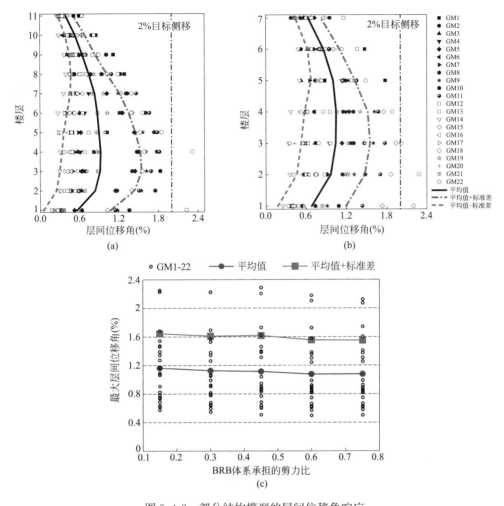

图 5.4-2　部分结构模型的层间位移角响应

（a）11-V-0.45 结构；（b）7-SD-0.15 结构；（c）5-IV 结构在不同剪力比下最大层间位移角

角超过 2%，平均最大层间位移角和平均值加标准差的最大值分别为 0.932% 和 1.543%，均在 2% 的最大层间位移角范围内。如图 5.4-2（b）所示，7-SD-0.15 结构在 22 条地震下仅有 1 条地震动的最大层间位移角超过 2%，平均最大层间位移角和平均值加标准差的最大值分别为 1.047% 和 1.470%，均在 2% 的最大层间位移角范围内。通过对所有模型的观察，与上述两个模型类似，往往最大的层间位移角出现在结构的中下部。如图 5.4-2（c）所示，给出了 5 层人字结构不同的剪力比的 5 个模型的最大层间位移角分布，此外，随着剪力比增加，结构的最大层间位移角响应变化平稳，呈略微减小的趋势，表明不同设计剪力比结构都能稳定地发挥作用。

3. 屈服机制

不同剪力比下的 5 个结构均能形成"强柱弱梁"整体屈服模式，图 5.4-3 是 5-V-0.15 和 7-SD-0.60 的结构塑性铰分布和塑性铰平均转角。可以看出，两个结构在 22 条地震动下，只有底层柱底部出现塑性铰，最大的梁端塑性铰转动集中发生在中间层，所有 BRB 发生屈服。结构在地震作用下平均塑性转角的最大值分别为 0.56 和 0.81rad，而两个结构在单条地震动下的梁端最大塑性转角分别为 1.88rad 和 1.93rad。

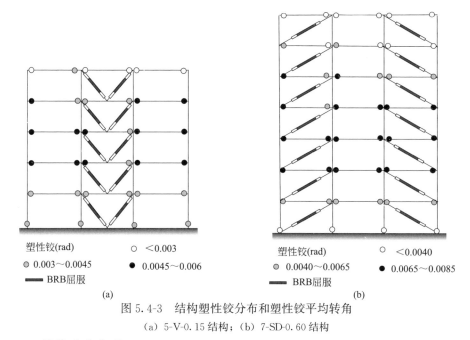

塑性铰(rad)　　　　○ ＜0.003
● 0.003～0.0045　　● 0.0045～0.006
▬▬ BRB屈服
(a)

塑性铰(rad)　　　　○ ＜0.0040
● 0.0040～0.0065　　● 0.0065～0.0085
▬▬ BRB屈服
(b)

图 5.4-3　结构塑性铰分布和塑性铰平均转角

(a) 5-V-0.15 结构；(b) 7-SD-0.60 结构

4. 结构残余变形

图 5.4-4 给出了 9 层人字和 5 层 V 形结构在 22 条地震下的最大残余层间位移角响应。相关研究表明[26]，残余层间位移角不超过 0.5％的混凝土结构具有可修复性，加上 BRB 损伤后可进行更换的特点，表明 BRB-RC 框架结构在受损修复方面具有良好的经济效益。

5. BRB 变形性能

为研究 BRB 的抗震响应，支撑在大震下的最大位移延性和累积位移延性如图 5.4-5 和图 5.4-6 所示，分别给出了 3 层单斜 0.15 剪力比结构地震动下的最大位移延性和 11 层人字 0.6 剪力比结构的累积位移延性响应分布。已有的防屈曲试验证明，支撑能承受的最大位移延性和累积位移延性为 10～25 和 300～1600，综上所述，所设计不同剪力比和布置类型的结构中的 BRB 稳定地发挥出耗散地震能量的特性。

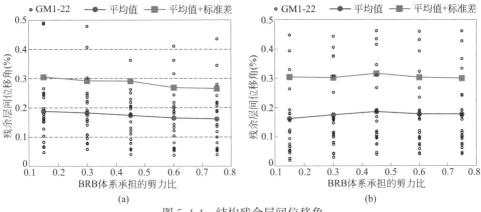

图 5.4-4　结构残余层间位移角

（a）9-IV 结构；（b）5-V 形结构

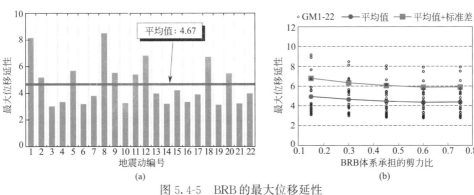

图 5.4-5　BRB 的最大位移延性

（a）3-SD-0.15 结构；（b）3-SD 结构

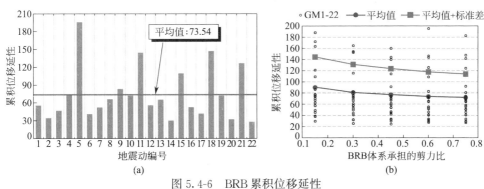

图 5.4-6　BRB 累积位移延性

（a）11-IV-0.60 结构；（b）11-IV 结构

6. BRB 承担的剪力比

值得注意的是，可对 BRB 进行精确设计，而钢筋混凝土框架由于梁和柱的最小配筋约束、非弹性范围内内力的重新分布等原因而产生了超强度。因此，实际的 BRB 层间真实剪力比小于设计值。特别当设计层剪力比大于 0.5 时，随着设计剪力比的增大，BRB 的截面面积和钢筋配筋之间没有明显变化。因此，这些结构具有几乎相同的抗震性能和实际的 BRB 抵抗层剪力比。换言之，随着设计层剪力比的线性增加，实际 BRB 层剪力比没有明显增加，设计值与实际值之间的差异增大。

此外，在已发展的抗震设计方法中，有两个假设：（1）每个楼层具有相同的设计层间位移比，即在严重地震危险水平下的 2% 值；（2）假定 BRB 体系和 RC 框架体系的力-位移关系为完全弹塑性。事实上，BRB-RC 框架的层间位移角分布不均匀，最大值通常位于建筑高度的中下部。值得注意的是，BRB 体系具有强化的后屈服行为，而 RC 框架体系具有退化的后屈服行为。当结构具有不同的楼层最大层间位移角时，BRB 体系和 RC 框架体系具有不同的后屈服行为。因此，各层设计与真实剪力比的关系图如图 5.4-7 所示，各层的实际 BRB 层剪力比也不同，这表明目前的方法不能准确地控制层剪力比在各层上保持不变。特别是中下层结构的层间位移角最大，BRB 体系和 RC 框架体系的后屈服位移最大。因此，实际层剪力比在 2～4 层集中。

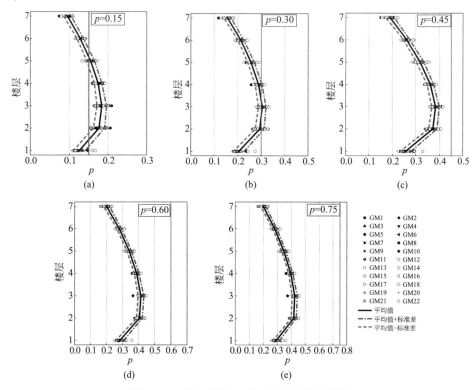

图 5.4-7　各层设计与真实剪力比的关系图

（a）7-SD-0.15 结构；（b）7-SD-0.3 结构；（c）7-SD-0.45 结构；（d）7-SD-0.6 结构；（e）7-SD-0.75 结构

5.5　近场地震下结构抗震性能

1. 近场地震动

向前方向性效应（以下简称 FD）和滑冲效应（以下简称 FS）都可使近断层地震动具有明显的速度和位移脉冲，从而在频谱、振幅和持时三方面与非脉冲型地震动有明显的差别[27,28]。选取向前方向性效应、滑冲效应和无脉冲（以下简称 NP）近场地震动各 12 条。除 TCU026 两条地震动之外，其余地震动断层距均小于 20km，三组地震动详细信息如表 5.5-1 所示，典型地震动加速度时程图（调幅后）如图 5.5-1 所示，近断层地震动加速度反应谱如图 5.5-2 所示。

三组地震动详细信息　　　　　　　　　　　表 5.5-1

类型	地震编号	地震波名称	震级	台站名称	分量	T_p(s)	PGV(cm/s)	PGA(g)	断层距(km)
FD	GM1	Northridge	6.7	Jensen Filter Plant	JEN022	3.16	106.22	0.424	5.43
	GM2	Northridge	6.7	Rinaldi Receiving Sta	RRS228	1.25	166.05	0.838	6.50
	GM3	Northridge	6.7	Sylmar Converter Sta	SCS052	2.98	117.54	0.612	5.35
	GM4	Northridge	6.7	Sylmar-Converter Sta East	SCE281	2.98	60.38	0.353	5.35
	GM5	Northridge	6.7	Sylmar-Olive View Med FF	SYL360	2.44	129.71	0.843	5.30
	GM6	Chi-Chi	7.4	TCU051	TCU051EW	10.38	51.53	0.160	6.95
	GM7	Chi-Chi	7.4	TCU082	TCU082EW	4.78	51.54	0.226	4.47
	GM8	Chi-Chi	7.4	TCU102	TCU102EW	9.63	87.16	0.304	1.19
	GM9	Imperial valley	6.5	El Centro Array #6	H-E06230	3.80	111.90	0.44	1.00
	GM10	Imperial valley	6.5	El Centro Array #7	H-E07230	4.20	108.80	0.410	0.60
	GM11	Kocaeli	7.4	Gebze	GBZ000	6.00	50.30	0.240	10.92
	GM12	Loma prieta	7.0	Gilroy Array #3	G03090	2.64	44.68	0.370	12.82
FS	GM1	Chi-Chi	7.4	TCU026	TCU026EW	8.37	37.85	0.099	56.12
	GM2	Chi-Chi	7.4	TCU026	TCU026NS	8.37	26.73	0.073	56.12
	GM3	Chi-Chi	7.4	TCU052	TCU052EW	11.96	182.96	0.356	1.84
	GM4	Chi-Chi	7.4	TCU052	TCU052NS	11.96	220.64	0.448	1.84
	GM5	Chi-Chi	7.4	TCU065	TCU065EW	5.74	132.29	0.789	2.49
	GM6	Chi-Chi	7.4	TCU068	TCU068EW	12.29	279.88	0.505	3.01
	GM7	Chi-Chi	7.4	TCU068	TCU068NS	12.29	291.94	0.365	3.01
	GM8	Chi-Chi	7.4	TCU075	TCU075EW	5.00	116.05	0.332	3.38
	GM9	Chi-Chi	7.4	TCU076	TCU076EW	4.73	69.29	0.343	3.17
	GM10	Chi-Chi	7.4	TCU087	TCU087NS	10.40	45.20	0.113	3.42
	GM11	Chi-Chi	7.4	TCU128	TCU128EW	9.02	60.58	0.144	9.08
	GM12	Kocaeli	7.4	Yarimca	YPT060	4.95	88.83	0.23	3.30

续表

类型	地震编号	地震波名称	震级	台站名称	分量	T_p (s)	PGV (cm/s)	PGA (g)	断层距离(km)
NP	GM1	Northridge	6.7	Arleta Nordhoff Fire Sta	ARL360	—	22.98	0.308	8.66
	GM2	Northridge	6.7	Northridg-17645 Saticoy St	STC180	—	22.06	0.477	12.09
	GM3	Northridge	6.7	simi Valley-Katherine Rd	KAT090	—	37.84	0.640	13.42
	GM4	Northridge	6.7	Tarzana-Cedar Hill A	TAR360	—	77.62	0.990	15.60
	GM5	Chi-Chi	7.4	TCU071	TCU071EW	—	69.83	0.528	4.88
	GM6	Chi-Chi	7.4	TCU072	TCU072EW	—	85.51	0.476	7.87
	GM7	Chi-Chi	7.4	TCU078	TCU078EW	—	42.14	0.442	8.27
	GM8	Chi-Chi	7.4	TCU079	TCU079EW	—	64.49	0.589	10.95
	GM9	Chi-Chi	7.4	TCU089	TCU089EW	—	45.43	0.354	8.33
	GM10	Chi-Chi	7.4	TCU048	TCU048NS	—	47.30	0.179	13.53
	GM11	Kobe	6.9	Nishi-Akashi	NSI000	—	37.30	0.509	7.08
	GM12	Loma prieta	7.0	WAHO	WAH090	—	38.00	0.638	17.47

注：T_p 是卓越周期，PGV 是峰值速度，PGA 是峰值加速度。

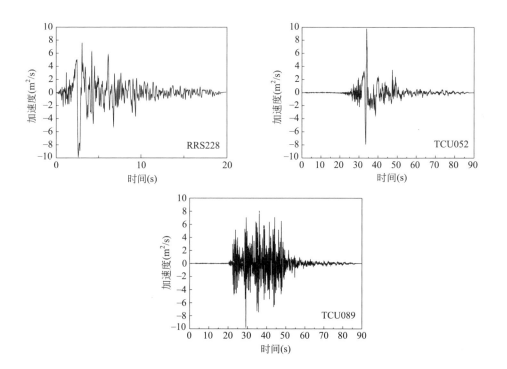

图 5.5-1 典型地震动加速度时程图（调幅后）

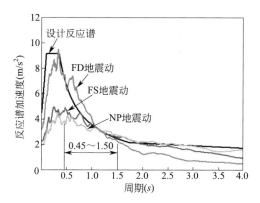

图 5.5-2　近断层地震动加速度反应谱

2. 层间位移角

5-IV-0.45 结构的最大层间位移角见图 5.5-3。在方向性效应、滑冲效应、

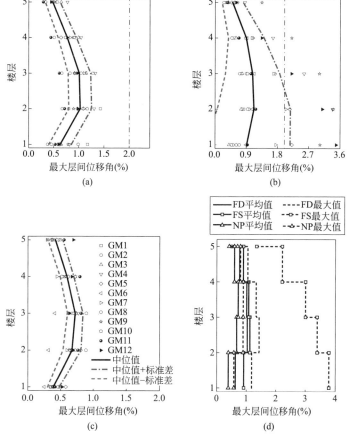

图 5.5-3　5-IV-0.45 结构的最大层间位移角

（a）FD；（b）FS；（c）NP；（d）三种地震动比较

非脉冲不同效应的近断层地震动下，最大层间位移角的中位值分别是 1.03%、1.12%、0.73%，层间位移角的最大值分别是 1.43%、3.76%、0.90%。FS 近断层地震动作用下结构的层间位移角响应最大，其次是 FD 地震动，无脉冲的层间位移角响应最小，且与两种具有长周期速度脉冲的近断层的层间位移角效应差异十分明显。由此可以发现，FS 和 FD 会对结构造成更大层间位移角响应，其中，部分 FS 地震动下结构层间位移角响应非常大，这与 FS 地震动断层破裂机制有关。

图 5.5-4 为 11-V 结构最大层间位移角。FD 和 FS 的最大层间位移角更集中在结构下部，而非脉冲地震动下层间位移角则相对更加均匀。位移角在最大层间位移角响应的最大值和中位值中，均有 FS 效应响应大于 FD 效应响应，大于非脉冲响应。在不同剪力比下，最大层间位移角分布没有明显差异。

图 5.5-5 为 11-V 结构分在各组地震动下的最大层间位移角。可以发现，随着剪力比变化，各组地震动的层间位移角响应中位值变化不大，且 FS 的最大层间位移角中位值分布较 FD 和无脉冲的更大。

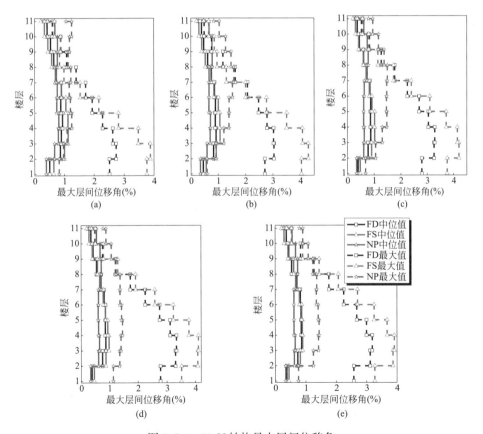

图 5.5-4　11-V 结构最大层间位移角

(a) $p = 0.15$；(b) $p = 0.30$；(c) $p = 0.45$；(d) $p = 0.60$；(e) $p = 0.75$

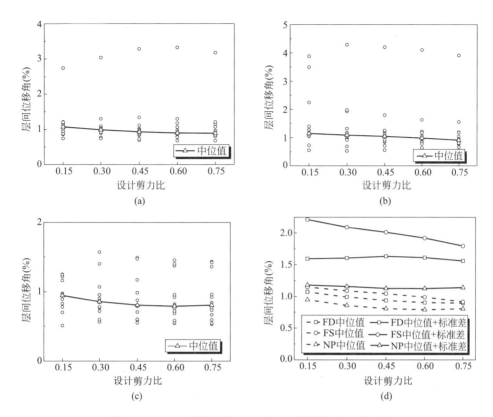

图 5.5-5　11-V 结构在各组地震动下的最大层间位移角

(a) FD；(b) FS；(c) NP；(d) 三种地震动比较

3. 楼层加速度

图 5.5-6 在向前方向性效应、滑冲效应、非脉冲效应 3 组地震动作用下，最大加速度响应的中位值分别为 4.14m/s^2、3.61m/s^2 和 6.06m/s^2，最大加速度响应的最大值分别为 6.91m/s^2、5.62m/s^2 和 10.92m/s^2。3 组地震动下最大加速度响应沿结构高度分布类似，较大加速度均出现在结构的中上层，明显可见非脉冲地震动响应最大，明显大于另外两种速度脉冲近断层地震动，这是由于两种脉冲型地震动调幅后峰值加速度较小。同时，可以发现长周期速度脉冲对加速度响应分布影响不大。

图 5.5-7 为 9-SD 结构的最大加速度响应。在加速度响应的最大值和中位值中，FD 响应和 FS 响应较为接近，非脉冲地震动大于前两者。在不同剪力比下，最大加速度响应分布没有明显差异。图 5.5-8 为 9-SD 结构在各组地震动下的最大加速度响应。可以发现，随着剪力比变化，各组地震动的最大加速度响应中位值变化不大，且无脉冲的最大加速度响应中位值分布较 FD 和 FS 的更大。

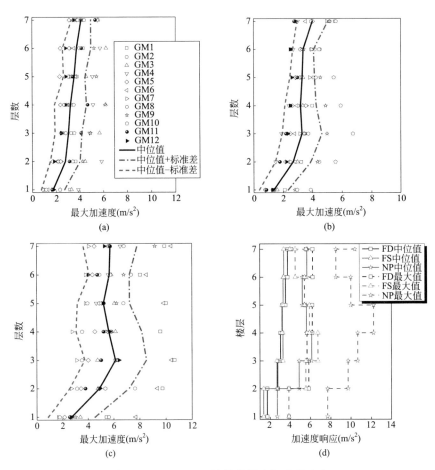

图 5.5-6 7-IV-0.6 结构的最大加速度响应

(a) FD；(b) FS；(c) NP；(d) 3 种地震动比较

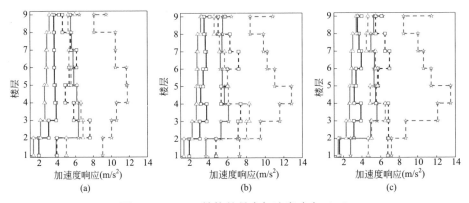

图 5.5-7 9-SD 结构的最大加速度响应（一）

(a) $p=0.15$；(b) $p=0.30$；(c) $p=0.45$

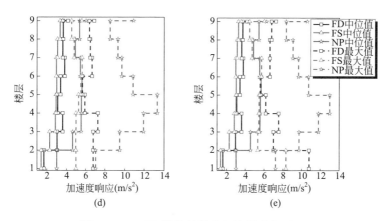

图 5.5-7 9-SD 结构的最大加速度响应（二）

（d）$p=0.60$；（e）$p=0.75$

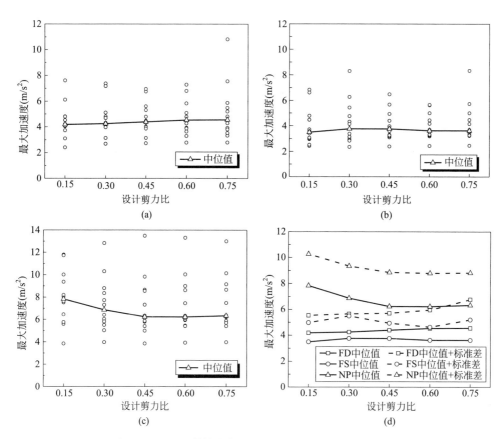

图 5.5-8 9-SD 结构在各组地震动下的最大加速度响应

（a）FD；（b）FS；（c）NP；（d）3 种地震动比较

4. 屈服机制

图 5.5-9 为 5-V-0.15 结构塑性铰分布和平均塑性铰转角。从图中可以看出，两个结构在地震动下，只有底层柱底部出现塑性铰，最大的梁端塑性铰转动集中发生在中间层，所有 BRB 发生屈服。结构在地震作用下塑性铰转角的最大值分别为 0.0245rad 和 0.0303rad，表明发展的方法可实现 BRB-RC 框架结构体系的整体失效模式。

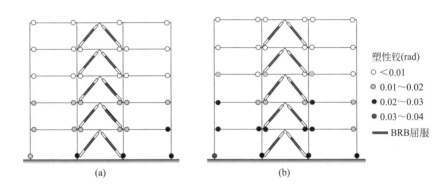

图 5.5-9　5-V-0.15 结构塑性铰分布和平均塑性铰转角

（a）GM12-FD 地震动；（b）GM12-FS 地震动

5. BRB 变形性能

图 5.5-10 为 5-V-0.15 结构 BRB 轴向性能，其中，图 5.5-10（a）为 BRB 最

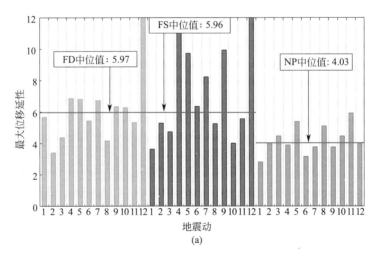

图 5.5-10　5-V-0.15 结构 BRB 轴向性能（一）

（a）BRB 最大位移延性系数

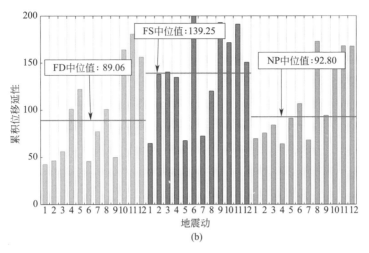

（b）

图 5.5-10　5-V-0.15 结构 BRB 轴向性能（二）

（b）BRB 累积位移延性系数

大位移延性系数，图 5.5-10（b）为 BRB 累积位移延性系数。最大位移延性系数的中位值依次是 5.97、6.96、4.03，各地震动下累积位移延性系数的中位值分别是 89.06、139.25 和 92.80。从前述的地震动层间位移角响应和结构侧移响应便可知，滑冲效应的位移响应最大，于是 BRB 的位移延性系数值也最大，充分发挥了 BRB 的耗能特性，可以减少结构在脉冲型近断层地震动对结构的破坏。在 3 组地震动下，BRB 均实现了稳定有效耗能，也证明了设计方法与结构的适用性。

5-V 结构的最大位移延性和累积位移延性响应见图 5.5-11。

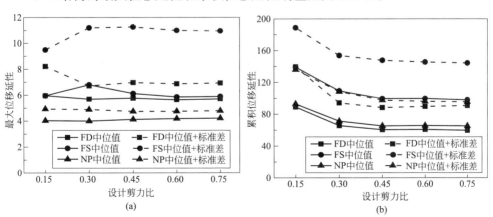

图 5.5-11　5-V 结构的最大位移延性和累积位移延性响应

（a）最大位移延性系数；（b）最大位移延性系数

6. BRB 承担的剪力比

图 5.5-12 给出了 3 层单斜形结构不同剪力比下的 5 个结构在 12 条 FS 近断层地震动下 BRB 体系承担的楼层剪力比的平均值，剪力比是 BRB-RC 框架结构设计中重要的参数，其对结构在抗震性能、建筑经济效益等方面起着十分关键的作用。可以发现，在 5 个剪力比下 3 层单斜形 BRB 所承担的剪力比沿楼层分布曲线形状十分相似，都呈"卵圆形"。随着设计剪力比增大，每个结构每层中的BRB 所承担的剪力也随之增大，但却与设计剪力比的差距越来越大。与设计剪力比最为接近的是 p 为 0.30 的 3 层单斜形模型。整体看来，各个模型剪力比离散性较小，最大剪力比集中在结构的第二层。

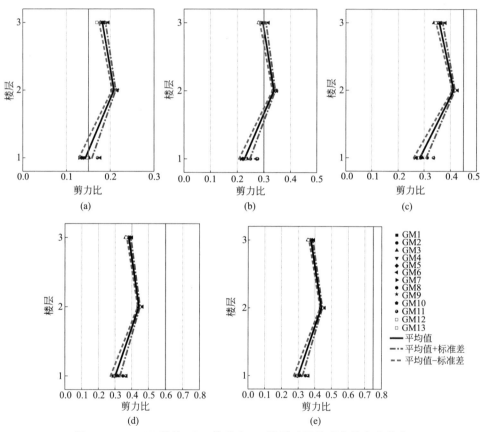

图 5.5-12　3-SD 结构 BRB 体系在 FS 地震动下的真实剪力比分布
(a) $p=0.15$；(b) $p=0.30$；(c) $p=0.45$；(d) $p=0.60$；(e) $p=0.75$

图 5.5-13 为 9-V 结构 BRB 体系在 FD 地震动下的真实剪力比分布。在 5 个剪力比下，9 层 V 形 BRB 所承担的剪力比沿楼层分布曲线形状相似，都呈"卵圆形"。随着设计剪力比增大，每个结构每层中的 BRB 所承担的剪力也随之增大，但却与设计剪力比的差距越来越大。整体看来，各个模型剪

力比离散性较小，最大剪力比集中在结构的第 2 层和第 3 层。由于设计方法中最小配筋率的缘故，导致设计剪力比增加，而真实剪力比增加缓慢，无法与设计剪力比同步。

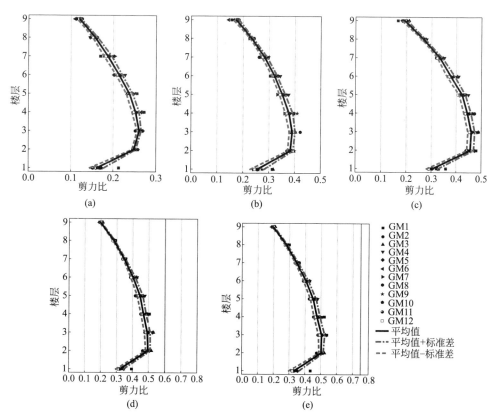

图 5.5-13　9-V 结构 BRB 体系在 FD 地震动下的真实剪力比分布

(a) $p=0.15$；(b) $p=0.30$；(c) $p=0.45$；(d) $p=0.60$；(e) $p=0.75$

5.6　BRB 框架结构韧性设计建议

通过分析可知，结构中的真实剪力比往往会比设计剪力比小。3-SD 结构在远场地地震动下设计与真实剪力比的关系见图 5.6-1。可以看到，每层的走势相近，真实剪力比随着设计剪力比的增加而增加，同时，增速越来越小。当剪力比较大时，真实剪力比趋于平稳，这是由于设计方法受最小配筋率的限制所造成的；中间层的剪力比最大，首层和顶层剪力比相对接近。图 5.6-2 为楼层相对高度与平均真实剪力比在远场地地震动下的关系。可以看到，随着层数的增加，楼层真实剪力比分布越来越趋近于"卵线形"。

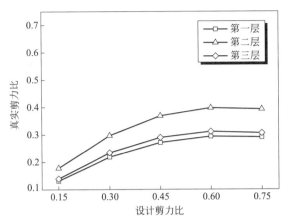

图 5.6-1　3-SD 结构在远场地地震动下设计与真实剪力比的关系

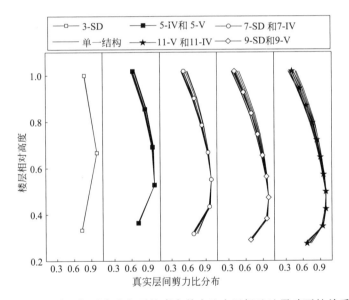

图 5.6-2　楼层相对高度与平均真实剪力比在远场地地震动下的关系

　　为进一步了解真实剪力比的分布，将三种 BRB 布置形式分别从楼层数、总层数、结构基本周期以及设计剪力比的因素，对真实剪力比进行多元拟合。真实剪力比见式(5.6-1)，远场地地震动下结构剪力比拟合公式相关参数见表 5.6-1。

$$y = a + b \cdot \left(\frac{n-0.5}{N}\right)^{0.95} \cdot \ln\left(\frac{n-0.5}{N}\right) + cT^{3.5} \cdot \ln(T) + dp^{-0.5} \quad (5.6\text{-}1)$$

式中：　　n——楼层所在层数；

　　　　　N——结构总层数；

a、b、c、d——拟合参数；

T——结构周期；

p——设计剪力比；

y——真实剪力比。

远场地地震动下结构剪力比拟合公式相关参数　　　表 5.6-1

BRB 布置类型	a	b	c	d	R	R^2
单斜形	0.338	-0.523	-0.058	-0.123	0.949	0.900
人字形	0.389	-0.598	-0.031	-0.134	0.962	0.927
V 形	0.361	-0.598	-0.018	-0.131	0.960	0.921

注：a、b、c、d 为式(5.6-1)中的拟合参数，R、R^2 为系数。

图 5.6-3 为远场地地震动下剪力比的拟合公式与实际值分布，可以看到，拟合公式有较好的准确度。

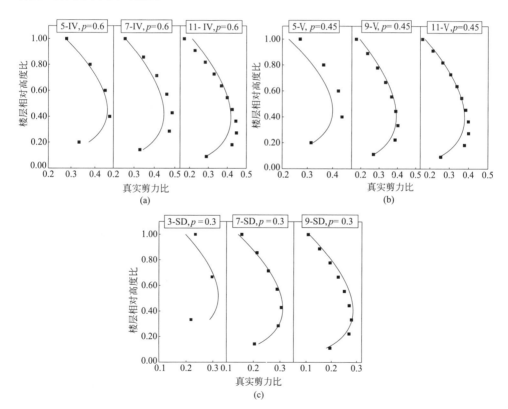

图 5.6-3　远场地地震动下剪力比的拟合公式与实际值分布
（a）人字结构；（b）V 字结构；（c）单斜结构

对于结构在近断层地震动下的响应，由于设计方法中最小配筋率的缘故导致设计剪力比增加，结构同样地出现真实剪力比增加缓慢无法与设计剪力比同步的现象。近断层地震动下结构剪力比的拟合公式相关参数见表5.6-2。

近断层地震动下结构剪力比的拟合公式相关参数 表 5.6-2

结构形式	a	b	c	d	R	R^2
单斜形	0.376	−0.589	−0.078	−0.127	0.931	0.866
人字形	0.415	−0.699	−0.039	−0.131	0.949	0.901
V 形	0.373	−0.709	−0.027	−0.127	0.937	0.878

注：a、b、c、d 为式(5.6-1)中的拟合参数，R、R^2 为系数。

近断层地震动下剪力比的拟合公式与实际值分布见图5.6-4，其中，图中方形符号、圆形符号、五角星符号分别对应 FD、FS、NP，竖向的抛物线为拟合公式，散点为对应的试验值。

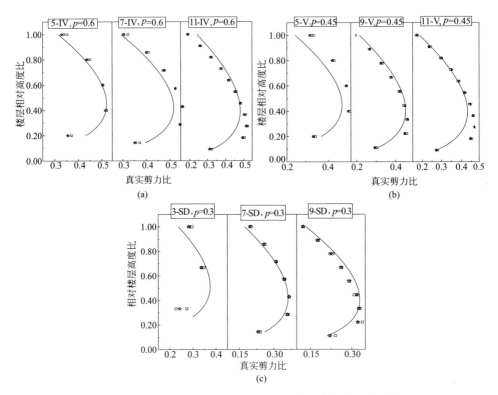

图 5.6-4　近断层地震动下剪力比的拟合公式与实际值分布
（a）人字结构；（b）V字结构；（c）单斜结构

由于 BRB 体系具有强化的后屈服行为，而 RC 框架体系具有退化的后屈服行为，当结构具有不同的楼层最大层间位移角时，BRB 体系和 RC 框架体系具有不同的后屈服行为，因此，各层的实际 BRB 层剪力比也不同。此外，RC 框架由于梁和柱的最小配筋约束、非弹性范围内内力的重新分布等原因而出现了超强现象，使得实际的 BRB 层间真实剪力比小于设计值。随着设计层剪力比的线性增加，实际抗 BRB 层剪力比没有明显增加，设计值与实际值之间的差异增大。综合考虑结构在远场地和近断层地震动下的抗震性能，以及 BRB 与 RC 框架的材料用量，建议 BRB-RC 框架结构中 BRB 承担的楼层设计剪力比为 0.3～0.5。

参考文献

［1］　Housner G W. Limit design of structures to resist earthquakes［C］. Proceedings of the 1st World Conference on Earthquake Engineering, Earthquake Engineering Research Institutem Oakland, Calif. , 1956, 5: 1-13.

［2］　Akiyama H. Earthquake-resistant limit-state design of buildings［M］. Univ. of Tokyo Press, Tokyo, 1985.

［3］　Uang C M, Bertero V V. Use of energy as a design criterion in earthquake resistant design［R］. Berkeley, California: Earthquake Engineering Research Center, 1988.

［4］　Chopra A K, Goel R K. Capacity-demand-diagram methods for estimating seismic deformation of inelastic structures: SDF systems［R］. PEER Research Report, 1999.

［5］　Leelataviwat S, Goel S C, Božidar Stojadinović. Energy-based seismic design of structures using yield mechanism and target drift［J］. Journal of structural engineering, 2002, 128 (8): 1046-1054.

［6］　Goel S C, Chao S H. Performance-based plastic design: Earthquake-resistant steel structures［M］. International Code Council, 2008.

［7］　Lee S S, Goel S C, Chao S H. Performance-based seismic design of steel moment frames using target drift and yield mechanism［C］. Proceedings of 13th World Conference on Earthquake Engineering, Vancouver, BC, Canada, 2004.

［8］　ATC-32. Improved seismic design criteria for california bridges: Provisional recommendations and resource document［S］. Redwood City, CA, 256-365, 1996.

［9］　European Committee for Standardization, Eurocode 8: design of structures for earthquake resistance-part 1: general rules, seismic actions and rules for buildings［S］. CEN, Brussels, Belgium, 1998.

［10］　NZS 3101, Concrete Structures Standard-Part 1 (code) and Part 2 (Commentary)［S］. Standard New Zealand, 1992.

［11］　中国建筑科学研究院. 建筑抗震设计规范: GB 50011—2010［S］. 北京: 中国建筑工业出版社, 2010.

［12］　Chao S H, Goel S C, Leec S S. A seismic design lateral force distribution based on inelastic state of structures［J］. Earthquake Spectra, 2007, 23 (3): 547-569.

［13］　徐格宁, 王建民, 高有山等. 大型钢结构系统广义强度失效模式分析方法研究［J］.

机械工程学报，2003，39（4）：39-43.

[14] Hart G C. Earthquake forces for the lateral force code [J]. The Structural Design of Tall Buildings，2000，9（1）：49-64.

[15] 白国良，薛冯，徐亚洲. 青海玉树地震村镇建筑震害分析及减灾措施 [J]. 西安建筑科技大学学报（自然科学版），2011，43（3）：309-315.

[16] Dwairi H M，Kowalsky M J，Nau J M. Equivalent damping in support of direct displacement-based design [J]. Journal of earthquake engineering，2007，11（4）：512-530.

[17] Goel S C，Liao W C，Bayat M R，et al. Performance-based plastic design（PBPD）method for earthquake-resistant structures：an overview [J]. The structural design of tall and special building，2010，19（1）：115-137.

[18] 中国建筑科学研究院. 混凝土结构设计规范：GB 50010—2010 [S]. 北京：中国建筑工业出版社，2010.

[19] Teran-Gilmore A，Avila E，Rangel G. On the use of plastic energy to establish strength requirements in ductile structures [J]. Engineering Structures，2003，25（7）：965-980.

[20] 中冶京诚工程技术有限公司. 钢结构设计标准：GB 50017—2017 [S]. 北京：中国建筑工业出版社，2018.

[21] Priestley M J N，Calvi M C，Kowalsky M J. Displacement-based seismic design of structures [M]. IUSS Press，Pavia，2007.

[22] OpenSees. Open system for earthquake engineering simulation，Version 2. 4. 2. Pacific Earthquake Engineering Research Center，University of California，Berkeley，2013. <http：//opensees. berkeley. edu>.

[23] FEMA 356. Prestandard and commentary for the seismic rehabilitation of buildings [M]. Federal emergency management agency 2000. Washington，DC.

[24] Merritt S，Uang C M，Benzoni G. Subassemblage testing of star seismic buckling-restrained braces [R]. La Jolla（CA）：Univ. of California at San Diego，2003.

[25] FEMA P695. Quantification of building seismic performance factors [M]. Federal emergency management agency 2009. Washington，DC.

[26] Erochko J，Christopoulos C，Tremblay R，et al. Residual drift response of SMRFs and BRB frames in steel buildings designed according to ASCE 7-05 [J]. J Struct Eng 2011，137（5）：589 - 99.

[27] BOLT B A. Seismic input motions for nonlinear structural analysis [J]. ISET Journal of Earthquake Technology，2004，41：223 - 232.

[28] BLACK C J，MSKRIS N，AIKEN I D. Component testing，seismic evaluation and characterization of buckling-restrained braces [J]. Journal of Structural Engineering，2004，130（6）：880-894.

第 6 章

BRB 最优抗震韧性设计参数

6.1 BRB 的低周疲劳损伤

我国相关规范规定 BRB 屈服段在设计位移下的轴向应变不宜超过 3%[1]，当 BRB 屈服段的轴向应变超过 3%时，受压侧的摩擦力幅值增长较快，滞回曲线受压侧容易出现不稳定现象，且容易有屈曲破坏。值得注意的是，钢构件除了强度破坏和屈曲失效之外，钢材在较大的应变水平下被反复加载、卸载，会经历循环硬化、裂纹产生、裂纹拓展、断裂的过程，此类破坏被称为低周疲劳破坏[2]。对墨西哥地震[3] 及美国北岭地震[4] 震灾调查发现，严格按照规范设计的中心支撑钢框架仍因底部支撑过早失效而遭到严重破坏，因此，仅通过内力增大系数法提高支撑的设计内力，通过强度降低系数法增大支撑的截面面积，并不能降低支撑在大震作用下过早发生低周疲劳破坏的可能性。BRB 作为一种高性能的金属阻尼器，在地震时承受反复的交变载荷，而强震的持续时间一般在1min 以内，振幅频率通常为 1~3Hz，因此，BRB 在强震作用下存在着疲劳失效的风险，需要进行低周疲劳性能的量化研究。

1. 损伤量化模型

19 世纪 60 年代，Manson 和 Coffin 在研究金属材料疲劳的过程中注意到，当利用塑性应变幅值的对数与疲劳载荷反向次数的对数进行作图时，它们存在直线关系。于是他们提出了一种以塑性应变幅值为参量的疲劳寿命描述法[5]，即：

$$\varepsilon_p^m N_f = C \tag{6.1-1}$$

式中：ε_p——塑性应变幅值；

　　　　m——疲劳延性指数；

　　　　C——疲劳延性系数；

　　　　N_f——疲劳寿命。

这就是著名的 Manson-Coffin 低周疲劳模型，它是建立在大量低周疲劳试验数据基础上的一个经验公式。研究表明，钢材的 Coffin-Manson 疲劳寿命公式也适用于 BRB。Takeuchi 等[6] 将已有屈曲约束支撑低周疲劳试验数据代入其中，得到在 3 个不同的应变范围 $\Delta\varepsilon$ 下对应的屈曲约束支撑疲劳寿命公式，见式(6.1-2)~式(6.1-4)：

$$\Delta\varepsilon = 0.5 \times (N_f)^{-0.14} (\Delta\varepsilon < 0.1) \tag{6.1-2}$$

$$\Delta\varepsilon = 20.48 \times (Nf)^{-0.49} (0.1 \leqslant \Delta\varepsilon < 2.2) \tag{6.1-3}$$

$$\Delta\varepsilon = 54.0 \times (N_f)^{-0.71} (2.2 \leqslant \Delta\varepsilon) \tag{6.1-4}$$

BRB 的疲劳失效是由一系列变幅循环荷载产生的疲劳累积损伤造成的，目前最广泛采用的疲劳累积损伤准则是 Miner 准则[7]，见式(6.1-5)：

$$D = \sum \frac{n_i}{N_{fi}} \tag{6.1-5}$$

式中：D——损伤指数；

    n_i——循环载荷的次数；

    N_{fi}——对应应变范围 $\Delta\varepsilon$ 的疲劳寿命。

Miner 准则是一个线性疲劳累积损伤理论，它认为损伤指数 D 达到临界疲劳损伤时，材料发生疲劳破坏。其理论基于以下假设：

（1）在任意等幅疲劳加载下，材料在每一应力循环里吸收等量净功。净功累积到临界值，疲劳破坏发生；

（2）在不同等幅及变幅疲劳加载下，材料最终破坏的临界净功全部相等；

（3）在幅疲劳加载下，材料各级应力循环里吸收的净功相互独立，与应力等级的前后顺序无关。

2. 雨流计数法

BRB 在地震作用下的应变历程是复杂变化的，要合理地评估 BRB 在强震下的疲劳损伤，必须对 BRB 的应变历程进行统计处理，量化 BRB 的应变幅值及循环次数，进行损伤计算。对疲劳问题的统计，Matsuiski 和 Endo 两位工程师提出了雨流计数法[8]，随后经过许多学者的修正与改进，目前已成为最为常用的循环计算方法。该方法把应变-时间历程数据记录转过 90°，时间坐标轴竖直向下，见图 6.1-1，数据记录犹如屋面上的雨水顺着屋面往下流，故称为雨流计数法。其突出特点是根据所研究对象的应变-时间的非线性关系进行计数，把样本记录用雨流计数法给出一系列循环，具体计数规则如下：

（1）将应变时程曲线旋转 90°，垂直向下，连接峰值点和波谷点。

（2）雨流从起点开始，依次从每一个峰（谷）值的内侧开始向时间轴的正方向流动。

（3）雨流流到对面有一个比开始时最大值（或最小值）更正的最大值（或更负的最小值）为止。

（4）当雨流遇到从上面屋顶流下的雨时，就停止流动，并构成了一个循环。

（5）雨流从每个峰（谷）点开始流遍所有历程，且只流过一遍，取出的循环为全部的全循环和余下的半循环。

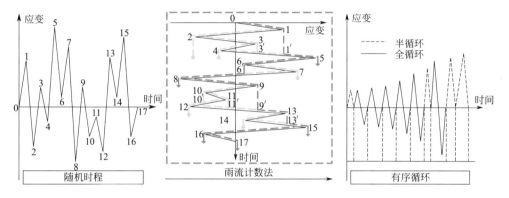

图 6.1-1　雨流计数法

3. 分析方法

在 OpenSees[9] 模拟平台中，有两种方法可模拟 BRB 的疲劳断裂行为，分别是 Fatigue 材料法和 OpenSees-Matlab 交互法。Fatigue 材料法如本书 4.4 节 1. 所述，在 OpenSees 模型中，BRB 弹性段采用 RigidLink 模拟，屈服段采用 SteelMPF 和 Fatigue 材料配合 Truss 单元建立，在赋予支撑刚度后，Fatigue 材料参数根据试验数据确定，当 Fatigue 材料的损伤到达 1 或 BRB 应变到达设置的极限应变时，BRB 失效，支撑承载力和刚度退化为 0。值得注意的是，BRB 的内芯材料和构造形式等对支撑的低周疲劳性能影响较大，许多学者统计了不同的 BRB 试验数据得到了参数不同的 Manson-Coffin 疲劳经验公式，对于不同应变范围 $\Delta\varepsilon$ 对应的疲劳公式，如式(6.1-2)、式(6.1-3)，Fatigue 材料难以实现多个疲劳参数的设定，因此需采用 OpenSees-Matlab 交互处理，实现 BRB 在 OpenSees 软件中的疲劳损伤模拟，具体步骤如图 6.1-2 所示。

为了验证两种数值模型的有效性，分别选取了陈泉[10] 开展的 BRB 性能试验和 Li 等[11] 开展的疲劳试验的试件为验证对象，验证 Fatigue 材料法的准确性。根据文献中所给的数据，BRB 弹性段采用 RigidLink 模拟，对于考虑断裂行为的 BRB，屈服段采用 SteelMPF 和 Fatigue 材料配合 Truss 单元建立。图 6.1-3(a) 给出了试件 U-V2[10] 模拟滞回曲线和试验结果，可以看出 OpenSees 模型较好地模拟了 BRB 的滞回性能、拉压承载力和屈服后刚度等特性。图 6.1-3(b) 为试

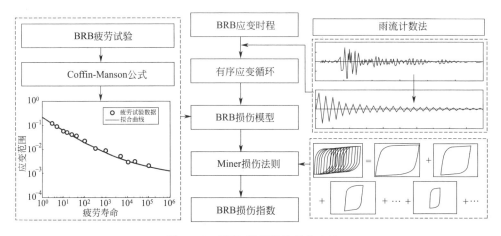

图 6.1-2　BRB 疲劳损伤量化方法

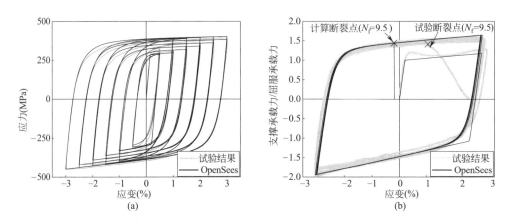

图 6.1-3　试件 U-V2 和试件 B2 模拟结果和试验结果

（a）试件 U-V2[10] 模拟滞回曲线和试验结果；（b）试件 B2[11] 在 3%应变幅下的
疲劳性能模拟结果和试验结果

件 B2[11] 在 3%应变幅值下的疲劳性能模拟结果和试验结果，结果表明采用
Fatigue 材料能有效量化 BRB 的疲劳损伤，准确地预测了 BRB 发生断裂的疲劳
圈数。

对于 OpenSees-Matlab 交互法，BRB 构件可采用一段式模拟。根据陈泉[10]
开展的 BRB 试验，图 6.1-4 给出了试件（U-V1 和 U-V2）的 OpenSees 模拟值
和试验值。可以看出，OpenSees 模型能很好地模拟试验构件的滞回性能，
图 6.1-4(b) 给出了两根 BRB 在 2%应变循环下的疲劳曲线，OpenSees-Matlab
交互法准确地预测了 BRB 发生断裂的循环圈数。

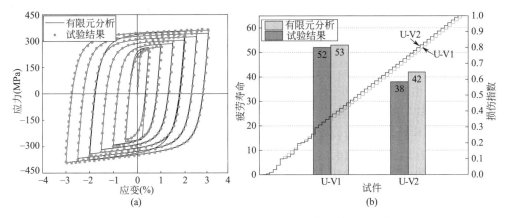

图 6.1-4　U-V1 和 U-V2 的 OpenSees 模拟值和试验值

(a) U-V1[10]；(b) U-V1[10] 和 U-V2[10]

6.2　考虑支撑低周疲劳失效的结构抗震性能

1. 非线性静力分析

为了探究 BRB 断裂失效行为对结构抗震性能的影响，采用 Fatigue 材料法对 5-IV-0.45 结构中的 BRB 赋予疲劳特性，其中，疲劳参数根据 Li 等[11] 开展的 BRB 试验确定，将 BRB 的极限应变设置为 0.035。对考虑和不考虑支撑断裂的 5-IV-0.45 结构分别进行推覆分析，图 6.2-1 是 5-IV-0.45 结构能力曲线。在 BRB 断裂前，两个结构的能力曲线保持一致；在 BRB 断裂后，结构的承载力和刚度退化明显，并且在第一根 BRB 失效后，相邻的 BRB 接连失效，结构强度

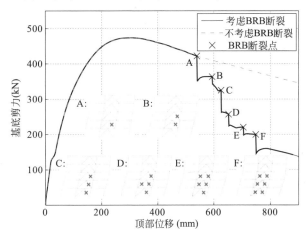

图 6.2-1　5-IV-0.45 结构能力曲线

显著下降。值得注意的是，虽然分析的框架为对称结构，但 BRB 具有拉压不均匀的受力性质，所以同一楼层的 BRB 并不在同一加载位移下同时断裂。

2. 非线性时程分析

图 6.2-2 为 5-IV-0.45 结构在 MANJIL 地震动下的响应。如图 6.2-2（a）所示，BRB 发生断裂前，两个结构的层间位移角响应基本一致。第一根 BRB 失效后，相邻层的 BRB 陆续退出工作，考虑 BRB 失效的结构层间位移角明显增大，最大响应为不考虑支撑断裂框架的 1.3 倍。为了确定结构的永久残余变形，分析计算时结构在地震动结束后继续自由振动 20s，结构稳定后的变形为永久残余变形。由于 BRB 的失效，结构的抗侧刚度会明显降低，导致考虑支撑疲劳断裂的框架顶层残余层间位移角为 1.954%，远大于不考虑支撑失效的结构。BRB 作为一种高性能阻尼器，它断裂失效后，结构耗能能力大幅下降，如图 6.2-2（b）所示。值得注意的是，虽然顶层变形相比于不考虑失效的框架显著增大，但顶层 BRB 没有发生疲劳断裂，进而导致顶层 BRB 耗散更多的地震能量。对于非结构性损伤，图 6.2-2（c）对比了顶层加速度响应，可以发现支撑的疲劳断裂行为对楼层加速度响应影响不明显，即 BRB 的失效不会明显导致非结构构件的破坏。

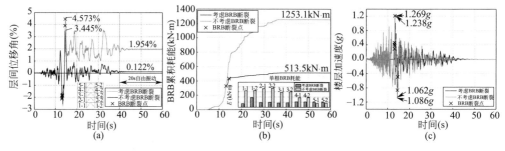

图 6.2-2 5-IV-0.45 结构在 MANJIL 地震动下的响应
（a）顶层层间位移角响应；（b）BRB 能量耗散；（c）顶层加速度响应

图 6.2-3 为 5-IV-0.45 结构在 22 条地震动下的响应，可以发现结构的最大位移响应主要集中在 2～3 层，由于 BRB 的断裂失效，结构承载力和耗能能力显著降低，进而考虑了支撑断裂行为的结构相比于不考虑支撑失效的结构 $\theta_{\max}$ 和 θ_{res} 明显增大。推覆分析和非线性时程分析结果均表明，不考虑支撑失效的抗震分析显著高估了 BRB-RC 框架的韧性水平，因此，建议对 BRB 结构进行设计和评估时，应考虑支撑的断裂行为，以合理量化其抗震性能。

3. 易损性分析

增量动力分析（简称 IDA）[12] 是目前基于性能的抗震分析中应用最为广泛的一种分析方法，相比于推覆分析和非线性时程分析，该方法更能综合考虑结构

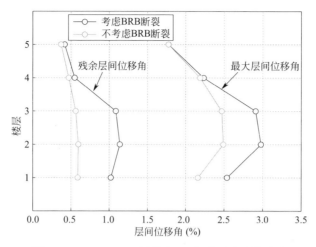

图 6.2-3　5-IV-0.45 结构在 22 条地震动下的响应

从弹性到倒塌的全动力过程。IDA 根据设定一系列单调递增的地震动强度参数 IM，对结构进行弹塑性时程分析，并将计算得到的结构损伤参数 DM 绘制成 IM-DM 曲线（IDA 曲线），即可考察结构性能随地震动强度参数变化的量化关系。采用结构基本周期对应的加速度反应谱谱值 $S_a(T_1)$ 作为 IM 参数，DM 参数采用结构最大层间位移角 θ_{max} 和最大残余层间位移角 θ_{res}。

基于 DM 准则，FEMA365[13] 依据结构最大层间位移角定义了结构的三个极限状态点：立即使用点（IO 点）、生命安全点（LS 点）和防止倒塌点（CP 点）。对于 BRB-RC 框架，分别取 θ_{max} 为 0.5%、1.5% 和 4% 作为 IO、LS 和 CP 的极限状态点。对于结构倒塌判定，综合考虑 DM 准则和 IM 准则：（1）DM 准则，当 $\theta_{max}>4\%$ 时，认为结构倒塌；（2）IM 准则：当 IDA 曲线出现平台段，且曲线的切线刚度退化至初始刚度的 20% 时，认为结构倒塌。对于结构可恢复性，采用 $\theta_{res}=0.5\%$ 作为衡量结构震后修复的标准，当框架结构的最大残余层间位移角大于 0.5% 时，结构的修复费用超过重建费用。

图 6.2-4 是 5-IV-0.45 结构 IDA 曲线。考虑了 BRB 断裂失效的百分位 IDA 曲线的斜率随地震动强度的增大逐渐减小，表明支撑退出工作后，结构的层间位移角响应迅速增加，最后达到倒塌状态。由于 BRB 具有屈服后强化的力学特性，不考虑 BRB 失效的模型百分位 IDA 曲线斜率减小的幅度更小，结构地震响应随地震动强度增加而逐渐增加较为明显。

图 6.2-5 是 5-IV-0.45 结构 IO、LS 和 CP 极限状态下的易损性曲线。对比结构在各极限状态下的失效概率，对于 IO 状态，考虑与不考虑 BRB 失效的结构 50% 对应的地震动强度一致，主要原因是结构到达 IO 状态时，BRB 的失效概率较低；不考虑 BRB 断裂行为的结构达到 LS 和 CP 状态，比考虑支撑失效的结

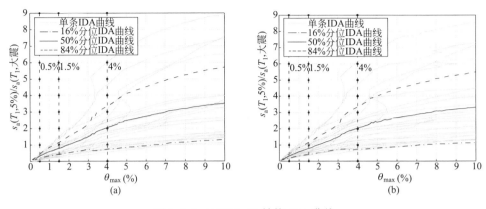

图 6.2-4　5-IV-0.45 结构 IDA 曲线

（a）不考虑支撑失效；（b）考虑支撑失效

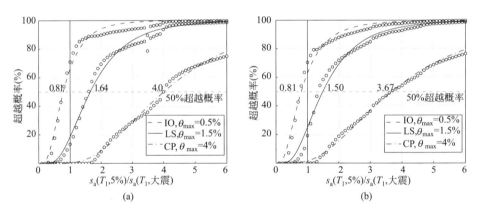

图 6.2-5　5-IV-0.45 结构 IO、LS 和 CP 极限状态下的易损性曲线

（a）不考虑支撑失效；（b）考虑支撑失效

构所需的地震动强度更大，表明不考虑 BRB 疲劳断裂的结构分析会一定程度地高估结构的抗震性能。

结构倒塌超越概率分布曲线如图 6.2-6 所示。其中，50%超越概率对应横坐标 $S_a(T_1,5\%)/S_a(T_1,大震)$ 的数值为倒塌储备系数，该数值可衡量结构的抗倒塌能力，数值越大，结构进入倒塌状态所需的地震动强度越大，即结构的抗倒塌安全富裕越大。通过对比图 6.2-6 中的曲线，可以发现虚线曲线明显右移，BRB 的失效使得结构在大震下倒塌概率提高。对比结果表明，在抗震分析时不考虑 BRB 断裂行为会高估结构的抗倒塌性能，使计算结果偏于不安全，难以准确预测结构在强震作用下的失效模式。

图 6.2-7 是考虑与不考虑 BRB 断裂的结构残余层间位移曲线。在图 6.2-7

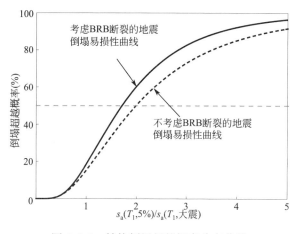

图 6.2-6　结构倒塌超越概率分布曲线

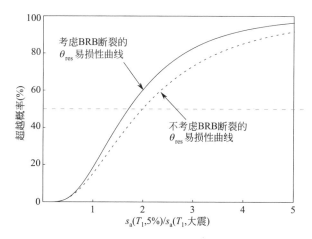

图 6.2-7　考虑与不考虑 BRB 断裂的结构残余层间位移曲线

中，由于 BRB 的断裂行为，虚线曲线明显右移，考虑支撑断裂后，在大震下结构的超越概率显著上升，结构震后需要拆除重建的概率大于 20%。对比结果证明结构性能评估时应考虑 BRB 的断裂行为，为结构震后损伤快速评估和建筑修复决策提供更精准的参考性资料。

6.3　BRB 最优抗震韧性设计参数

1. 支撑强度-刚度匹配关系

BRB 内芯由连接段、过渡段和屈服段组成，且 3 部分沿长度方向的截面是变化的，其中，连接段和过渡段的截面面积大于屈服段的截面面积，因此，在轴力作用下，塑性变形只集中于屈服段。如本书 2.1 节所述，BRB 的强度仅与内芯的钢材强度（f_y）与屈服段的截面面积（A_c）有关。根据本书 4.2 节式（4.2-1），BRB 的等效弹性模量 E_{eff} 和等效刚度 K_{eff} 由内芯的各部分面积（A_j、A_t、A_c）与长度（L_j、L_t、L_c）和材料的弹性模量（E）有关。由此可见，BRB 的强度由内芯材料强度和屈服段面积控制，而 BRB 的刚度则由内芯的几何尺寸决定，如图 6.3-1(a) 所示，对于给定的屈服段面积 A_c，可以通过改变内芯几何构造来调整 BRB 的刚度，而 BRB 的强度保持不变。

为了保证过渡段和连接段在强震作用下保持弹性，吴京等[14] 考虑了内芯的材料超强和应变硬化，建议 A_j/A_c 在 2～4。假定屈服段面积不变，定义内芯长度比 $\alpha = L_c/L_w$，内芯刚度比 $k = Keff/EA_c$，BRB 的强度-刚度匹配关系如图 6.3-1(b) 所示。值得注意的是，对于屈服段较短的 BRB，内芯在强震作用下的塑性应变更大，进而导致累积疲劳损伤更严重，相较于屈服段较长的 BRB 更易发生疲劳断裂，因此短支撑的疲劳性能不可忽视。

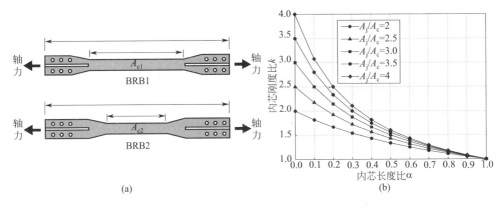

（a）　　　　　　　　　　　　　　　　　（b）

图 6.3-1　BRB 强度-刚度匹配关系
（a）屈服段长度的影响；（b）内芯长度比与内芯刚度比的关系

2. 支撑参数对结构抗震性能的影响规律

为了探究 BRB 的强度与刚度兼容匹配对结构抗震能力的影响，使得结构体系的抗震性能实现最大化、全局化和最优化，对 27 幢 7-IV 结构进行参数分析，涵盖 3 组剪力比（剪力比 p 为 0.3、0.4 和 0.5）和 9 组内芯刚度比（内芯刚度比 k 为 1.1、1.2、1.3、1.4、1.5、1.6、1.7、1.8 和 1.9）。BRB 的疲劳损伤模拟采用 OpenSees-Matlab 交互法，Coffin-Manson 疲劳模型参数根据 Takeuchi 等[6] 提出的经验公式确定。首先，进行 Pushover 分析，研究不同剪力比 p 和内芯刚度比 k 对 BRB-RC 框架性能的影响。推覆分析中采用了 Chao 等[15] 提出的改进侧向力模式，所有结构推覆至顶部位移达到结构总高度的 3%。如图 6.3-2(a)～图 6.3-2(c) 所示，相同 p 下结构的承载力曲线基本相同。图 6.3-2(d) 给出了从能力曲线中获取的 BRB-RC 框架的峰值强度 V_{max}。剪力比为 0.3、0.4 和 0.5 的 BRB-RC 框架的 V_{max} 分别为 876.5kN、805.4kN 和 764.7kN。可以发现，由于结构周期、屈服位移比和屈服位移的降低，结构 p 增加导致 V_{max} 逐渐减小。此外，在相同的 p 值下，V_{max} 值基本相等，表明当 BRB 强度恒定时，改变 BRB 刚度对结构强度不会产生显著影响。

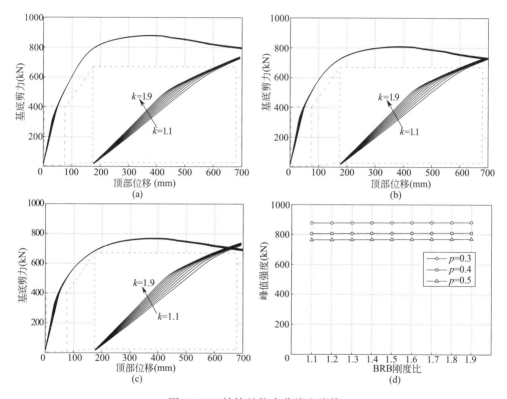

图 6.3-2　结构的能力曲线和峰值

（a）$p=0.3$ 的结构；（b）$p=0.4$ 的结构；（c）$p=0.5$ 的结构；（d）结构的峰值强度

图 6.3-3(a)～图 6.3-3(c) 给出了 BRB-RC 框架的刚度退化曲线，结构的刚度由曲线上每个点的切线斜率确定。施加的位移较小时，BRB-RC 框架仍处于弹性阶段，曲线呈水平线，随着载荷的增加，刚度逐渐退化，直至结构倒塌。可以发现，BRB-RC 框架的屈服位移随着内芯刚度比 k 的减小而增大。如图 6.3-3(d) 所示，在相同 k 值下，剪力比不同的结构其弹性刚度 K_e 基本恒定。剪力比为 0.3、0.4 和 0.5 时 BRB-RC 框架的最大弹性刚度分别为 9.47kN/mm、9.66kN/mm 和 9.76kN/mm。结合图 6.3-2 和图 6.3-3，可以发现，BRB 的强度-刚度匹配关

系对结构的整体性能有显著影响，即在相同的 BRB 强度下，提高 BRB 刚度比 k，可以提高 BRB-RC 框架的弹性刚度，而结构的强度基本保持不变。

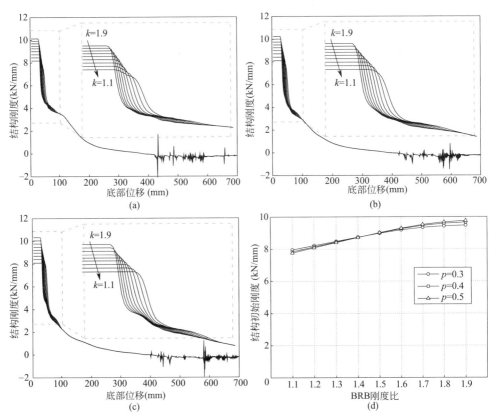

图 6.3-3　BRB-RC 框架的刚度退化曲线和初始刚度曲线
（a）$p=0.3$ 的结构；（b）$p=0.4$ 的结构；（c）$p=0.5$ 的结构；（d）结构的峰值强度

　　图 6.3-4(a) 给出了 $p=0.3$ 和 $k=1.9$ 的结构在小震水平下的最大层间位移角响应，22 条地震动下的结构响应有较大的离散程度，在 GM11（Landers/1992）下，结构的 IDR 响应最大，为 0.28%，平均 IDR 和平均值＋标准差的最大值分别为 0.15% 和 0.19%。虽然在四条地震动下结构的 IDR 超过 1/550（0.18%），但平均 IDR 小于位移限值，表明 PBPD 的设计方法是有效的。所有结构的 IDR 响应平均值（简称 Mean）和平均值±标准差（Mean±SD）如图 6.3-4(b)～(d) 所示。可以发现，在相同的 p 值下，IDR 随着 k 值的增加而减小。此外，当 $p=0.4$ 和 0.5 时，$k=1.1$ 和 $k=1.2$ 结构的 IDR 平均值超过规范限值，不满足小震下的变形需求。因此，BRB 的刚度对结构的侧移有显著影响，在小震水平下，采用内芯刚度比更大的 BRB 结构能表现出更强的抗侧刚度。

　　图 6.3-5(a) 给出了 $p=0.3$ 和 $k=1.9$ 结构在大震水平下的最大层间位移角

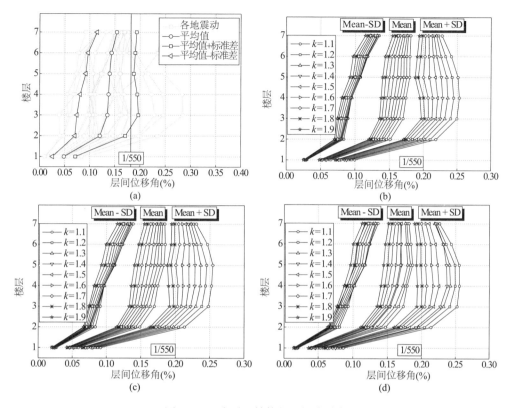

图 6.3-4　小震下结构的层间位移角

（a）$p=0.3$ 和 $k=1.9$ 结构的响应；（b）$p=0.3$ 结构的均值响应；
（c）$p=0.4$ 的结构的平均值响应；（d）$p=0.5$ 的结构的均值响应

响应，在 GM15（MANJIL/1990）下，结构的最大层间位移角为 2.3%，超过规范 2% 的限值，主要原因是 BRB 过早断裂，导致结构强度和刚度显著下降，结构响应进而被放大。结构的层间位移角响应平均值和平均值＋标准差的最大值分别为 0.82% 和 1.33%，小于 2% 的位移限值。所有结构的最大层间位移角如图 6.3-5（b）～（d）所示，与小震水平下的响应不同，所有结构的层间位移角都小于位移限值要求，但存在少数由 BRB 疲劳失效引起层间位移角超限使用的情况，表明内芯刚度比不能求值过小。此外，对于相同的 BRB 强度，刚性较大的结构在大震水平下表现出更好的抗震性能。

残余层间位移角是另一个重要的性能指标，量化了结构震后修复的可行性。图 6.3-6（a）给出了 $p=0.3$ 和 $k=1.9$ 结构在大震水平下的残余层间位移角响应。由于地震动的不确定性，可以观察到残余层间位移角响应离散程度较大，在 GM5（Imperial Valley/1979）下，最大残余层间位移角为 0.54%，平均值和均值＋标准差的最大值分别为 0.12% 和 0.25%。图 6.3-6（b）～（d）给出了

229

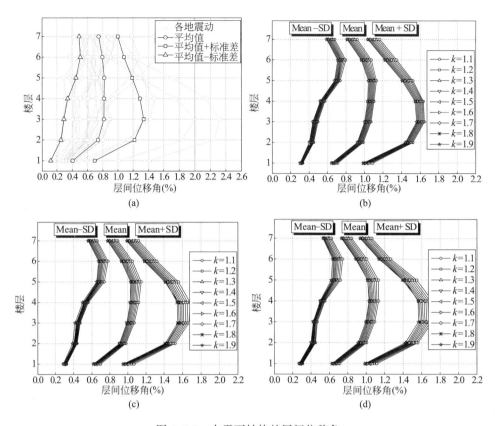

图 6.3-5　大震下结构的层间位移角

（a）$p=0.3$ 和 $k=1.9$ 结构的响应；（b）$p=0.3$ 结构的均值响应；

（c）$p=0.4$ 的结构的均值响应；（d）$p=0.5$ 的结构的均值响应

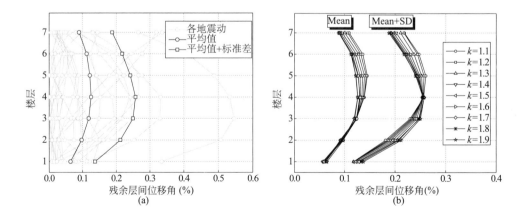

图 6.3-6　大震下结构的残余层间位移角（一）

（a）$p=0.3$ 和 $k=1.9$ 结构的响应；（b）$p=0.3$ 结构的均值响应；

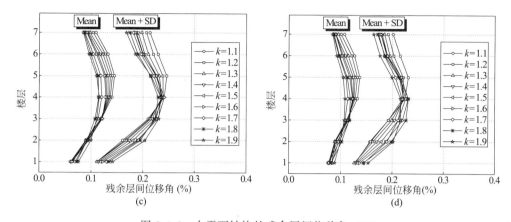

图 6.3-6　大震下结构的残余层间位移角（二）

（c）$p=0.4$ 的结构的均值响应；（d）$p=0.5$ 的结构的均值响应

所有结构的残余层间位移角响应，可以发现，在相同的 BRB 强度下，BRB 的刚度对残余层间位移角响应影响不大，所有残余层间位移角值均低于 0.5%，这表明结构震后具有较好的可修复性。

累积塑性变形是评价 BRB 性能的重要指标，考虑到累积塑性变形主要由地震动和 BRB 的疲劳断裂行为控制，图 6.3-7 采用了累积塑性变形的平均值以反映 BRB 响应，如图 6.3-7(a) 所示，$p=0.3$ 和 $k=1.9$ 结构的累积塑性变形具有较大的离散性，BRB 在 GM5（Imperial Valley/1979）下的最大累积塑性变形为 301.8，平均值为 118.6。图 6.3-7(b) 给出了所有结构的支撑累积塑性变形响应，其中 $p=0.3$、0.4 和 0.5 的最大值分别为 118.6、115.9 和 112.8。可以看出，BRB 刚度对累积塑性变形有显著影响，在相同的 BRB 强度下，由于刚度较大的 BRB 的屈服位移较小，累积塑性变形随着支撑刚度的增加而增加。

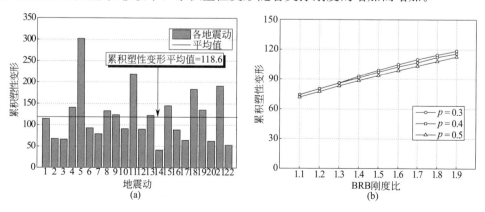

图 6.3-7　大震下 BRB 的累积塑性变形

（a）$p=0.3$ 和 $k=1.9$ 结构的响应；（b）所有结构的最大均值响应

BRB 的能量耗散是评估 BRB 抗震性能的直接指标，其定义为结构中 BRB 吸收的地震能量。如图 6.3-8(a) 所示，与累积塑性变形的情况一致，在 22 个地震动记录 BRB 能量耗散中离散程度较大，在 DM5 (Imperial Valley/1979) 下 BRB 的能量耗散最大，为 708.4kN·m。图 6.3-8(b) 给出了所有结构 BRB 的能量耗散情况，p 为 0.3、0.4 和 0.5 时的能量耗散最大值分别为 222.8kN·m、235.6kN·m 和 243.8kN·m。可以发现，在相同强度下，BRB 的能量耗散随着刚度的增加而增加。

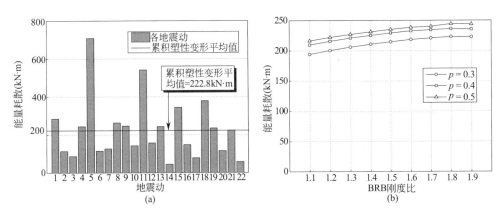

图 6.3-8　大震下 BRB 的能量耗散

(a) $p=0.3$ 和 $k=1.9$ 结构的响应；(b) 所有结构的最大均值响应

BRB 的损伤指数采用 OpenSees-Matlab 交互法计算。值得注意的是，损伤指数等于 1 意味着 BRB 发生疲劳失效，应将其从结构中移除，因此，BRB 的损伤指数最大值为 1.0。图 6.3-9(a) 给出了 $p=0.3$ 和 $k=1.9$ 结构的 BRB 在 22 条地震动下的损伤指数，BRB 的损伤平均值为 0.362，在 GM15 (MANJIL/1990) 和 GM18 (Cape Mendocino/1992) 下，断裂 BRB 的数量分别为 5 和 4。图 6.3-9 (b) 给出了所有结构 BRB 的损坏指数和失效数量。p 为 0.3、0.4 和 0.5 结构的最大损伤指数分别为 0.362、0.336 和 0.312，由此可见在相同强度下，BRB 的损伤指数随着刚度的增加而增加。此外，当 p 为 0.3、0.4 和 0.5 时，失效的 BRB 的最大数量分别为 7、14 和 8，因此，只有当 k 大于 1.6 时，BRB 才会发生断裂。

3. 支撑最优抗震韧性设计参数

BRB 在保持强度的情况下，可以通过改变内芯的几何结构（A_j、A_t、L_j、L_t 和 L_c）来调整 BRB 的刚度，综合考虑 BRB 强度-刚度匹配关系对结构抗震性能的影响，建议 BRB 内芯刚度比 k 为 1.3～1.6，确保结构在小震水平下具有较高的抗侧刚度，同时避免在大震水平下发生低周疲劳断裂。结合吴京等[14] 建议

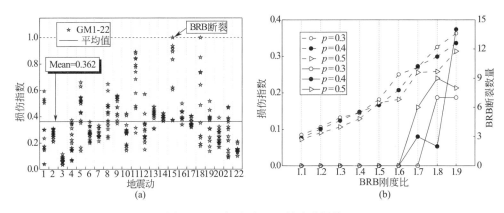

图 6.3-9　大震下 BRB 的疲劳损伤
（a）$p=0.3$ 和 $k=1.9$ 结构的响应；（b）所有结构损伤指数

的内芯长度比 α 应在 $0.5\sim0.9$，通过图 6.3-10 绘制的 k 下限值和上限值，建议内芯的设计参数内芯长度比 α 控制在 $0.5\sim0.67$，内芯刚度比 k 控制在 $1.3\sim1.6$。

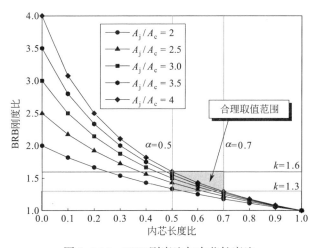

图 6.3-10　BRB 刚度比与内芯长度比

参考文献

［1］ 广州大学. 屈曲约束支撑应用技术规程：T/CECS 817-2021 ［S］. 北京：中国建筑工业出版社，2021.

［2］ Jia L J，Ge H. Ultra-low-cycle fatigue failure of metal structures under strong earthquakes ［M］. Singapore：Springer，2019.

[3] Osteraas J，Krawinkler H. The Mexico earthquake of September 19，1985—Behavior of steel buildings [J]. Earthquake spectra，1989，5（1）：51-88.

[4] Tremblay R，Filiatrault A，Timler P，et al. Performance of steel structures during the 1994 Northridge earthquake [J]. Canadian Journal of Civil Engineering，1995，22（2）：338-360.

[5] Manson S S. Fatigue-a complex subject-some simple approximations [R]. 1965.

[6] Takeuchi T，Ida M，Yamada S，et al. Estimation of cumulative deformation capacity of buckling restrained braces [J]. Journal of Structural Engineering，2008，134（5）：822-831.

[7] Miner M A. Cumulative damage in fatigue [J]. 1945.

[8] Khosrovaneh A K，Dowling N E. Fatigue loading history reconstruction based on the rainflow technique [J]. International Journal of Fatigue，1990，12（2）：99-106.

[9] OpenSees. Open system for earthquake engineering simulation，Version 2.4.2. Pacific Earthquake Engineering Research Center，University of California，Berkeley，2013. <http：// opensees. berkeley. edu>.

[10] 陈泉. 屈曲约束支撑滞回性能及框架抗震能力研究 [D]. 东南大学，2016.

[11] Li C H，Vidmar Z，Saxey B，et al. A Procedure for Assessing Low-Cycle Fatigue Life of Buckling-Restrained Braces [J]. Journal of Structural Engineering，2022，148（2）：04021259.

[12] Vamvatsikos D，Cornell C A. Incremental dynamic analysis [J]. Earthquake engineering & structural dynamics，2002，31（3）：491-514.

[13] FEMA 356. Prestandard and commentary for the seismic rehabilitation of buildings [J]. Federal Emergency Management Agency：Washington，DC，USA，2000.

[14] Jing W，Renjie L，Zhishen W. Matching relationship between axial stiffness and yield strength of buckling restrained braces [J]. Journal of Earthquake and Tsunami，2011，5（01）：71-82.

[15] Chao S H，Goel S C，Lee S S. A seismic design lateral force distribution based on inelastic state of structures [J]. Earthquake Spectra，2007，23（3）：547-569.

第7章

BRB 性能评估试验加载制度

7.1 BRB 构件性能评估试验加载制度

1. 现有构件加载制度概述

BRB 作为一种高效能的金属阻尼器，在应用于实际工程前，需要对 BRB 进行性能试验，以综合评价其性能，其力学性能指标可达到规范要求后才能被应用于建筑结构。拟静力试验方法作为结构工程抗震领域的最受欢迎的试验技术之一，通过该试验方法可以有效获得结构构件的强度、刚度、变形、耗能等关键性能指标。在检验结构构件抗震性能时，工程师希望选择一种合适的加载制度，能够在最大程度上反映结构构造在地震作用下的实际响应。

为此，国内外的相关规范规定了一些 BRB 加载制度，其中，使用最为广泛的加载制度为美国相关规范[1] 建议的试验加载方案，如图 7.1-1(a) 所示。根据 Sabelli 等[2] 对 BRB 钢架进行的系统性研究，美国相关规范规定 BRB 加载制度中的最小累积塑性变形应为 $200\Delta_{by}$。作为 BRB 和 BRB-框架结构体系概念建立最完善的国家，日本相关规范[3] 中 BRB 加载制度的规定主要发展于 Takeuchi 等[4] 和 Iwata 等[5] 开展的 BRB 性能试验，如图 7.1-1(b) 所示。标准加载中要求 BRB 分别进行 3 圈 0.5%、1.0%、2.0% 和 3.0% 塑性应变的加载，然后再进行 2.0% 或 3.0% 塑性应变循环加载，直至 BRB 断裂，或者强轴或弱轴之一集中发生较大变形，或者试件强度退化至最大强度的 80%。与美国相关规范和日本相关规范不同，欧洲相关规范[6] 中规定的加载制度，如图 7.1-1(c) 所示。而中国相关规范[7] 和中国相关规程分别采用 Δ_{by}、Δ_{bm}、BRB 总长 l 作为控制参数，如图 7.1-1(d)、图 7.1-1(e) 所示。

可以看出，不同规范规定的 BRB 加载制度不同（循环次数、变形幅值和控制参数等不同），进而导致同一根 BRB 在不同加载制度下获得的性能指标可能表现出一定程度的离散性。因此，Aguaguiña 等[8] 以滞回能量的累积分布作为函

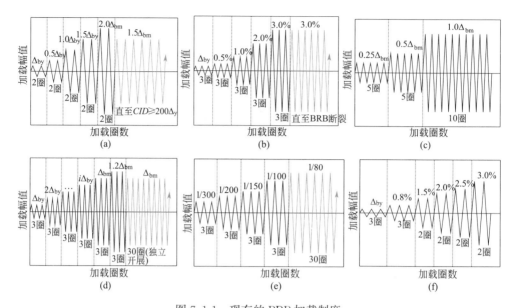

图 7.1-1　现有的 BRB 加载制度

（a）美国相关规范[1]；（b）日本相关规范[3]；（c）欧洲相关规范[6]；

（d）中国相关规范[7]；（e）中国相关规程；（f）Aguaguina 等

数，发展了可以综合考虑不同规范性能需求的新型加载制度，如图 7.1-1（f）所示。到目前为止，如何通过为拟静力试验选择合适的加载制度，有效地评估近断层和长持时地震动下 BRB 的抗震性能仍未明确。此外，与钢框架不同，钢筋混凝土框架具有屈服后退化的行为，BRB-RC 框架和 BRB-钢框架的抗震性能有明显区别，因此，基于 BRB-钢框架的非线性动力分析发展的加载制度不适用于 BRB 在 RC 框架中的应用，有必要发展适用于不同类型地震动下的 BRB 的拟静力试验加载制度。

2. 加载制度的建立方法

构建加载制度的目标是能够尽可能准确地反映结构或构件在地震作用下的实际响应，然而，由于地震动的不确定性，难以完全复现结构地震需求的加载制度。因此，建立加载制度的最常见方法是通过大量的非线性时程分析，探究"最具有代表性"结构或构件的地震响应，统计结构在地震作用下的损伤循环次数和变形幅值，以建立加载制度[9]。构建加载制度需要解决两个关键问题：（1）如何在所有分析模型中选择"最具有代表性"的结构或构件；（2）如何确定加载制度的控制参数（如循环圈数、变形幅值等）。为了解决这两个问题，可以使用加载制度的构建方法：首先，通过数值分析模型系统探究 RC 框架中 BRB 在地震动下的抗震性能；其次，注意构件的损伤不仅由最大变形幅值决定，还与循环累积损伤有关，采用 BRB 的疲劳损伤指数以确定"最具有代表性"的 BRB（最危险 BRB）；最后，基于最危险 BRB 的地震响应，采用雨流计数法提取循环次数和变形幅值等关键控制参数建立加载制度。

3. 地震动的选取

考虑了 3 种类型的地震动：远场地、近断层和长持时地震动，所有地震动数据均选自 PEER 数据库[10]。其中，所采用的 22 条远场地和 36 条近断层地震信息已在本节 5.4 节 1. 和 5.5 节 1. 给出。长持时地震动选取 5%～95% 的有效持续时间大于或等于 50s 的地震记录，表 7.1-1 中列出了所选取的 20 条长持时地震信息，图 7.1-2 给出了 20 条长持时地震动反应谱曲线。

20 条长持时地震动信息

表 7.1-1

编号	地震名称	年份	台站	仪器	震级	5%～95% 持时(s)	PGA (g)
LD-1	El Mayor-Cucapah	2010	Brawley Airport	BRA090	7.2	88.0	0.23
LD-2	El Mayor-Cucapah	2010	El Centro Array #4	E04090	7.2	82.4	0.31
LD-3	El Mayor-Cucapah	2010	El Centro Array #4	E04360	7.2	82.4	0.25
LD-4	El Mayor-Cucapah	2010	Holtville Post Office	HVP090	7.2	60.7	0.19
LD-5	Kobe	1995	Sakai	SKI000	6.9	60.1	0.15
LD-6	Kobe	1995	Morigawachi	MRG000	6.9	55.2	0.21
LD-7	Kobe	1995	Abeno	ABN090	6.9	56.4	0.22
LD-8	Imperial Valley	1979	Delta	DLT352	6.5	51.4	0.35
LD-9	Imperial Valley	1979	Delta	DLT262	6.5	51.4	0.24
LD-10	Kobe	1995	Morigawachi	MRG090	6.9	55.2	0.13
LD-11	Kobe	1995	Abeno	ABN000	6.9	56.4	0.23
LD-12	El Mayor-Cucapah	2010	Meadows Union School	2027A090	7.2	65.8	0.20
LD-13	El Mayor-Cucapah	2010	Holtville Post Office	HVP360	7.2	60.7	0.19
LD-14	Chuetsu-oki	2007	Niigata Nishi Kaba District	690E1EW	6.8	51.4	0.16
LD-15	Kobe	1995	Morigawachi	MRG-UP	6.9	55.2	0.16
LD-16	Imperial Valley	1979	Delta	DLTDWN	6.5	51.4	0.14
LD-17	Kobe	1995	Abeno	ABN-UP	6.9	56.4	0.14
LD-18	Chi-Chi	1999	CHY002	CHY002-N	7.6	54.4	0.14
LD-19	El Mayor-Cucapah	2010	Brawley Airport	BRA360	7.2	88.0	0.13
LD-20	Chi-Chi	1999	CHY008	CHY008-W	7.6	61.3	0.13

注：PGA 是峰值加速度。

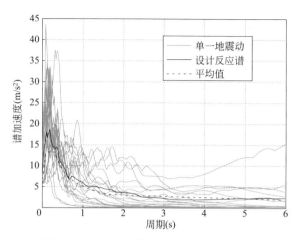

图 7.1-2 20 条长持时地震动反应谱曲线

4．BRB 加载制度

选取 5-IV、7-IV 和 11-IV 原型结构，涵盖了 3 组剪力比（0.3、0.4 和 0.5），共 9 个 BRB-RC 框架结构进行 3 种地震动的参数化分析。为了确定各 BRB 的抗震性能，对 BRB 进行编号：字母"L"和"R"分别表示楼层左侧和右侧 BRB，数值"1、2、3"表示 BRB 所在的楼层。图 7.1-3 给出了 7-IV-0.3 结构中的 R7 在不同地震动下的响应。采用 Kobe（Shin-Osaka 台站）、Northridge（Jensen Filter Plant 台站），和 Imperial Valley（Delta 台站）记录分别用于表示远场、近断层和长持时地震动的特征。此外，为了获得 BRB 的残余变形，结构在地震激励后继续进行 20s 的自由振动。可以看出，BRB 均表现出饱满的滞回曲线，与远场地地震动相比，近断层地震动的脉冲效应导致 BRB 在短时间内发

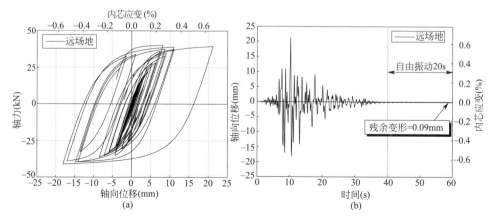

图 7.1-3 BRB 在不同地震动下的响应（一）

（a）远场地地震动下的滞回曲线；（b）远场地地震动下的应变时程

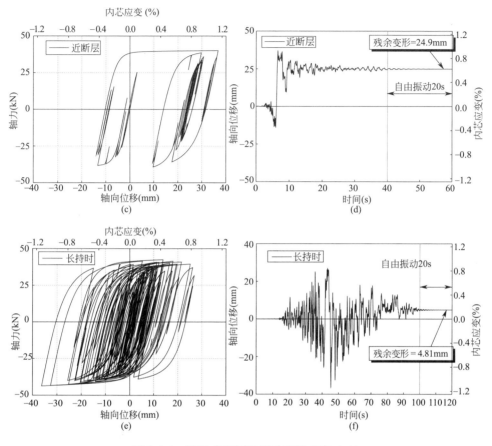

图 7.1-3　BRB 在不同地震动下的响应（二）
（c）近断层地震动下的滞回曲线；（d）近断层地震动下的应变时程；
（e）长持时地震动下的滞回曲线；（f）长持时地震动下的应变时程

生较大的应变幅值，并产生明显的残余变形，而在长持时地震下，BRB 经历了长时间的往复荷载，残余变形为 4.81mm。

考虑到地震动的不确定性，BRB 的地震响应可能表现出较大的离散性，表 7.1-2 列出了 R7 BRB 在远场地、近断层和长持时地震下的残余应变。在远场地和近断层以及长持时的地震作用下，残余应变的绝对值的平均值分别为 0.08%、0.20% 和 0.12%，而平均值 ＋ 标准差分别为 0.14%、0.39% 和 0.30%。由于向前方向性效应和滑冲效应，在近断层记录中可以观察到比远场地和长持时记录中更显著的内芯残余应变，因此，在建立近断层地震的加载制度中，应考虑内芯的残余应变。

R7 BRB 在远场地、近断层和长持时地震下的残余应变　　　表 7.1-2

远场地				近断层						长持时			
GM	ε_{res}	GM	ε_{res}	GM	ε_{res}	GM	ε_{res}	GM	ε_{res}	GM	ε_{res}	GM	ε_{res}
FF-1	−0.01	FF-13	0.10	NF-1	−0.57	NF-13	0.41	NF-25	−0.18	LD-1	−0.18	LD-13	0.39
FF-2	−0.10	FF-14	−0.05	NF-2	0.37	NF-14	−0.27	NF-26	−0.06	LD-2	−0.09	LD-14	−0.06
FF-3	−0.08	FF-15	−0.15	NF-3	0.08	NF-15	−0.20	NF-27	−0.10	LD-3	0.00	LD-15	0.01
FF-4	0.07	FF-16	0.10	NF-4	−0.16	NF-16	−0.08	NF-28	0.06	LD-4	−0.01	LD-16	0.10
FF-5	0.08	FF-17	−0.20	NF-5	−0.01	NF-17	−0.20	NF-29	0.03	LD-5	−0.03	LD-17	−0.24
FF-6	0.04	FF-18	0.07	NF-6	−0.51	NF-18	0.06	NF-30	−0.04	LD-6	−0.05	LD-18	−0.17
FF-7	−0.06	FF-19	0.13	NF-7	−0.16	NF-19	−0.27	NF-31	−0.17	LD-7	−0.03	LD-19	−0.01
FF-8	−0.06	FF-20	−0.09	NF-8	−0.01	NF-20	0.39	NF-32	−0.03	LD-8	−0.69	LD-20	0.02
FF-9	0.02	FF-21	0.02	NF-9	−0.03	NF-21	−0.57	NF-33	0.14	LD-9	−0.24		
FF-10	−0.02	FF-22	0.02	NF-10	−0.19	NF-22	−0.08	NF-34	−0.05	LD-10	−0.04		
FF -11	−0.11			NF-11	−0.16	NF-23	0.20	NF-35	−0.07	LD-11	0.00		
FF-12	−0.27			NF-12	−0.64	NF-24	−0.58	NF-36	−0.04	LD-12	−0.06		
绝对值的平均值:0.08%				绝对值的平均值:0.20%						绝对值的平均值:0.12%			
标准差:0.06%				标准差:0.19%						标准差:0.18%			
绝对值的平均值+标准差:0.14%				绝对值的平均值+标准差:0.39%						绝对值的平均值+标准差:0.30%			

注：GM 为地震动；FF 为远场地；NF 为近场地；ε_{res} 为残余内芯应变（%）。

采用雨流计数法从 BRB 的轴向位移时程响应中提取变形振幅，如前所示，雨流计数法可以将随机变形时程转换为一系列的全循环和半循环，其中，全循环的激励能造成一个完整的滞回环，而半循环只能造成半个滞回环。图 7.1-4 给出

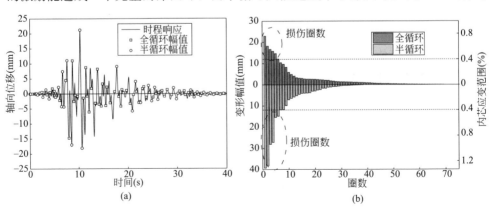

图 7.1-4　损伤应变范围的确定

（a）BRB 应变时程；（b）损伤应变范围

了通过雨流计数法在远场地地震动下典型 BRB 位移时程的量化结果，并列出了所有全循环和半循环的频率分布。需要指出的是，根据 Takeuchi 等[11] 提出的 BRB 疲劳公式，在 0.4％恒定应变幅值下，BRB 需要循环 3078 次才发生低周疲劳断裂，因此认为小于 0.4％应变幅值对 BRB 的累积损伤可以忽略不计，并将大于或等于 0.4％应变幅值的 BRB 应变范围定义为损伤幅值。

确定加载制度参数之前，需选择能够代表地震作用下 BRB 最大损伤需求的"最危险 BRB"。图 7.1-5 给出了所有 BRB 在三类地震动大震水平下的归一化损伤指数，最大的损伤指数主要出现在 1～3 层，不同层数和设计层剪比的损伤指数分布呈现出相当大的离散性。此外，同一 BRB-RC 框架结构在不同类型地震下的损伤需求也存在显著差异。为了反映构件的最大抗震需求，选择损伤指数最大的 BRB 作为最危险 BRB，如图 7.1-5 所示，5-IV-0.3 中的 R2、11-IV-0.3 中的 R2 和 11-IV-0.3 中的 R1 分别代表远场地、近断层和长持时地震下的支撑最高损伤需求。

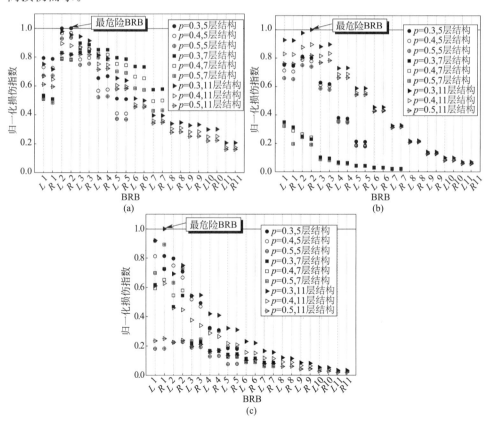

图 7.1-5　BRB 在三类地震动大震水平下的归一化损伤指数

（a）远场地地震动；（b）近断层地震动；（c）长持时地震动

加载制度的构建首先需要确定循环次数，由于低于0.4%阈值的BRB应变范围不会对累积损伤产生显著影响，因此，循环次数确定时仅考虑损伤循环（等于或大于0.4%的变形范围的循环次数）。通过使用雨流计数法，不同类型地震下最危险BRB的损伤循环次数如图7.1-6所示。由于地震动的不确定性，BRB的损伤循环次数离散性较大，为了保守地量化BRB的损伤需求，选取平均值＋标准差的数值作为损伤循环次数，在远场地、近断层和长持时地震动下，最危险BRB损伤全循环次数的分别为11次、14次和35次，而半循环次数分别为6次、7次和9次。

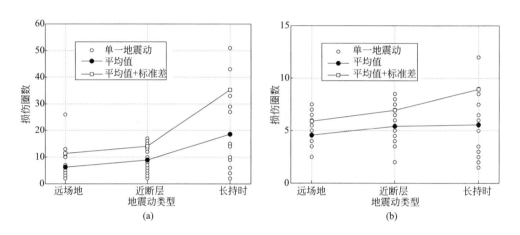

图 7.1-6 不同类型地震下最危险 BRB 的损伤循环次数
(a) 全循环；(b) 半循环

加载制度构建的另外两个重要指标是控制参数和幅值。由于材料超强等原因，BRB在试验加载时难以准确计算支撑的屈服变形，因此，选择BRB内芯应变作为加载制度的控制参数，该参数与BRB材料无关，因此可以在试验中无需进行复杂的计算即可直接确定。图7.1-7给出了最危险BRB的$1 \sim i$最大内芯应变范围，其中i为先前统计的损伤循环次数。在远场地、近断层和长持时地震动下，最危险BRB内芯全循环应变范围的平均值＋标准差分别为2.41%、2.70%和2.77%，而半循环的应变范围的平均值＋标准差分别为3.10%、6.80%和5.75%。

BRB的残余应变能反映结构震后修复的可行性，在加载制度中不可被忽视，特别是在近断层地震动下，脉冲效应易造成BRB出现明显的残余变形。如图7.1-8所示，近断层地震动下BRB的残余应变显著大于远场地和长持时地震激励的残余变形，在远场地、近断层和长持时地震动下，最危险BRB的平均值＋标准差残余应变分别为0.28%和1.32%。

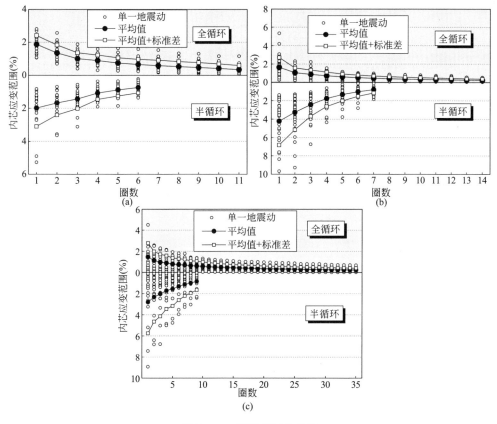

图 7.1-7　循环范围的确定
（a）远场地地震动；（b）近断层地震动；（c）长持时地震动

根据统计的 BRB 损伤循环次数、应变幅值和残余变形构建新型加载制度，加载形式采用最为常用的阶梯增长式，以 0.1% 应变幅值为最小增量，并将每个应变范围四舍五入到 0.2% 的整数倍（例如：0.54% 的幅值四舍五入到 0.6%）。图 7.1-9（a）、图 7.1-9（c）和图 7.1-9（e）分别给出了适用于远场地、近断层和长持时地震动的 BRB 性能评估加载制度，同时，图 7.1-9（b）、图 7.1-9（d）和图 7.1-9（f）绘制了 U-V1 试样在新型加载制度下的滞回曲线。值得注意的是：所构建的加载制度是不对称的，特别是对于残余变形较大的近断层和长持时加载制度，由于 BRB 的残余变形可能发生在受拉或受压方向（具体取决于输入地震动的方向）。因此，进行 BRB 的拟静力试验时，应当开展两次不对称加载试验，同时考虑 BRB 在不同方向的残余变形。完成一次加载之后，认为 BRB 能够承受一次大震水平的地震激励，进而需开展 2% 或 3% 恒定应变幅值的循环试验，以研究 BRB 的低周疲劳性能。在低周疲劳加载试验期间，如果 BRB 内芯发生断裂，或

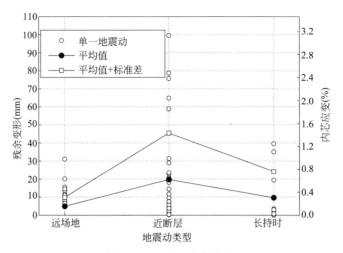

图 7.1-8　BRB 残余应变

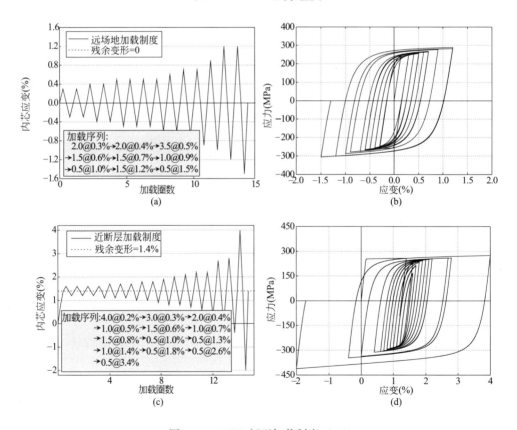

图 7.1-9　BRB 新型加载制度（一）

（a）远场地加载制度；（b）远场地加载制度下的滞回曲线；

（c）近断层加载制度；（d）近断层加载制度下的滞回曲线

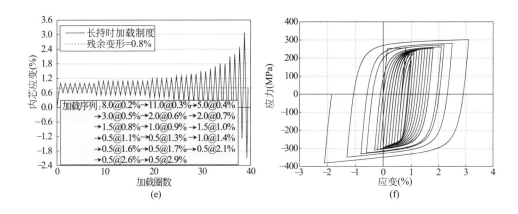

图 7.1-9　BRB 新型加载制度（二）

（e）长持时加载制度；（f）长持时加载制度下的滞回曲线

支撑强度下降到峰值强度的 80%，则应终止试验。

通过图 7.1-10 BRB 新型加载制度与现行加载制度的对比可以看出，所提出的远场地和近断层加载制度的损伤需求和累积塑性变形与现行的加载制度接近，而长持时的加载制度的抗震需求明显大于现行的加载制度同。此外，与 AISC 341-36 相比，提出的近断层和长持时加载制度具有更严格的抗震需求。这些差异表明，在不同的地震特征下，BRB 的抗震需求不同，因此，建议在工程应用之前使用多种加载制度检测 BRB 产品的抗震性能。

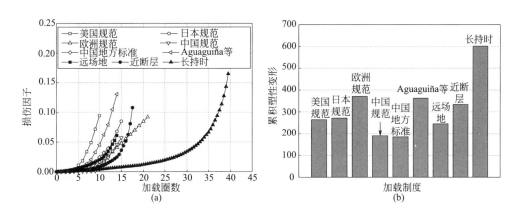

图 7.1-10　BRB 新型加载制度与现行加载制度的对比

（a）损伤指数；（b）累积塑性变形

7.2 BRB-RC 框架子结构性能评估试验加载制度

1. 现有子结构加载制度

对于 BRB-框架结构，美国规范[1] 规定的 BRB 框架子结构加载制度建立于 Sabelli 等[2] 开展的 BRB-钢框架非线性时程分析结果之上。其中，BRB-钢框架分析模型根据美国规范设计。Dehghani 等[12] 指出，基于美国规范设计的 BRB-钢框架抗震需求与加拿大的抗震需求不同，因此提出了适用于加拿大的 BRB-钢框架子结构加载制度。

然而，对于 BRB-RC 框架，目前仍未有明确统一的拟静力试验加载制度。我国现行规范《建筑抗震试验规程》JGJ/T 101[13] 给出了现行子结构加载方案，如图 7.2-1 所示。试体屈服前宜采用荷载控制并分级加载，接近屈服荷载前减小级差进行加载，试体屈服后采用变形控制，变形值取屈服时试体的最大位移值，并应以该位移值的倍数为级差进行控制加载。曲哲等[14] 在 BRB-RC 框架子结构试验中的水平加载制度选择了六个层间位移角，其中，1/550 对应我国抗震规范 RC 框架小震作用下的层间位移角限值，1/50 和 1/200 分别对应我国和日本抗震规范中规定的 RC 框架大震水平下的变形限值，框架柱施加恒定的 482kN 轴力。而实际上，在水平荷载作用下，支撑跨 RC 框架柱承受较高的 BRB 附加轴力，在地震激励下，BRB 处于往复拉压状态，与之相连的框架柱将承受时变轴力。遗憾的是，现行的 BRB-RC 框架加载制度均采用恒定轴力加载，忽略了时变轴力对子结构性能的影响。许国山等[15] 开展了变化轴力下的钢筋混凝土柱静力试验，结果表明，变化轴力与恒定轴力下的 RC 柱，其破坏模式、能量耗散、延性、刚度退化等抗震性能有明显区别，因此建议在设计框架柱时应考虑变化轴力的影响。基于上述考虑，需要建立考虑框架柱时变轴力的 BRB-RC 框架加载制度，准确量化 BRB-RC 框架在强震下的实际抗震需求，提高拟静力试验方法的准确性。

2. 层间位移角-支撑柱轴力量化关系

为了进一步探究地震作用下 RC 框架柱的轴向需求，选取 11-IV-0.75 结构作为研究对象，并通过移出该结构中的 BRB 构件建立了对应的 RC 框架结构。RC 框架柱和 BRB-RC 框架柱的轴力对比见图 7.2-2，其中"C1"表示框架左侧的第一根柱，通过框架中柱（RCF-C2 和-C3）和边柱（RCF-C1 和-C4，以及 BRB-RCF-C1 和-C4）的轴力比较，可以发现边柱的轴向需求明显大于中柱的轴向需求。此外，BRB-RC 框架边柱的轴力与 RC 框架的边柱轴力大致相等。另一方面，对比 BRB-RC 框架（BRB-RCF-C2 和-C3）和 RC 框架（RCF-C2 和-C3）的中柱轴力，可以看出 RC 框架的中柱轴向力基本不变，而在支撑跨的框架柱上

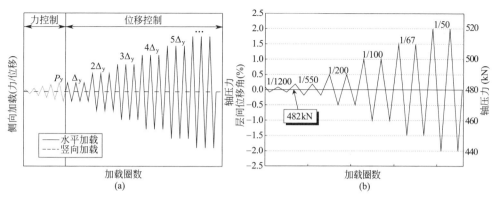

图 7.2-1　现行子结构加载方案

（a）现行国家标准《建筑抗震试验规程》JGJ/T101[14]；（b）曲哲等[15]

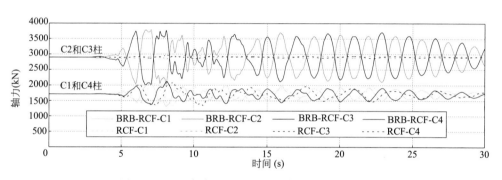

图 7.2-2　RC 框架柱和 BRB-RC 框架柱的轴力对比

出现了显著的轴向力变化。

层间位移角和 BRB-RC 框架柱轴向力变化曲线见图 7.2-3。可以发现，BRB-RCF-C2 柱同时承担水平荷载和时变轴力，层间位移角和轴向力的峰值/谷值在时程曲线中同时出现。此外，BRB-RCF-C2 和 BRB-RCF-C3 的最大轴力基本恒定，主要原因是 BRB 的屈服后刚度较低，屈服后的 BRB 所产生的附加轴力基本不变。

对于人字形 BRB-RC 框架，在水平荷载下，同一楼层的一根 BRB 处于受压状态，另一根 BRB 必须处于拉伸状态。因此，可以观察到在支撑跨的框架柱中承担着由 BRB 轴向力产生的附加力。此外，梁剪力会对边柱产生附加轴力，而中柱的梁剪力会因方向相反而相互抵消。综上所述，可以发现，RC 柱的附加轴力主要由重力和侧向荷载引起，而侧向荷载引起的附加轴力是梁剪力和 BRB 轴力的组合作用。

根据 BRB 的构造形式，BRB 轴力可以通过式(7.2-1)计算：

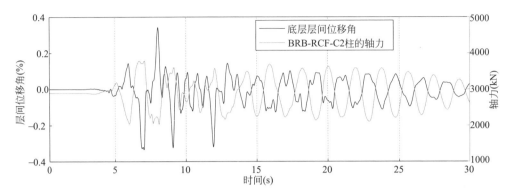

图 7.2-3　层间位移角和 BRB-RC 框架柱轴力变化曲线

$$\begin{cases} C_{\mathrm{BRB}}=T_{\mathrm{BRB}}=E_{\mathrm{eff}}\varepsilon A_{c} & \varepsilon<\varepsilon_{y} \\ C_{\mathrm{BRB}}=\beta T_{\mathrm{BRB}}=\beta\omega R_{y}f_{y}A_{c} & \varepsilon\geqslant\varepsilon_{y} \end{cases} \quad (7.2\text{-}1)$$

式中：T_{BRB}、C_{BRB}——BRB 的拉力、压力；

ε、ε_{y}——BRB 的应变和屈服应变。

假设 BRB 的屈服后刚度为零，即将 BRB 本构假定为理想弹塑性模型，BRB的应变与层间位移角的关系可定义为：

$$\begin{cases} N_{\mathrm{Col1}i}=W_{i}+\sum_{i}^{n}V_{i}+\sum_{i+1}^{n}C_{\mathrm{BRB}i}\sin\alpha_{i}\theta<0,N_{\mathrm{Col1}i}=W_{i}-\sum_{i}^{n}V_{i}-\sum_{i+1}^{n}T_{\mathrm{BRB}i}\sin\alpha_{i}\theta>0 \\ N_{\mathrm{Col2}i}=W_{i}-\sum_{i}^{n}C_{\mathrm{BRB}i}\sin\alpha_{i} \quad \theta<0,N_{\mathrm{Col2}i}=W_{i}+\sum_{i}^{n}T_{\mathrm{BRB}i}\sin\alpha_{i} \quad \theta>0 \\ N_{\mathrm{Col3}i}=W_{i}+\sum_{i}^{n}T_{\mathrm{BRB}i}\sin\alpha_{i} \quad \theta<0,N_{\mathrm{Col3}i}=W_{i}-\sum_{i}^{n}C_{\mathrm{BRB}i}\sin\alpha_{i} \quad \theta>0 \\ N_{\mathrm{Col4}i}=W_{i}-\sum_{i}^{n}V_{i}-\sum_{i+1}^{n}T_{\mathrm{BRB}i}\sin\alpha_{i}\theta<0,N_{\mathrm{Col4}i}=W_{i}+\sum_{i}^{n}V_{i}+\sum_{i+1}^{n}C_{\mathrm{BRB}i}\sin\alpha_{i}\theta>0 \end{cases} (7.2\text{-}2)$$

$$\begin{cases} N_{\mathrm{Col2}i}=W_{i}+\sum_{i+1}^{n}C_{\mathrm{BRB}i}\sin\alpha_{i} \quad \theta<0, \quad N_{\mathrm{Col2}i}=W_{i}-\sum_{i+1}^{n}T_{\mathrm{BRB}i}\sin\alpha_{i} \quad \theta>0 \\ N_{\mathrm{Col3}i}=W_{i}-\sum_{i+1}^{n}T_{\mathrm{BRB}i}\sin\alpha_{i} \quad \theta<0, \quad N_{\mathrm{Col3}i}=W_{i}+\sum_{i+1}^{n}C_{\mathrm{BRB}i}\sin\alpha_{i} \quad \theta>0 \end{cases} (7.2\text{-}3)$$

$$\begin{cases} N_{\text{Col2}i} = W_i + \sum_i^n T_{\text{BRB}i}\sin\alpha_i \quad \theta < 0, \quad N_{\text{Col2}i} = W_i - \sum_i^n C_{\text{BRB}i}\sin\alpha_i \quad \theta > 0 \\[2ex] N_{\text{Col3}i} = W_i - \sum_i^n C_{\text{BRB}i}\sin\alpha_i \quad \theta < 0, \quad N_{\text{Col3}i} = W_i + \sum_i^n T_{\text{BRB}i}\sin\alpha_i \quad \theta > 0 \end{cases}$$

$$(7.2\text{-}4)$$

式中：　　　　　　　　i——层数；

N_{Col1}、N_{Col2}、N_{Col3}、N_{Col4}——第①~④轴柱轴力；

n——总楼层数；

$C_{\text{BRB}i}$——第 i 层 BRB 压力；

$T_{\text{BRB}i}$——第 i 层 BRB 拉力；

α——BRB 倾角；

θ——层间位移角；

V_i、W_i——第 i 层梁剪力、重力荷载。

根据上式，人字形的 BRB-RC 框架中层间位移角与中柱的轴力需求的关系如图 7.2-4 所示。采用轴压比将轴力规范化，其中，f_c 和 A 分别为混凝土的设计抗压强度和框架柱的面积。在地震作用下，结构中的 BRB 很难同时达到屈服状态，因此，假设所有楼层的 BRB 在层间位移角等于 θ_y 时同时屈服，θ_y 采用规范的小震变形限值 1/550。此外，由于 BRB 的屈服后刚度假定为零，因此在 BRB 进入屈服阶段后，附加轴力为恒定值。

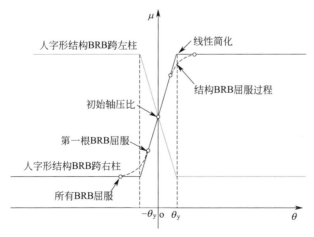

图 7.2-4　层间位移角和柱轴力的关系

为了验证 IDR-μ 关系的有效性，选择了 11-Ⅳ-0.75 结构的中柱在非线性时程和推覆分析下的轴向力需求，与基于 IDR-μ 关系的计算值进行比较。如

图 7.2-5 所示，与数值结果相比，IDR-μ 关系准确预测了不同 IDR 水平下的框架柱轴向比，加载和卸载过程与柱的地震响应吻合良好。

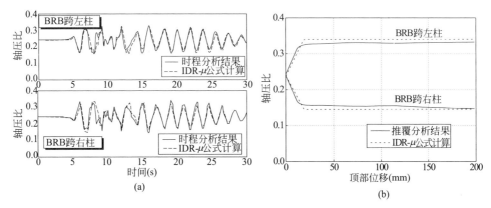

(a)

(b)

图 7.2-5　IDR-μ 公式有效性的验证

（a）时程分析；（b）推覆分析

3. 子结构加载制度

子结构加载制度建立思路与 7.1 节 2. 的方法一致，分析模型为 3-SD、5-IV、5-V、7-S、7-IV、9-V、9-SD、11-IV 和 11-V 结构，每一结构考虑了 5 组剪力比（0.15、0.3、0.45、0.6 和 0.75），共 45 个 BRB-RC 框架模型。BRB-RC 框架结构抗震响应见图 7.2-6。楼层最大 IDR 主要出现在所有 BRB-RC 框架结构的 2～4 层，此外，随着 p 增加，最大 IDR 减少。需要指出的是，根据 Sabelli 等[2] 的研究，在大震水平下，BRB-钢框架的最大 IDR 为 4.5%，AISC 规范基于此规定了加载制度的抗震需求，而 BRB-RC 框架的 IDR 相对较小，这也表明，BRB-RC 框架和 BRB 钢框架的抗震要求不同，因此需要建立适用于 BRB-RC 框架的加载制度。

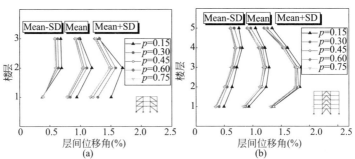

(a)

(b)

图 7.2-6　BRB-RC 框架结构抗震响应（一）

（a）3-SD 结构；（b）5-IV 结构

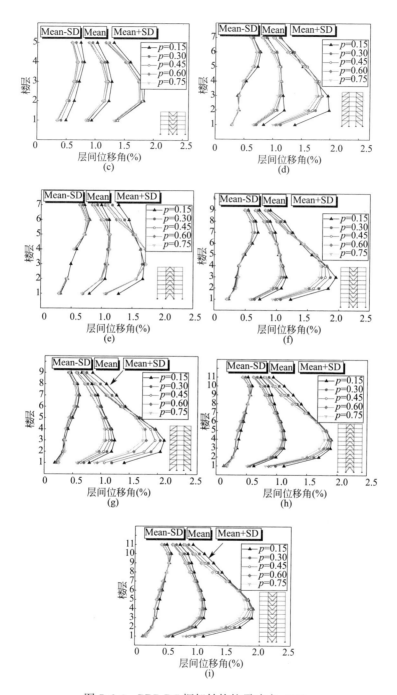

图 7.2-6　BRB-RC 框架结构抗震响应（二）

（c）5-V 结构；（d）7-S 结构；（e）7-IV 结构；（f）9-V 结构；

（g）9-SD 结构；（h）11-IV 结构；（i）11-V 结构

BRB-RC 框架的损伤采用累积层间位移角确定，其中小于 1/550 阈值的层间位移角忽略不计，图 7.2-7 显示了 11-IV-0.75 结构底层在 22 条地震动下的累积损伤 IDR 范围。由于地震动的不确定性，结构的响应离散性较大，因此采用平均值表示结构的地震需求。所有结构各楼层的累积层间位移角的平均值如图 7.2-7(b) 所示，与其他楼层相比，第 2～4 层的累积损伤范围更大。此外，最大累积损伤效应在 3-SD-0.15 结构的第二层产生，代表了 BRB-RC 框架的最严格的抗震需求，因此选择该最危险层来确定加载制度的参数。

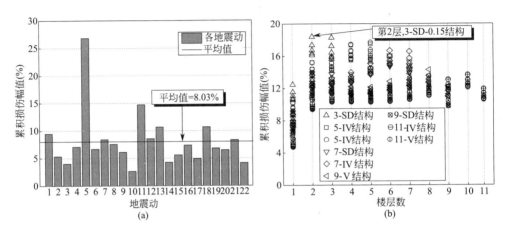

图 7.2-7　累积损伤层间位移角

(a) 11-IV-0.75 结构底层响应；(b) 所有楼层损伤需求

为了确定制定加载协议的控制参数，Kravinkler 等[9] 建议，应分别选择对数正态分布中的平均值和第 90 百分位值作为循环圈数和累积 IDR 的抗震需求。图 7.2-8 为加载制度控制参数，损伤循环圈数为 23 圈，其中，相应的 IDR 幅值不应小于 1/550。在统计的 IDR 幅值中提取前 23 位 IDR 范围，其中，前三位 IDR 范围分别为 3.11％、2.39％和 2.05％。此外，最大 IDR 幅值 1.8％应在加载制度中出现，以复现结构在大震水平下最大的 IDR 需求。

加载制度的格式采用逐步增大的阶梯式，最小增量为 0.1％，子结构双参数加载制度见图 7.2-9。

为了便于实际应用，双参数加载制度的 BRB-RC 框架子结构拟静力试验流程如下：

第 1 步：从原型结构中提取 BRB-RC 框架子结构，并计算柱端的重力荷载。

第 2 步：施加重力荷载于框架柱，然后安装 BRB。

第 3 步：施加水平 IDR 加载制度：1@0.20％，3@0.25％，4@0.30％，2@0.35％，2@0.40％，1@0.45％，1@0.50％，1@0.55％，2@0.60％，1@0.70％，1@0.75％，1@0.85％，1@1.05％，1@1.20％，1@1.80％。与此

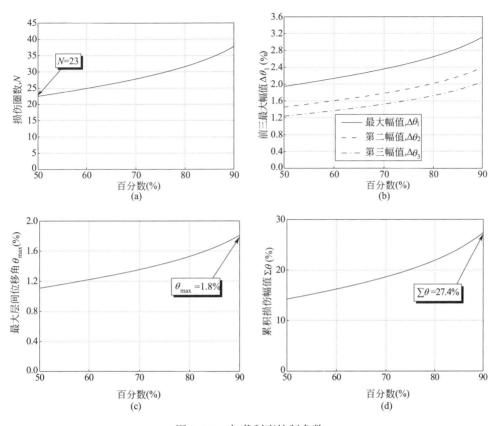

图 7.2-8　加载制度控制参数

（a）损伤循环圈数；（b）前三最大循环范围；（c）最大层间位移角；（d）累积损伤层间位移角

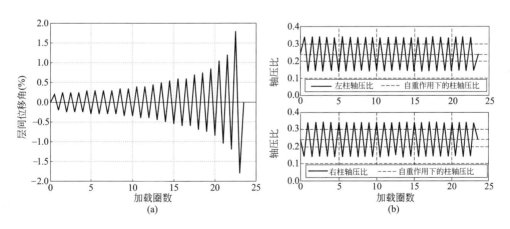

图 7.2-9　子结构双参数加载制度

（a）水平 IDR 加载制度；（b）竖向轴力加载制度（11-IV-0.75 结构）

同时，通过 IDR-μ 关系计算每个 IDR 幅值对应的轴向力，并施加于柱端。

第 4 步：完成以上加载后，开展 2%IDR 的恒定幅值加载，以研究 BRB-RC 框架子结构的低周疲劳性能，直到 BRB 发生断裂或结构强度降低到其最大强度的 80%，终止试验。

层间位移角累积分布如图 7.2-10 所示，表明新型加载制度能较好地重现 BRB-RC 框架在一次大震水平下的抗震需求。此外，现行国家标准《建筑抗震试验规程》JGJ/T 101 规定的加载制度与新型加载制度的 IDR 累积分布有显著差异，规范的加载制度的 IDR 幅值较高，表明规范的加载制度过于保守地估计了 BRB-RC 框架的抗震需求。

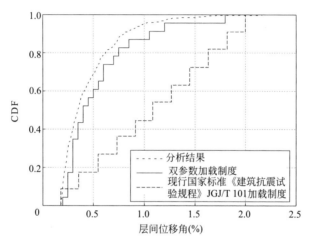

图 7.2-10 层间位移角累积分布

参考文献

［1］ American Institute of Steel Construction（AISC）. Seismic provisions for structural steel buildings（ANSI/AISC 341-16）［S］. American Institute of Steel Construction，2002.

［2］ Sabelli R，Mahin S，Chang C. Seismic demands on steel braced frame buildings with buckling-restrained braces［J］. Engineering Structures，2003，25（5）：655-666.

［3］ The Building Center of Japan（BCJ）. Specifications for BRB certification（BCJ-16）［S］. Tokyo，Japan：The Building Center of Japan；2017.（in Japanese）.

［4］ Takeuchi T，Hajjar J F，Matsui R，et al. Effect of local buckling core plate restraint in buckling restrained braces［J］. Engineering Structures，2012，44：304-311.

［5］ Iwata M. Applications-design of buckling restrained braces in Japan［C］. 13th World Conference on Earthquake Engineering. Canadian Association for Earthquake Engineering（CAEE）Vancouver，Canada，2004.

［6］ European Committee for Standardization (CEN). Anti-seismic devices (EN15129：2010) ［S］. Brussels，Belgium：European Committee for Standardization，2010.

［7］ 东南大学. 建筑消能阻尼器：JG/T 209-2012 ［S］. 北京：中国标准出版社，2012：9.

［8］ Aguaguiña M，Zhou Y，Zhou Y. Loading protocols for qualification testing of BRBs considering global performance requirements ［J］. Engineering Structures，2019，189：440-457.

［9］ rawinkler H，Gupta A，Medina R，et al. Development of loading histories for testing of steel beam-to-column assemblies ［M］. Stanford University，2000.

［10］ Pacific Earthquake Engineering Research Center (PEER). PEER Ground Motion Database，CA：Pacific Earthquake Engineering Research Center，University of California. Berkeley. https：//ngawest2. berkeley. edu.

［11］ Takeuchi T，Ida M，Yamada S，et al. Estimation of cumulative deformation capacity of buckling restrained braces ［J］. Journal of Structural Engineering，2008，134 (5)：822-831.

［12］ Dehghani M，Tremblay R. Development of standard dynamic loading protocol for buckling-restrained braced frames ［C］. International Specialty Conference on Behaviour of Steel Structures in Seismic Area (STESSA). 2012.

［13］ 中国建筑科学研究院. 建筑抗震试验规程：JGJ/T 101—2015 ［S］. 北京：中国建筑工业出版社，2015：10.

［14］ Qu Z，Xie J，Wang T，et al. Cyclic loading test of double K-braced reinforced concrete frame subassemblies with buckling restrained braces ［J］. Engineering Structures，2017，139：1-14.

［15］ Xu G，Wu B，Jia D，et al. Quasi-static tests of RC columns under variable axial forces and rotations ［J］. Engineering Structures，2018，162：60-71.